Jürgen Eichler · Gerhard Ackermann

Holographie

Mit 109 Abbildungen

Springer-Verlag
Berlin Heidelberg New York
London Paris Tokyo
Hong Kong Barcelona Budapest

Prof. Dr. rer.nat. Jürgen Eichler
Prof. Dr. rer.nat. Gerhard Ackermann
Technische Fachhochschule Berlin
FB2
Seestraße 64
13347 Berlin

ISBN 978-3-642-87012-5   ISBN 978-3-642-87011-8 (eBook)
DOI 10.1007/978-3-642-87011-8

Dieses Werk ist urheberrechtlich geschützt. Die dadurch begründeten Rechte, insbesondere die der Übersetzung, des Nachdrucks, des Vortrags, der Entnahme von Abbildungen und Tabellen, der Funksendung, der Mikroverfilmung oder Vervielfältigung auf anderen Wegen und der Speicherung in Datenverarbeitungsanlagen, bleiben, auch bei nur auszugsweiser Verwertung, vorbehalten. Eine Vervielfältigung dieses Werkes oder von Teilen dieses Werkes ist auch im Einzelfall nur in den Grenzen der gesetzlichen Bestimmungen des Urheberrechtsgesetzes der Bundesrepublik Deutschland vom 9. September 1965 in der jeweils geltenden Fassung zulässig. Sie ist grundsätzlich vergütungspflichtig. Zuwiderhandlungen unterliegen den Strafbestimmungen des Urheberrechtsgesetzes.

© Springer-Verlag Berlin Heidelberg 1993
Softcover reprint of the hardcover 1st edition 1993

Die Wiedergabe von Gebrauchsnamen, Handelsnamen, Warenbezeichnungen usw. in diesem Buch berechtigt auch ohne besondere Kennzeichnung nicht zu der Annahme, daß solche Namen im Sinne der Warenzeichen- und Markenschutz-Gesetzgebung als frei zu betrachten wären und daher von jedermann benutzt werden dürften.

Sollte in diesem Werk direkt oder indirekt auf Gesetze, Vorschriften oder Richtlinien (z.B. DIN, VDI, VDE) Bezug genommen oder aus ihnen zitiert worden sein, so kann der Verlag keine Gewähr für die Richtigkeit, Vollständigkeit oder Aktualität übernehmen. Es empfiehlt sich, gegebenenfalls für die eigenen Arbeiten die vollständigen Vorschriften oder Richtlinien in der jeweils gültigen Fassung hinzuzuziehen.

Satz: Reproduktionsfertige Vorlage der Autoren
Umschlaggestaltung: H. Struve & Partner, Heidelberg
68/3020 - 5 4 3 2 1 0 - Gedruckt auf säurefreiem Papier

Vorwort

Hologramme begegnen uns im Alltag: Scheckkarten, Banknoten, Einreisevisa, Briefmarken und andere Markierungen werden durch Hologramme fälschungssicher gemacht. Namhafte Künstler benutzen das neue Medium, um dreidimensionale Bilder aus Licht zu gestalten. Daneben dringt die Holographie zunehmend in die Technik ein: Interferometrische Verfahren zur Materialprüfung und Schwingungsanalyse, holographische Gitter, Linsen und andere optische Bauelemente, holographische Speicher, Displays und weitere Methoden gewinnen stark an Bedeutung.

Aufgrund dieser Entwicklungen führt die Technische Fachhochschule Berlin seit etwa einem Jahrzehnt Laborkurse zur Holographie für Studenten, Ingenieure und Praktiker durch. Diese Lehrveranstaltungen wurden gemeinsam mit Prof. H. Stürzebecher, Günther Hoffmann und Dipl. Ing. Claudia Schneeweiß aufgebaut; das Arbeiten mit ihnen hat mit zum Enstehen dieses Buches beigetragen. Bei der Wiederholung dieser Kurse in mehreren Ländern wurden Hologramme, teilweise unter improvisierten Bedingungen, in Rio de Janeiro, São Paulo, João Pessoa, Montevideo und New York hergestellt.

Aus diesen Erfahrungen entstand dieses Buch, ein Teil während Gastprofessuren an den Universitäten (UFRJ und PUC) in Rio de Janeiro und an der City University of New York. Natürlich haben wir auch andere Bücher zur Holographie gelesen und Gutes daraus übernommen. Zusätzlich haben wir viel in Diskussionen mit M. Baumstein, J. Lunazzi, G. Rosowski, G. Saxby, N. Philips, D. Schweitzer und anderen Fachleuten gelernt.

Wir danken Herrn C. Delgado, Rio de Janeiro, für die Herstellung der Bilder und besonders Frau Rebekka Orlowsky, M.A., Berlin, für die Geduld und viele Hinweise bei der sprachlichen Überarbeitung des Manuskriptes.

Wir widmen dieses Buch
   Sascha, Steffi, Hans, Evelyn,
  Ursula, Susanne, Ulrich und Holger.

Berlin, im April 1993   Jürgen Eichler   Gerhard Ackermann

Inhaltsverzeichnis

A Grundlagen der Holographie 1

1 Einleitung 3

1.1 Photographie und Holographie 3
1.2 Interferenz und Beugung 7
1.3 Historische Anfänge 8

2 Grundlagen der Holographie 9

2.1 Holographische Aufnahme und Wiedergabe 9
2.2. Mathematische Formulierung 12
2.3 Konjugiertes Bild 16
2.4 Raumfrequenzen im Hologramm 19
2.5 Beugungsgitter und Fresnel-Linse 21
2.6 Interferenz von Lichtwellen 25

3 Direkte Verfahren der Holographie 31

3.1 In-line-Hologramm (Gabor) 32
3.2 Off-axis-Hologramm (Leith-Upatnieks) 34
3.3 Fourier-Hologramm (linsenlos) 36
3.4 Fraunhofer-Hologramm 36
3.5 Reflexionshologramm (Denisjuk) 38

4 Hologramme von Bildern 41

4.1 Image-plane-Hologramm 41
4.2 Zweistufiges Transmissions- und Reflexionshologramm ... 42

4.3	Regenbogenhologramm	44
4.4	Doppelseitiges Hologramm	46
4.5	Fourier-Hologramm	48

5 Abbildungseigenschaften von Hologrammen — 51

5.1	Hologramm eines Punktes	51
5.2	Eigenschaften der Lichtquelle	55
5.3	Leuchtdichte des Bildes	57
5.4	Speckles im Bild	60
5.5	Auflösungsvermögen	62

6 Typen von Hologrammen — 63

6.1	Übersicht	63
6.2	Dünne Hologramme	64
6.3	Volumenhologramme	68

B Technik der Holographie — 79

7 Bauelemente und Laser zur Holographie — 81

7.1	Kohärenz und Interferometer	81
7.2	Moden und Kohärenz	84
7.3	Gaslaser für die Holographie	89
7.4	Festkörperlaser für die Holographie	92
7.5	Linsen und Raumfilter	95
7.6	Polarisatoren und Strahlteiler	100
7.7	Isolierung von Schwingungen	106
7.8	Halbleiterlaser und Fasern	111

8 Grundlagenversuche im holographischen Praktikum — 115

8.1	Polarisation und Brewsterwinkel	115
8.2	Versuche mit Linsen	118
8.3	Beugungs- und Interferenzversuche	121
8.4	Messungen zur Holographie mit Interferometern	128
8.5	Herstellung von Gittern und einfachen Hologrammen	130
8.6	Experimentieren in der Dunkelkammer	134

9 Experimentelle Anordnungen zur Einstrahl-Holographie 137

9.1 Aufbau für Reflexionshologramme 137
9.2 Aufbau für Transmissionshologramme 142
9.3 Versuche zur Rekonstruktion 144

10 Anordnungen zur Zweistrahl-Holographie 149

10.1 Aufbau für Transmissionshologramme 149
10.2 Aufbau für Reflexionshologramme 154

11 Zweistufige Verfahren - Hologramme von Bildern 157

11.1 Herstellung eines Masterhologramms (H1) 157
11.2 Weißlicht-Reflexionshologramme (H2) 160
11.3 Weißlicht-Transmissionshologramme 163

12 Weitere Verfahren der Holographie 171

12.1 Schattenwurfhologramm 171
12.2 Einstufiges Regenbogenhologramm 172
12.3 Mehrfachbelichtungen 173
12.4 Multiplex-Hologramme 174
12.5 360^0-Holographie 175
12.6 Farbholographie 176

13 Eigenschaften holographischer Schichten 181

13.1 Transmissions- und Phasenkurven 181
13.2 Auflösung und Beugungswirkungsgrad 185
13.3 Rauschen von Schichten 187
13.4 Nichtlineare Effekte 189

14 Aufzeichnungsmedien für Hologramme 191

14.1 Silberhalogenidschichten 192
14.2 Belichtung, Enwicklung und Bleichung 197

14.3	Dichromatgelatine	207
14.4	Thermoplastische Filme	211
14.5	Photolack	214
14.6	Andere Speichermedien	215

C Anwendungen der Holographie ... 219

15 Holographische Interferometrie ... 221

15.1	Doppelbelichtungsinterferometrie	221
15.2	Echtzeitinterferometrie	225
15.3	Grundgleichung der Hologramminterferometrie	229
15.4	Das Holodiagramm	231
15.5	Zeitmittelinterferometrie	233
15.6	Speckle-Interferometrie	236

16 Holographisch-optische Elemente ... 239

16.1	Linsen, Spiegel, Gitter	239
16.2	Computerhologramme	245

17 Holographie und Informatik ... 247

17.1	Zeichenerkennung	247
17.2	Neurocomputer	249
17.3	Digitale holographische Speicher	250

18 Holographie und Kommunikation ... 253

18.1	Holographie in Kunst und Graphik	253
18.2	Holographischer Film	256
18.3	Holographisches Fernsehen	258
18.4	Holographisches Display	260
18.5	Prägehologramme	262

Literaturverzeichnis ... **265**

A Grundlagen der Holographie

1 Einleitung

Mit ihren zahlreichen Anwendungen ist die Holographie eine der interessanten Entwicklungen der modernen Optik. Die Vergabe des Nobelpreises 1971 an ihren Erfinder, Denis Gabor, unterstreicht ihre wissenschaftliche Bedeutung. Der Begriff 'Holographie' ist ein Kompositum aus griechisch 'holos = vollständig' und 'graphein = schreiben'. Er bezeichnet ein Verfahren zur dreidimensionalen Aufzeichnung und Wiedergabe von Bildern oder Information ohne die Verwendung von Linsen. Auf den Gebieten der Wissenschaft, Technik, Graphik und Kunst eröffnet die Holographie damit völlig neue Möglichkeiten. Anwendungsfelder sind interferometrische Meßverfahren, Bildverarbeitung, holographisch-optische Elemente und Speicher sowie Kunst-Hologramme.

1.1 Photographie und Holographie

Objektwelle

Will man einen Gegenstand sehen, muß dieser beleuchtet werden. Dabei wird Licht gestreut, und eine sogenannte 'Objektwelle' bildet sich aus. In dieser Welle ist die gesamte optische Information über das Objekt enthalten. Beim Sehen tritt die Objektwelle in das Auge. Die Lichtwelle ist durch mehrere Größen charakterisiert: die *Amplitude*, durch welche die Helligkeit gegeben wird, und die *Phase*, in der eher die Form des Gegenstandes enthalten ist. Bild 1.1 stellt zwei Wellen verschiedener Gegenstände dar, die gleiche Amplituden, jedoch unterschiedliche Phasen haben. Es handelt sich um gleich helle Objekte unterschiedlicher Form. Bei den meisten Hologrammen spielt die Farbe der Objekte keine Rolle, so daß in den ersten Kapiteln nur Lichtwellen einer Wellenlänge behandelt werden. Dies ändert sich in der Farbholographie, die mit mehreren Wellenlängen arbeitet.

Bild 1.1. Darstellung zweier Lichtwellen mit gleicher Amplitude aber verschiedener Phase

Photographie

Während des Sehvorganges wird ein Gegenstand durch die Augenlinse auf der Netzhaut abgebildet. Beim Photoapparat verläuft der Strahlengang ähnlich; das Objektiv erzeugt ein Bild auf dem Film. Zur Beobachtung oder zum Photographieren muß das Objekt beleuchtet werden. Das gestreute Licht, d.h. die Objektwelle, enthält die Information über den Gegenstand. Man kann die Lichtwelle in einer Ebene des Strahlenganges, z.B. auf einem Schirm, sichtbar machen. Die Objektwelle erscheint dort als ein sehr kompliziertes Lichtfeld (Bild 1.2), das durch die Überlagerung aller Wellen entsteht, die von den einzelnen Objektpunkten ausgehen. Gelänge es, dieses Lichtfeld auf dem Schirm zu speichern und danach wieder zu erzeugen, so würde ein Beobachter (oder ein Photoapparat) ein Bild sehen, das vom Objekt nicht unterscheidbar ist [1.1].

Befindet sich an der Stelle des Schirmes ein Photofilm, so wird die Objektwelle dort eine Schwärzungsverteilung hervorrufen. Gespeichert wird dabei aber nur die Lichtintensität, die Information über die Phasenlage der Lichtwellen in der Schirmebene geht verloren. Dieser

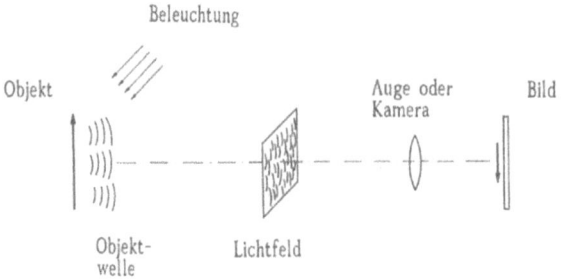

Bild 1.2. Prinzip der Abbildung durch eine Linse (Photoapparat oder Auge)

Verlust der Phase tritt auch ein, wenn das Objekt mit einer Linse auf dem Film abgebildet wird. Bei einer normalen photographischen Aufnahme kann daher die Objektwelle niemals vollständig rekonstruiert werden, man erhält immer nur ein zweidimensionales Bild.

Holographie

Die Holographie nutzt die Eigenschaften der Interferenz und Beugung des Lichtes aus, wodurch eine vollständige Rekonstruktion der Objektwelle möglich wird. Damit diese Effekte sichtbar werden, muß kohärentes Laserlicht eingesetzt werden. 'Kohärenz' bedeutet, daß die Lichtwelle gleichmäßig und zusammenhängend ist. Mit einem Laser wird einerseits das Objekt beleuchtet, dessen Streulicht den Photofilm trifft (Objektwelle) (Bild 1.3a). Anderseits wird der Film mit dem gleichen Laser direkt bestrahlt (Referenzwelle). Auf dem Hologramm-Photofilm überlagern sich Objekt- und Referenzwelle. Dadurch formieren sich in der holographischen Schicht Interferenzstreifen, wie sie in Bild 1.4 stark vergrößert dargestellt sind. Die Streifenabstände liegen in der Größenordnung der Lichtwellenlänge im µm-Bereich. Die Information über die Objektwelle ist in der Mo-

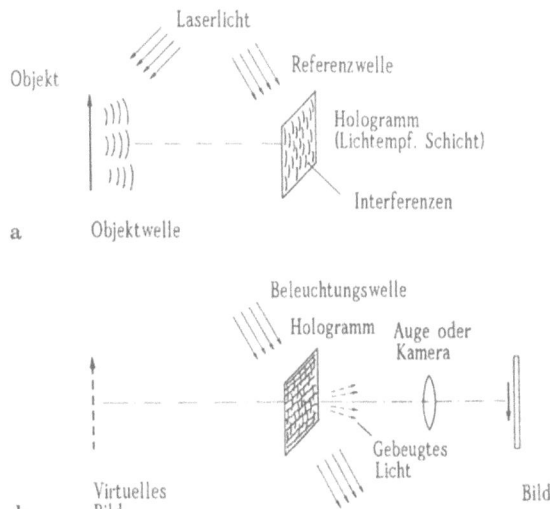

Bild 1.3. Prinzip einer zweistufigen Abbildung durch die Holographie
        a) Aufnahme eines Hologramms
        b) Wiedergabe der Objektwelle [1.1]

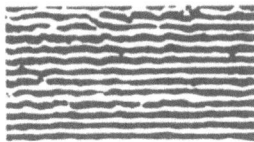

Bild 1.4. Mikroskopisches Bild eines Hologramms (schematisch)

dulation der Helligkeit und des Streifenabstandes enthalten. Der photographische Film wird belichtet und entwickelt, es entsteht das Hologramm. Damit ist der erste Schritt in der Holographie, die *Aufnahme*, im Prinzip ausgeführt.

Den zweiten Schritt, die *Rekonstruktion* oder *Wiedergabe* der Objektwelle, veranschaulicht Bild 1.3b. Nach der Entwicklung des Films wird das Hologramm mit einer Lichtwelle beleuchtet, die der Referenzwelle möglichst ähnlich sein soll. Diese Beleuchtungswelle wird an dem Interferenzmuster des Hologramms gebeugt, so daß dadurch die Objektwelle erzeugt wird. Blickt ein Beobachter auf das Hologramm, sieht er ein dreidimensionales Bild des Objekts.

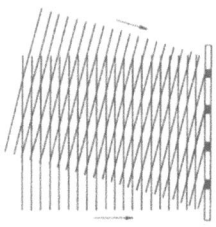

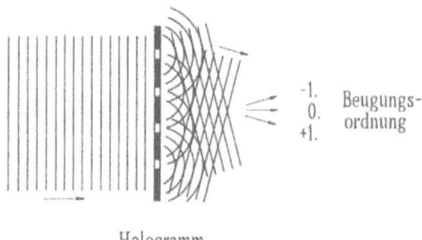

Bild 1.5. Hologramm mit einer ebenen Objektwelle
  a) Aufnahme des Hologramms (Herstellung eines Beugungsgitters)
  b) Rekonstruktion der Objektwelle (Beugung am Gitter) [1.1]

1.2 Interferenz und Beugung

Interferenz bei der Aufnahme

Licht ist eine elektromagnetische Welle im Bereich von 0,4 bis 0,7 µm. Beschrieben wird im folgenden die Überlagerung zweier gleichmäßiger, d.h. kohärenter Lichtwellen. Dieser Vorgang, als 'Interferenz' bezeichnet, ist für die Aufnahme von Hologrammen verantwortlich.

Eine allgemeine Darstellung der vom Objekt ausgehenden Wellen ist kompliziert. Daher soll zur Vereinfachung von einer ebenen Objektwelle ausgegangen werden. Als Objekt dient in diesem Fall ein sehr weit entfernter Punkt. Nach Bild 1.5a fallen eine ebene Objekt- und Referenzwelle auf die Photoschicht. Durch Überlagerung der Wellen werden äquidistante Interferenzstreifen erzeugt, d.h. parallel liegende dunkle und helle Bereiche. Dunkle Streifen bilden sich, wenn sich die Wellen bei Überlagerung von Berg und Tal gegenseitig auslöschen. Liegen dagegen zwei Wellenberge übereinander, treten helle Streifen auf. Nach der Belichtung und Entwicklung der Photoschicht entsteht eine Gitterstruktur, wobei belichtete Stellen geschwärzt werden.

Beugung bei der Rekonstruktion

Bei der Bildwiederabe wird das Gitter mit einer Welle beleuchtet, die der Referenzwelle möglichst ähnlich ist (Bild 1.5b). Nach dem Huygensschen Prinzip gehen von jedem Gitterpunkt kugelförmige Elementarwellen aus. Sie sind für die Mitte der hellen Streifen in Bild 1.5b eingezeichnet. Die Überlagerung der Elementarwellen kann durch die Einhüllenden dargestellt werden. Ebene Wellen bilden sich aus, welche Beugung der Ordnung 0, +1 und -1 darstellen [1.2]. (Beugung höherer Ordnung tritt bei einem sinusförmigen Gitter nicht auf). Die 0. Ordnung ist die durch das Gitter in Einfallsrichtung hindurchtretende Welle. Die 1. Ordnung entspricht der Objektwelle.

Durch den Effekt der Beugung wird die Objektwelle rekonstruiert; hierin besteht das Prinzip der Holographie. Die -1. Ordnung ist in der Holographie oft unerwünscht; sie wird als 'konjugierte Objektwelle' bezeichnet.

1.3 Historische Anfänge

Die physikalischen Grundlagen der Holographie beruhen auf der Wellenoptik, insbesondere der Interferenz und Beugung von Wellen. Erste Erkenntnisse stammen von C. Huygens (1629-1694), der folgendes Prinzip formulierte: *jeder Punkt, der von einer Welle getroffen wird, ist Ausgangspunkt einer kugelförmigen Elementarwelle.* Mit Hilfe dieser Aussage lassen sich zahlreiche Probleme der Beugung berechnen, indem die Elementarwellen summiert werden. Wichtig auf dem Wege zur Entwicklung der Holographie sind auch die Arbeiten von T. Young (1733-1829), A.J. Fresnel (1788-1827) und J. von Fraunhofer (1877-1926). Bereits zu Beginn des 19. Jahrhunderts standen ausreichende Kenntnisse zur Verfügung, um die Prinzipien der Holographie verstehen zu können. Zahlreiche Wissenschaftler standen der Erfindung dieses Verfahrens relativ nahe: G. Kirchhoff (1824-1887), Lord Rayleigh (1842-1919), E. Abbe (1840-1905), G. Lippmann (1845-1921), W. L. Bragg (1890-1971), M. Wolfke und H. Boersch. Dennoch dauerte es bis 1948, als D. Gabor (1900-1979) die grundlegenden Ideen der Holographie erkannte.

Ausgangspunkt der Holographie waren zunächst Probleme der Elektronenoptik. Gabor führte seine ersten bahnbrechenden Experimente mit einer Hg-Dampflampe durch. Das Verfahren hatte anfangs wenig Bedeutung und geriet einige Zeit in Vergessenheit. Erst mit Beginn der Lasertechnik enwickelte sich ein enormer Aufschwung der Holographie, so daß Gabor 23 Jahre nach seinen Arbeiten 1971 den Nobelpreis erhielt. Im Jahre 1962 verbesserten E. Leith und J. Upatnieks die theoretischen Aspekte der Methode und führten ein Jahr später Off-axis-Hologramme vor. Dies ist bereits eine moderne Methode der Holographie.

2 Grundlagen der Holographie

Nachdem im vorangegangenen Kapitel die holographischen Verfahren zur Aufnahme und Wiedergabe vereinfacht dargestellt wurden, folgt nun eine kurze mathematische Beschreibung der Holographie.

2.1 Holographische Aufnahme und Wiedergabe

Der Unterschied zwischen Photographie und Holographie liegt darin, daß beim holographischen Prozeß die Intensität und Phase der Objektwelle gespeichert werden. Zunächst erscheint es erstaunlich, daß die Information eines dreidimensionalen Objekts, d.h. die Objektwelle, in einer zweidimensionalen Photoschicht enthalten sein kann. Zum Verständnis dient folgende Aussage aus den Vorlesungen zur Elektrodynamik: Ist die Verteilung der Amplitude und Phase einer Welle in einer (unendlich großen) Ebene bekannt, so ist damit die Welle im gesamten Raum definiert.

Aufnahme

Die Amplituden der Objekt- und der Referenzwelle auf der Photoschicht sind durch **o** und **r** gegeben (Bild 2.1a). Diese Größen beschreiben die elektrische Feldstärke der Lichtwelle, die auf die lichtempfindliche Schicht wirkt. Beide Wellen überlagern sich, d.h. **o** + **r** wird gebildet. In der Wellenlehre errechnet sich die Intensität I, d.h. die Helligkeit, aus dem Quadrat der Amplitude:

$$I = |\mathbf{r+o}|^2 = (\mathbf{r+o})(\mathbf{r+o})^*. \qquad (2.1)$$

Die fett gedruckten Buchstaben stehen für komplexe Funktionen, die in Abschnitt 2.6 genauer spezifiziert werden. Das Ergebnis aus Glei-

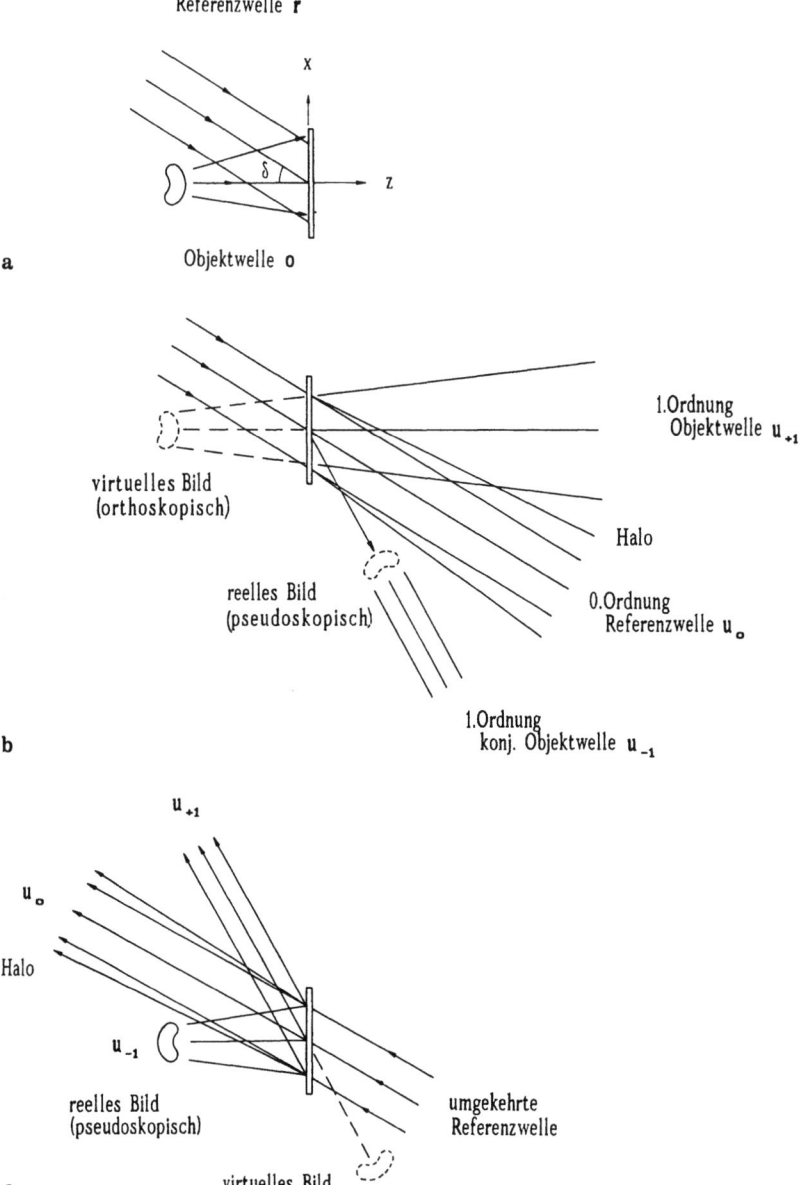

Bild 2.1. Zur Beschreibung der Holographie (Off-axis-Hologramm)
 a) Aufnahme
 b) Rekonstruktion
 c) Umkehrung der Wiedergabewelle

chung 2.1 lautet:

$$I = |r|^2 + |o|^2 + ro^* + r^*o \; ; \qquad (2.2)$$

der Stern charakterisiert das konjugiert Komplexe. Von Bedeutung für die Holographie ist insbesondere der letzte Term, der die Objektwelle **o** enthält. Die Schwärzung eines holographischen Films hängt von der Intensität I ab. Damit wird in der Photoschicht die Information über die Objektwelle **o** gespeichert, die im letzten Term von Gleichung 2.2 enthalten ist. (In den Gleichungen wurde für die Bildung des Betrages einer komplexen Zahl folgende Rechenregel angewendet: $|a|^2 = aa^*$.)

Wiedergabe

Der Speichervorgang der Objektwelle wird anhand der unten stehenden Berechnungen zur Bildwiedergabe verständlicher. Bei der Rekonstruktion wird, nach Bild 2.1b, das Hologramm mit der Referenzwelle **r** beleuchtet. Entgegengesetzt zur üblichen Filmentwicklung soll hier zur Vereinfachung angenommen werden, daß sich die Amplituden-Transmission des Films proportional zu I verhält. (Diese Annahme ist im Grunde ohne Bedeutung, denn die Wirkung der Beugungsmuster ändert sich nicht, wenn man hell und dunkel vertauscht). Damit erhält man bei der Rekonstruktion für die Lichtamplitude **u** direkt hinter dem Hologramm:

$$\begin{aligned} u \sim r \cdot I &= r(|o|^2+|r|^2) + rro^* + |r|^2 o \\ &= u_0 \quad + u_{-1} + u_{+1} \; . \end{aligned} \qquad (2.3)$$

Das Wellenfeld hinter dem Hologramm setzt sich aus 3 Anteilen zusammen. Der erste Term u_0 bestimmt die Referenzwelle, die durch die Schwärzung des Hologramms um den Faktor $(|o|^2+|r|^2)$ geschwächt ist (0. Beugungsordnung). Der zweite Term u_{-1} beschreibt im wesentlichen die konjugiert komplexe Objektwelle o^*. Sie entspricht der -1. Beugungsordnung. Im letzten Term u_{+1} wird die Objektwelle rekonstruiert, wobei die Amplitude der Referenzwelle $|r|^2$ über dem Hologramm konstant ist. Damit ist gezeigt, daß die Objektwelle **o** vollständig wiedergegeben werden kann. Es handelt sich um die 1. Beugungsordnung.

2.2 Mathematische Formulierung

Die Prinzipien der Holographie sind durch die einfache Gleichung 2.3 formuliert, der holographische Prozeß soll jedoch präziser gefaßt werden. Die folgenden Formulierungen beziehen sich auf das wichtigste Verfahren der Off-axis-Holographie. (Falls die Leser nicht mit den Grundlagen der Wellenlehre vertraut sind, sollten sie den Beginn von Abschnitt 2.6 lesen.)

Objekt- und Referenzwelle

Die komplexe Amplitude der Objektwelle $\mathbf{o}(x,y)$ ist eine komplizierte Funktion; Betrag $|\mathbf{o}(x,y)|$ und Phase $\Phi(x,y)$ hängen von den Koordinaten x und y auf der Photoplatte ab. Im folgenden werden nur die Amplituden in der Hologrammebene beschrieben; damit ist das gesamte Wellenfeld definiert, sofern das Hologramm groß genug ist. Läßt man die Zeitabhängigkeit der Wellen außer Betracht, kann in Gleichung 2.3 für die Objektwelle geschrieben werden:

$$\mathbf{o}(x,y) = |\mathbf{o}(x,y)| \exp(-i\Phi)$$
$$= o(x,y) \exp(-i\Phi) . \qquad (2.4)$$

Komplexe Funktionen werden in fett gedruckten Buchstaben geschrieben, der Betrag in den gleichen Buchstaben in Normalschrift. Als Referenzwelle $\mathbf{r}(x,y)$ dient meist eine ebene Welle. Der Betrag r bleibt bei gleichmäßiger Ausleuchtung konstant. Die Phase Ψ hängt vom Einfallswinkel δ ab und läßt sich nach Bild 2.2 errechnen:

$$\mathbf{r}(x,y) = r \exp(-i\Psi)$$
$$= r \exp(i2\pi\sigma_r x) . \qquad (2.5)$$

Der Abstand zweier Maxima der Referenzwelle in der Hologramm-Ebene ist durch $d_r = 1/\sigma_r$ festgelegt:

$$d_r = 1/\sigma_r = \lambda/\sin\delta . \qquad (2.6)$$

σ_r gibt die sogenannte 'Raumfrequenz' der Welle an, d.h. die Zahl der Maxima pro Längeneinheit.

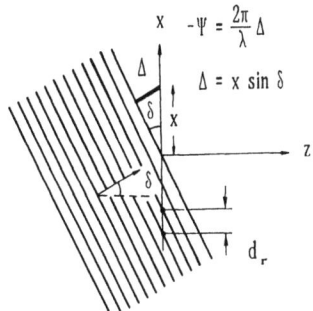

Bild 2.2. Phase $\Psi = -2\pi\Delta/\lambda$ einer schräg einfallenden ebenen Welle auf einem Hologramm (Vorzeichen: siehe Abschnitt 2.6)

Aufnahme

Die Intensität in der Photoschicht beträgt somit (siehe auch Gleichung 2.2):

$$I = |\mathbf{r}(x,y) + \mathbf{o}(x,y)|^2$$
$$= |\mathbf{r}(x,y)|^2 + |\mathbf{o}(x,y)|^2 + \mathbf{r}^*(x,y)\mathbf{o}(x,y) + \mathbf{r}(x,y)\mathbf{o}^*(x,y) . \quad (2.7)$$

Die vier Summanden lassen sich errechnen:

$$\begin{aligned}
|\mathbf{r}(x,y)|^2 &= r^2, \\
|\mathbf{o}(x,y)|^2 &= o^2(x,y), \\
\mathbf{r}^*(x,y)\mathbf{o}(x,y) &= ro(x,y) \exp(-2\pi i\sigma_r x) \exp(-i\Phi(x,y)), \\
\mathbf{r}(x,y)\mathbf{o}^*(x,y) &= ro(x,y) \exp(\ 2\pi i\sigma_r x) \exp(\ i\Phi(x,y)).
\end{aligned} \quad (2.8)$$

Zusammengefaßt gilt mit der Eulerschen Beziehung ($e^{\varphi} + e^{-\varphi} = 2\cos\varphi$)

$$I(x,y) = r^2 + o^2(x,y) + 2ro(x,y) \cos[2\pi\sigma_r x + \Phi(x,y)]. \quad (2.9)$$

Diese Gleichung zeigt, daß die Intensitätsverteilung auf der Photoschicht die Amplitude $o(x,y)$ und die Phase $\Phi(x,y)$ der Objektwelle kodiert enthält. Die Amplitude $o(x,y)$ erzeugt eine Modulation in der Helligkeit und die Phase $\Phi(x,y)$ eine Modulation des Streifenabstandes, der die räumliche Trägerfrequenz (= Linien/Längeneinheit) σ_r aufweist.

Die Eigenschaften photographischer Schichten werden in Abschnitt 13 erläutert. Die Transmission t für Lichtamplituden nimmt proportional zur eingestrahlten Intensität I und zur Belichtungszeit τ ab. Die Transmission ohne Belichtung entspricht t_0:

$$t = t_0 + \beta\tau I = t_0 + \beta E. \qquad (2.10)$$

Die Größe E = Iτ bezeichnet die Energiedichte des Lichtes, die in der Umgangssprache auch 'Belichtung' oder 'Bestrahlung' genannt wird. Der Parameter β ist negativ, er wird durch den Anstieg in der t-E-Kurve wiedergegeben (Bild 13.1). Damit erhält man für die Amplitudentransmission des Hologramms:

$$\begin{aligned}t(x,y) = \ & t_0 + \beta\tau r^2 \\ & + \beta\tau o^2(x,y) \\ & + \beta\tau r o(x,y)\exp(-i2\pi\sigma_r x)\exp(-i\Phi(x,y)) \\ & + \beta\tau r o(x,y)\exp(i2\pi\sigma_r x)\exp(i\Phi(x,y)) \ . \end{aligned} \qquad (2.11a)$$

Gitter

Die Transmission t kann für eine ebene Objektwelle **o**, die ähnlich wie die Referenzwelle (Gleichung 2.5) auf die Schicht fällt, einfach berechnet werden: **o** = o exp($i2\pi\sigma_0 x$). Aus Gleichung 2.11a resultiert mit $\Phi = -2\pi\sigma_0 x$ und der Eulerschen Beziehung:

$$t(x) = \bar{t} + t_1\cos(kx) \quad \text{mit} \qquad (2.11b)$$
$$k = i2\pi(\sigma_r + \sigma_0).$$

Die Ampitudentransmission t eines Hologramms aus zwei ebenen Wellen **r** und **o** besteht folglich aus einem kosinusförmigen Beugungsgitter. Damit ist die Intensitätstransmission $T = t^2$ proportional zu einer $\cos^2$-Funktion.

Rekonstruktion

Zur Wiedergabe der Objektwelle wird das entwickelte Hologramm nochmals mit der Referenzwelle **r**(x,y) = r exp($i2\pi\sigma_r x$) beleuchtet. Das Hologramm t(x,y) wirkt wie ein Filter, und das resultierende Wellenfeld **u**(x,y) direkt hinter der Schicht ist gegeben durch:

$$\mathbf{u}(x,y) = \mathbf{r}(x,y)\, t(x,y). \qquad (2.12)$$

Mit den Gleichungen 2.4, 2.5 und 2.11a wird daraus:

$$\begin{aligned}
\mathbf{u}(x,y) = {} & (t_0 + \beta\tau r^2)\,\mathbf{r}(x,y) \\
& + \beta\tau o^2(x,y)\,\mathbf{r}(x,y) \\
& + \beta\tau r^2 \mathbf{o}(x,y) \\
& + \beta\tau r^2 \mathbf{o}^*(x,y)\,\exp(i4\pi\sigma_r x)
\end{aligned}
\left.\begin{matrix} \\ \\ \end{matrix}\right\} \mathbf{u}_0 \quad : \mathbf{u}_{+1} \quad : \mathbf{u}_{-1} \,. \quad (2.13)$$

Der Ausdruck beschreibt die Wirkung des Hologramms auf die Lichtwelle bei der Rekonstruktion, er ist in vier Summanden oder Zeilen angeordnet (siehe auch Bild 2.1b).

Der *erste* Summand bezieht sich auf die Schwächung der Wiedergabewelle (= Referenzwelle) um den konstanten Faktor $(t_0 + \beta\tau r^2)$ bei der Rekonstruktion.

Der *zweite* Term ist klein, wenn bei der Aufnahme $o(x,y) < r$ gewählt wird. Durch die örtliche Variation von $o^2(x,y)$ unterscheidet sich dieser Ausdruck von der ersten Zeile. In $o^2(x,y)$ sind niedrige Raumfrequenzen vorhanden, die zu kleinen Beugungswinkeln und zu einem sogenannten 'Halo' um die Wiedergabewelle führen. Die Größe des Halos wird durch die Winkelausdehnung des Objekts bestimmt. Beide Terme zusammen bilden die 0. Beugungsordnung, entsprechend Gleichung 2.3.

Der *dritte* Ausdruck in Gleichung 2.13 bezeichnet die mit dem konstanten Faktor $\beta\tau r^2$ multiplizierte Objektwelle $\mathbf{o}(x,y)$. Ein Beobachter, der diese Welle in seinem Auge registriert, sieht damit das (nicht vorhandene) Objekt. Der dritte Term ist der wichtigste und entspricht der Beugung 1. Ordnung. Die Welle läuft divergent vom Hologramm aus, so daß ein virtuelles Bild an der Stelle des ursprünglichen Objekts erscheint. Es ist virtuell, weil die Welle nicht zu einem Bild konvergiert. Das Bild kann nicht auf einem Schirm aufgefangen werden. Die Intensität (Quadrat der Amplitude) des Bildes hängt nicht vom Vorzeichen von β ab, d.h. es ist belanglos, ob "positiv" oder "negativ" entwickelt wird.

Der *vierte* Term beschreibt im wesentlichen die konjugiert komplexe Objektwelle $\mathbf{o}^*(x,y)$ und stellt die -1. Beugungsordnung dar. Sie erzeugt ein konjugiertes reelles Bild. Die konjugierte Welle $\mathbf{o}^*(x,y)$ wird mit dem konstanten Faktor $\beta\tau r^2$ sowie der Exponentialfunktion $\exp(i4\pi\sigma_r x)$ multipliziert. Letzteres bedeutet, daß die Welle etwa um den doppelten Winkel (2δ) verkippt ist, mit dem die Referenzwelle gegen die Normale des Hologramms fällt (genauer: der Sinus ist doppelt so groß). Da es sich um die konjugiert komplexe Welle handelt, wechselt die Phase im Vergleich zu o(x,y) ihr Vorzeichen. Dies hat zur Folge, daß die Welle $o^*(x,y)$ konvergent verläuft und ein reelles Bild hervorbringt. Abschnitt 2.3 erklärt, daß die Perspektive im konjugierten Bild verändert ist, so daß z.B. aus einer konkaven Fläche eine konvexe wird. Man nennt diese Eigenschaft 'pseudoskopisch' im Gegensatz zum normalen, 'orthoskopischen' Bild.

In der Holographie werden in der Regel zwei Bilder erzeugt: das normale und das konjugierte Bild.

2.3 Konjugiertes Bild

Der letzte Abschnitt zeigte, daß die Entstehung des konjugierten Bildes relativ schwer zu verstehen ist. Da dieses Bild bei der zweistufigen Holographie benutzt wird, sollen die bisherigen Aussagen über das konjugierte Bild präzisiert werden.

Konjugierte Objektwelle

Um zu zeigen, welche Eigenschaften die konjugiert komplexe Objektwelle $o^*(x,y)$ hinter dem Hologramm besitzt, wird eine ebene Welle betrachtet, die unter dem Winkel δ_0 auf die Hologrammebene fällt (Bild 2.3). In diesem Fall gilt analog zu den Gleichungen 2.5 und 2.6:

$$o(x,y) = o \exp(i2\pi\sigma_0 x) \quad \text{und} \quad \sigma_0 = \sin\delta_0/\lambda$$

oder

$$o(x,y) = o \exp(i\frac{2\pi}{\lambda} x \sin\delta_0). \tag{2.14}$$

Die konjugiert komplexe Objektwelle entsteht durch Umkehrung des Vorzeichens im Exponenten von Gleichung 2.14. Das negative Zeichen kann in die Sinusfunktion gezogen werden:

$$o^*(x,y) = o \exp(i\frac{2\pi}{\lambda} x \sin-\delta_0). \tag{2.15}$$

Aus Bild 2.3 wird deutlich, daß die konjugiert komplexe Welle $o^*(x,y)$ aus $o(x,y)$ durch die Vertauschung der Winkel δ_0 und $-\delta_0$

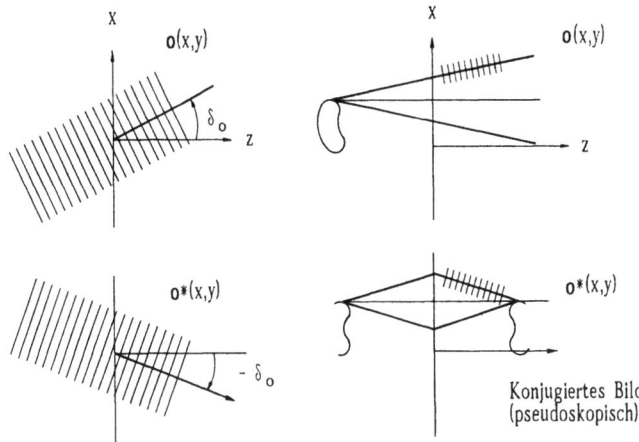

Bild 2.3. Die konjugiert komplexe Objektwelle $o^*(x,y)$ kann durch Spiegelung an der Hologrammebene aus $o(x,y)$ erzeugt werden. $o^*(x,y)$ ruft ein konjugiertes pseudoskopisches Spiegelbild hervor

entsteht. $o^*(x,y)$ erzeugt ein reelles Bild des Objekts spiegelbildlich zur Hologrammebene.

Weiterhin ist erkennbar, daß aufgrund der Spiegelsymmetrie die dreidimensionalen Bilder, die von $o(x,y)$ und $o^*(x,y)$ erstellt werden, unterschiedliche Eigenschaften besitzen. Bei einem undurchsichtigen Objekt sieht man nur die konkave Innenfläche des Bildes, das von $o(x,y)$ produziert wird (Bild 2.3). Bei dem Bild, das durch $o^*(x,y)$ entsteht, wird daraus eine konvexe Fläche. Man nennt dieses Bild, bei dem die Krümmungen vertauscht sind, 'pseudoskopisch'. Das normale Bild bezeichnet man als 'orthoskopisch'.

Lage des konjugierten Bildes

Der Beugungswinkel, unter dem das konjugierte Bild entsteht, wurde bereits angegeben. Er läßt sich aus dem vierten Term (u_{-1}) von Gleichung 2.13 berechnen, sofern man in der Vereinfachung eine ebene Objektwelle $o(x,y)$ wählt. Damit ist auch $o^*(x,y)$ eben. Fällt $o(x,y)$ unter dem Winkel δ_0 (Bild 2.3) auf das Hologramm, wird mit den Gleichungen 2.13 und 2.15

$$u_{-1} = \beta\tau r^2 o \exp(i\frac{2\pi}{\lambda} x(\sin(-\delta_0) + 2\sin\delta)). \qquad (2.16)$$

Dabei wurde die Beziehung $e^a e^b = e^{a+b}$ angewendet. Der Ausdruck 2.16 steht für eine ebene Welle unter dem Winkel δ_{-1}, wobei gilt:

$$\sin \delta_{-1} = \sin(-\delta_0) + 2\sin\delta \ . \tag{2.17}$$

Wie bereits erwähnt, erscheint das konjugierte Bild für $\delta_0 = 0°$ (Objektwelle fällt senkrecht auf das Hologramm) unter dem Winkel:

$$\sin \delta_{-1} = 2\sin\delta \ ;$$

δ gibt den Winkel der Referenz- und Wiedergabewelle an (Bild 2.2).

Umkehrung der Wiedergabewelle

In der zweistufigen Holographie wird auch das relle konjugierte pseudoskopische Bild verwendet (Bild 2.1b). Oft erweist sich jedoch die Bildlage als geometrisch ungünstig, so daß es auf andere Art rekonstruiert wird, nämlich durch Umkehrung der Richtung der Wiedergabewelle (Bild 2.1c). Den gleichen Effekt bewirkt auch eine Rotation des Hologramms um $180°$ (um eine Achse senkrecht zur Zeichenebene).

Die Umkehrung einer ebenen Wiedergabewelle nach Gleichung 2.5

$$\mathbf{r}(x,y) = r \exp(i\frac{2\pi}{\lambda} x \sin\delta)$$

bedeutet, daß δ durch $180°+\delta$ ersetzt wird. Aus der Beziehung $\sin(180°+\delta) = -\sin\delta$ folgt, daß die umgekehrte Wiedergabewelle durch $\mathbf{r}^*$ beschrieben ist (Bild 2.3). Gleichung 2.12, welche die Rekonstruktion angibt, ändert sich bei Umkehr der Wiedergabewelle zu:

$$\mathbf{u}'(x,y) = \mathbf{r}^*(x,y)\, t(x,y) \ . \tag{2.12a}$$

Man erhält bei Umkehrung der Wiedergabewelle statt Gleichung 2.13:

$$\begin{aligned}
\mathbf{u}'(x,y) &= (t_0 + \beta\tau r^2)\, \mathbf{r}^*(x,y) & \Big\}\ \mathbf{u}'_0 \\
&+ \beta\tau o^2(x,y)\, \mathbf{r}^*(x,y) & \\
&+ \beta\tau r^2 \mathbf{o}(x,y) \exp(-i4\pi\sigma_r x) & :\ \mathbf{u}'_{+1} \\
&+ \beta\tau r^2 \mathbf{o}^*(x,y) & :\ \mathbf{u}'_{-1}\ .
\end{aligned} \tag{2.13a}$$

Die Ausdrücke $\mathbf{u}'_0$, $\mathbf{u}'_{+1}$ und $\mathbf{u}'_{-1}$ können analog zum letzten Abschnitt interpretiert werden. Die Ergebnisse sind in Bild 2.1c festgehalten. Der *erste* und *zweite* Term bilden u'_0 in Analogie zu u_0 aus Abschnitt 2.2, mit dem Unterschied, daß bei der Referenzwelle die Richtung umgekehrt wurde.

Der *dritte* Term (u'_{+1}) stellt die Objektwelle o(x,y). Die Richtung ist jedoch wegen der Exponentialfunktion um etwa -2δ verkippt. Nach Bild 2.1c entsteht ein virtuelles orthoskopisches Bild.

Von besonderem praktischen Interesse ist der *vierte* Term (u'_{-1}). Er beschreibt die konjugierte Objektwelle $o^*(x,y)$. Sie produziert ein Bild an der Stelle, an der ursprünglich das Objekt stand. Das Bild ist reell, jedoch pseudoskopisch, da es durch die konjugierte Welle erzeugt wurde. Die Richtungsumkehr der Wiedergabewelle führt somit zu einem reellen pseudoskopischen Bild, das in der zweistufigen Holographie als neues Objekt dienen kann.

2.4 Raumfrequenzen im Hologramm

Bei der Holographie entstehen zwei Bilder, das virtuelle (o(x,y)) und das reelle ($o^*(x,y)$). Zusätzlich existiert bei der Rekonstruktion die durch das Hologramm tretende Wiedergabewelle (= Referenzwelle). Der experimentelle Aufbau muß so gewählt werden, daß sich nach einem gewissen Abstand alle drei Wellen räumlich trennen (Bild 2.1b). Dazu muß der Einfallswinkel δ der Referenzwelle groß genug sein. Der Beugungswinkel, unter dem die drei Wellen auseinander laufen, hängt vom Gitterabstand im Hologramm ab. Den reziproken Wert dieses Abstandes nennt man 'Raumfrequenz σ'; sie mißt die Zahl der Linien pro Längeneinheit.

Fällt eine ebene Welle, z.B. die Referenzwelle, unter dem Winkel δ auf das Hologramm, entsteht nach Bild 2.2 ein sogenanntes 'bewegtes Gitter' mit der Raumfrequenz

$$\sigma = \sin\delta/\lambda ; \qquad (2.6)$$

die Amplitude der Referenzwelle in der Hologrammebene entspricht:

$$r(x,y) = r \exp(i2\pi\sigma_r x) . \qquad (2.5)$$

Eine ebene Objektwelle kann wie folgt dargestellt werden, wobei die Amplitude o(x,y) in diesem Fall konstant ist:

$$\mathbf{o}(x,y) = o(x,y) \exp(i2\pi(\pm\sigma_0)x) \ . \qquad (2.18)$$

Dabei wird angenommen, daß die Objektwelle im Mittel senkrecht auf das Hologramm fällt. Der maximale Einfallswinkel auf das Hologramm beträgt $\pm\delta_0$, dies führt zu einem Raumfrequenzspektrum zwischen $\pm\sigma_0$.

Damit läßt sich das Wellenfeld bei der Rekonstruktion in Gleichung 2.13 umgeschrieben:

$$\begin{array}{ll} \mathbf{u}(x,y) = (t_0 + \beta\tau r^2)\, r\exp(i2\pi\sigma_r x) & \\ \quad + \beta\tau o^2(x,y)\exp(i2\pi((\pm 2\sigma_0) + \sigma_r)x) & \Big\} \ \mathbf{u}_0 \\ \quad + \beta\tau r^2 o(x,y)\exp(i2\pi(\pm\sigma_0)x) & : \mathbf{u}_{+1} \\ \quad + \beta\tau r^2 o(x,y)\exp(i2\pi((\pm\sigma_0) + 2\sigma_r)x) \ . & : \mathbf{u}_{-1} \end{array} \qquad (2.19)$$

Die zweite Zeile folgt nicht direkt aus Gleichung 2.13, da hierin nur eine einzige Objektwelle zugelassen wurde (und nicht ein Raumfrequenzspektrum innerhalb $\pm\sigma_0$). Es scheint einsichtig, daß bei der Berechnung von $o^2(x,y) = \mathbf{o}(x,y)\mathbf{o}^*(x,y)$ Objektwellen mit verschiedenen Raumfrequenzen miteinander gemischt werden. Im Extremfall ist das Raumfrequenzspektrum von $o^2(x,y)$ durch $\pm 2\sigma_0$ begrenzt.

Die Raumfrequenzen sind aus dem Exponenten in Gleichung 2.19 ablesbar. Dabei muß das Zeichen $\pm$ so interpretiert werden, daß alle Frequenzen innerhalb der Grenzen $\pm\sigma_0$ auftreten. Bild 2.4 zeigt das Raumfrequenzspektrum. Für die Objektwelle $\mathbf{o}(x,y)$ wurde ein rechteckiges Verhalten angenommen. Daher haben $\mathbf{u}_{+1}$ und $\mathbf{u}_{-1}$ die gleiche Form. Das Frequenzspektrum von $\mathbf{u}_0$, das den Halo um die Beleuchtungswelle (= Referenzwelle) bildet, ist doppelt so breit. Für eine gute holographische Aufnahme müssen alle drei Beugungsordnungen getrennt sein. Die Bedingung dafür lautet:

$$\sigma_r \geq 3\sigma_0 \ . \qquad (2.20)$$

Da die Raumfrequenz durch den Winkel der Welle gegen die Normale des Hologramms bestimmt wird ($\sigma_r = \sin\delta/\lambda$), muß bei der Aufnahme des Hologramms der Winkel der Referenzwelle δ groß genug sein:

$$\sin\delta \geq 3\sin\delta_0 \ . \qquad (2.21)$$

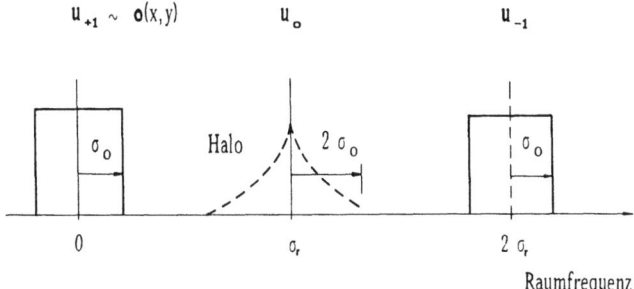

Bild 2.4. Raumfrequenzspektren der rekonstruierten Objektwelle u_{+1}, der Referenzwelle bei der Rekonstruktion u_0 mit Halo und des konjugierten Bildes u_{-1}. (u_0, $u_{\pm 1}$ entsprechen den 0. und ±1. Beugungsordnungen)

δ_0 bezeichnet den maximalen Winkel, mit dem ein Objektstrahl auf das Hologramm fallen kann.

2.5 Beugungsgitter und Fresnel-Linse

Die Holographie beinhaltet unterschiedliche Aspekte der Interferenzoptik. Insbesondere können Hologramme auch durch Beugungsgitter und Fresnelsche Zonenplatten erklärt werden [2.1, 2.2]. Es lohnt sich daher, die Prinzipien der Holographie unter mehreren Gesichtspunkten zu betrachten und verstehen.

Beugungsgitter

In diesem Abschnitt soll die Interferenz, d.h. die Überlagerung, zweier ebener kohärenter Wellen berechnet werden. Wie in Kapitel 1.2 bereits angedeutet, kann dieser Vorgang als Holographie einer ebenen Objekt- und Referenzwelle angesehen werden. Die Einfallswinkel auf die Hologrammschicht seien δ_0 und δ (hier werden beide positiv gezählt!). Man wählt zwei Punkte, P_1 und P_2, die den Orten zweier benachbarter Maxima (oder Minima) mit dem Abstand d_g (= 1/Raumfrequenz σ) entsprechen. Die Differenz der optischen Weglängen ($\Delta_0 + \Delta$) beträgt nach Bild 2.5:

$$\Delta = d_g \sin\delta \quad \text{und}$$
$$\Delta_0 = d_g \sin\delta_0. \qquad (2.22)$$

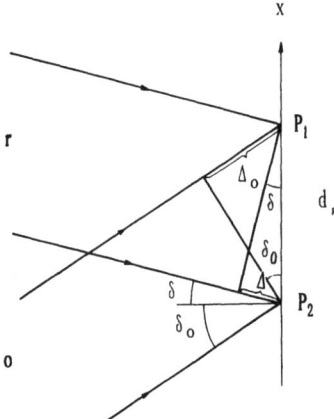

Bild 2.5. Entstehung eines holographischen Beugungsgitters

Mit $\Delta_0 + \Delta = \lambda$ werden der Streifenabstand d_g und die Raumfrequenz σ:

$$d_g = 1/\sigma = \lambda/(\sin\delta + \sin\delta_0). \tag{2.23}$$

In Abschnitt 2.2 wurde hergeleitet, daß die Intensitäts-Transmission des Gitters $\cos^2$- (oder $\sin^2$-) förmig ist.

Das so erstellte Hologramm, ein Beugungsgitter mit dem Gitterabstand d_g, soll mit einer Lichtwelle beleuchtet werden, die unter dem Winkel α einfällt. Die Maxima des gebeugten Lichts enstehen unter dem Winkel β nach der Beziehung

$$d_g = N\lambda/(\sin\alpha + \sin\beta), \tag{2.24}$$

wobei N die Ordnung des Spektrums bezeichnet. Ein $\cos^2$- oder $\sin^2$-Gitter bringt nur die Ordnungen N = 0 und ±1 hervor. Bei einer Beleuchtung unter dem Winkel $\alpha = \delta$ entsteht die erste Beugungsordnung unter $\beta = \delta_0$. Dies bedeutet, daß die Objektwelle rekonstruiert wurde. Das konjugierte Bild erhält man für N = -1. Die Prinzipien der Holographie sind somit in den Eigenschaften der Beugungsgitter enthalten.

Fresnelsche Zonenlinse

Das oben beschriebene Gitter ist das Hologramm einer ebenen Objektwelle, wie sie im Grenzfall von einem sehr weit entfernten Punkt gebildet wird. Objektpunkte in der Nähe des Hologramms senden kugelförmige Wellen aus. Hologramme von derartigen Objektwellen und ebenen Referenzwellen sind schon sehr lange als 'Fresnelsche Zonenlinse' bekannt.

Der Punkt P, der das Objekt repräsentiert, befindet sich in der Entfernung z_0 zur Photoschicht (Bild 2.6a). Er sendet eine Kugelwelle aus. Zusätzlich fällt auf die Schicht eine ebene Referenzwelle **r**. Als erstes läßt sich feststellen, daß als Interferenzmuster konzentrische Kreise entstehen. Für alle Punkte, die gleich weit vom Zentrum der Photoplatte liegen, haben die einfallenden Wellen gleiche Phase. Zweitens wächst von Ring zu Ring der Gangunterschied zwischen den beiden interferierenden Wellen um eine Wellenlänge λ (und die Phasendifferenz um 2π). Im Zentrum kann der Gangunterschied zu Null angenommen werden. Für den k-ten Ring ergibt sich daraus ein Gangunterschied $k\lambda$, so daß für den Ringradius die Beziehung folgert:

$$r_k^2 = (z_0 + k\lambda)^2 - z_0^2 = 2z_0 k\lambda + k^2\lambda^2. \tag{2.25}$$

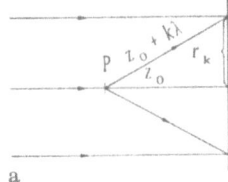

a

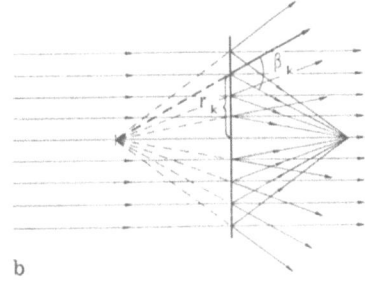

b

Bild 2.6. Hologramm eines Punktes
a) Aufnahme des Hologramms und Ausbildung einer Fresnelschen Zonenplatte
b) Rekonstruktion und Entstehung eines reellen und eines virtuellen Bildpunktes

Bei der Bestrahlung dieses Systems konzentrischer Ringe (Bild 2.7) mit parallelem kohärentem Licht entstehen ein reeller und ein virtueller Bildpunkt (Bild 2.6b). Die Fresnelsche Zonenlinse wirkt gleichzeitig als Sammel- und Zerstreuungslinse mit der Brennweite $f = \pm z_0$. In der Sprache der Holographie stellt Bild 2.6b die Rekonstruktion dar, die im folgenden berechnet wird.

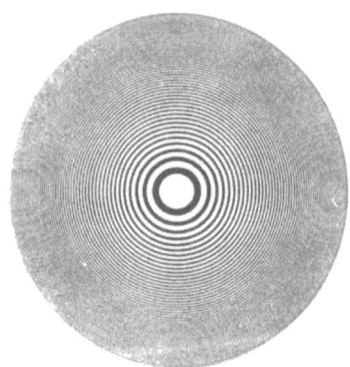

Bild 2.7. Darstellung einer Fresnelschen Zonenplatte. Im Idealfall ist der Übergang von hell zu dunkel $\sin^2$-förmig

Der Abstand zwischen benachbarten Ringen ergibt sich aus Gleichung 2.25 zu:

$$\Delta r_k = \frac{z_0 \lambda + k \lambda^2}{r_k} \quad (= 1/\sigma) \;. \tag{2.26}$$

Jeder kleine Bereich der Zonenlinse kann als normales Beugungsgitter aufgefaßt werden. Die Beugung nullter Ordnung ist der geschwächte Beleuchtungsstrahl. Daneben tritt bei einem sinusförmigen Gitter Beugung der Ordnung $N = \pm 1$ unter folgenden Winkeln auf (siehe Gleichung 2.24 für senkrechten Einfall $\alpha = 0$):

$$\sin\beta_k = \pm \lambda/\Delta r_k = \frac{r_k}{z_0 + k\lambda} \;. \tag{2.27}$$

Der Ablenkwinkel steigt mit dem Abstand von der Hologrammachse. Genau diese Eigenschaft weisen auch Linsen auf. Durch längere, aber elementare trigonometrische Rechnungen zeigt sich im Ergebnis, daß sich die Strahlen reell und virtuell im Abstand z_0 von der Hologrammebene schneiden, wie in Bild 2.6b skizziert. Damit ist bewiesen, daß das Hologramm eines Punktes eine Fresnelsche Zonenlinse darstellt. Bei der Rekonstruktion entsteht als Beugung 1. Ordnung eine konvergente Kugelwelle, die einen Bildpunkt im Abstand z_0 vor dem Hologramm ergibt. Als Beugung -1. Ordnung bildet sich eine divergente Kugelwelle mit einem virtuellen Bildpunkt im Abstand z_0 hinter dem Hologramm aus.

2.6 Interferenz von Lichtwellen

Das Hologramm stellt ein Interferenzmuster dar, das sich durch Überlagerung der Objektwelle **o** mit der Referenzwelle **r** formiert. Das Phänomen der Überlagerung gilt es nun näher zu beschreiben.

Welle

Eine Welle entspricht einer sich ausbreitenden Schwingung mit der Frequenz f [2.3]. Die Schwingung der elektrischen Feldstärke E(t) einer Lichtwelle an einer bestimmten Stelle, die im folgenden als der Nullpunkt des Koordinatensystems angenommen wird, läßt sich durch die Gleichung wiedergeben:

$$E(t) = A\cos(2\pi f t + \varphi) = A\cos(\omega t + \varphi). \tag{2.28}$$

Dabei bezeichnet A die Amplitude der Schwingung. Der Wert φ repräsentiert einen Phasenfaktor, der durch die Wahl des Zeitpunktes t = 0 bestimmt ist. Zur Abkürzung wird der Begriff 'Kreisfrequenz ω' eingeführt: $\omega = 2\pi f$.

Die Schwingung breitet sich beispielsweise als ebene Welle in z-Richtung aus; Bild 2.8 zeigt die "Momentaufnahme" einer Lichtwelle. Die kürzeste Entfernung zwischen zwei Punkten, die in gleicher Phase schwingen, ist die Wellenlänge λ. Die Durchlaufzeit der Welle mit der Geschwindigkeit c um die Strecke λ entspricht der Periodendauer T. Den Kehrwert gibt die Frequenz f = 1/T an. Da ein Punkt in der Entfernung z vom Ursprung mit einer Phasenverschiebung zu schwingen beginnt, die der Zeit $t_0 = z/c$ proportional ist, ergibt sich die Gleichung der Schwingung an dieser Stelle:

$$E = A\cos(\omega(t-t_0) + \varphi). \tag{2.28}$$

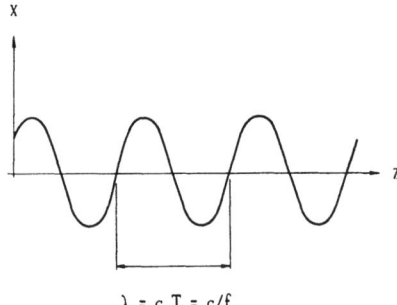

$\lambda = cT = c/f$

Bild 2.8. Darstellung einer Welle

Aus der Anwendung der Beziehung $t_0 = z/c = z/(f\lambda)$ resultiert die Gleichung einer ebenen Welle, d.h. die Schwingung an jeder Stelle z:

$$E(z,t) = A\cos(\omega t - kz + \varphi) = A\cos(\omega t + \Phi), \qquad (2.29)$$

wobei $k = 2\pi/\lambda$ die 'Wellenzahl' genannt wird. Mit diesem Ausdruck ist die ebene Welle vollständig mathematisch beschrieben. In die Gleichung wurde die Phase $\Phi = \varphi - kz$ eingeführt.

Oft birgt die komplexe Schreibweise unter Benutzung der Eulerschen Beziehung Vorteile:

$$e^{\pm i\varphi} = \cos\varphi \pm i\sin\varphi. \qquad (2.30)$$

Für die Welle (2.29) wählt man die komplexe Schreibweise, symbolisiert durch fett gedruckte Buchstaben:

$$\mathbf{E} = Ae^{-i(\omega t - kz + \varphi)} = Ae^{-i(\omega t - \Phi)}. \qquad (2.31a)$$

Bedeutung hat dabei nur der Realteil. Die Frequenz f einer Lichtwelle beträgt einige 10^{14} Hz und ist nicht direkt beobachtbar. Bei jeder Messung wird der zeitliche Mittelwert über mehrere Schwingungsperioden ermittelt; daher kann zur Vereinfachung im Exponenten der Ausdruck mit ωt weggelassen werden:

$$\mathbf{E} = Ae^{-i\Phi}. \qquad (2.31b)$$

Für die Objekt- und die Referenzwelle wurde bereits die komplexe Schreibung verwendet (z.B. Gleichung 2.4 und 2.5).

Interferenz

Nach der Ableitung der Gleichung einer Welle wird nun modellhaft die Überlagerung oder Interferenz zweier Lichtwellen gleicher Frequenz berechnet. Diese sollen von den Punkten R und O ausgehen. Die Polarisation des Lichtes steht in Bild 2.9 senkrecht zur Zeichenebene, damit sich die Feldstärke optimal überlagert. Bei beiden Wellen kann es sich ohne Einschränkung der Allgemeingültigkeit um die Referenz- und die Objektwelle handeln:

$$\mathbf{o} = o\,e^{-i\Phi} \quad \text{und} \quad \mathbf{r} = r\,e^{-i\Psi}. \qquad (2.4), (2.5)$$

r und o bedeuten die Feldstärkenamplituden der jeweiligen Welle an der Stelle der Überlagerung P. Die Phase $\Psi = \Psi_R - 2\pi r_1/\lambda$ wird durch die Anfangsphase der Welle in R und die Veränderung der Phase mit dem Abstand r_1 bestimmt. Entsprechendes gilt für $\Phi = \Phi_O - 2\pi r_2/\lambda$.

In Punkt P addieren sich die Feldstärken: $\mathbf{r} + \mathbf{o}$. Die Intensität I ist nach Gleichung 2.7 proportional zu

$$I = |\mathbf{r} + \mathbf{o}|^2.$$

Analog zu Gleichung 2.9 erhält man:

$$I = r^2 + o^2 + 2ro\cos(\Phi - \Psi). \qquad (2.32a)$$

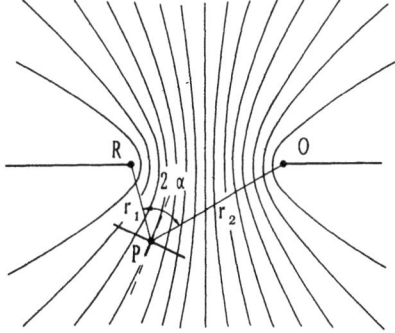

Bild 2.9. Interferenzstreifen oder System stehender Wellen, das durch zwei kohärente Punktlichtquellen, R und O, gebildet wird

Wenn die Lichtquellen völlig unabhängig voneinander strahlen, verschwindet der Mittelwert von $\cos(\Phi - \Psi)$, da die Phasen statistisch schwanken. Daraus folgt

$$I = r^2 + o^2$$
oder
$$I = I_1 + I_2.$$

In diesem Fall werden die Wellen 'inkohärent' bezeichnet. Die Intensitäten zweier Wellen summieren sich, Interferenz tritt nicht auf.

Ändert sich der Wert $\Psi_R - \Phi_O$ nicht, sind die Wellen 'kohärent'. Entsprechend Gleichung 2.32a existieren Stellen im Raum, an denen $\cos(\Phi - \Psi) = \pm 1$ ist. Schwingen die Feldstärken in gleicher Phase (+), resultieren daraus:

$$r + o \quad \text{und} \quad I_{max} = r^2 + o^2 + 2ro. \qquad (2.34a)$$

Schwingen sie im Gegentakt (-), ergeben sich für die Überlagerung

$$r - o \quad \text{und} \quad I_{min} = r^2 + o^2 - 2ro. \qquad (2.34b)$$

Im Raum bildet sich ein System stationärer Wellen oder Interferenzstreifen aus. Die Maxima (Schwingungsbäuche) und Minima (Knoten) genügen den Gleichungen 2.34a und b. Den Ausdruck $2ro\cos(\Phi - \Psi)$ in Gleichung 2.32 nennt man 'Interferenzterm'.

In Bild 2.9 ist das Interferenzmuster für $\Psi_R = \Phi_O$ aufgezeichnet (d.h. die Punktquellen senden in gleicher Phase). Die Schwingungsmaxima sind durch die Gleichung

$$r_1 - r_2 = \pm N\lambda \qquad (2.35)$$

gegeben. An der Stelle der Maxima schwingen beide Wellen in Phase. Gleichung 3.35 beschreibt eine Schar von Rotationshyperboloiden. Der Abstand der Maxima ist bestimmt durch

$$d = \lambda/(2\sin\alpha), \qquad (2.36)$$

wobei 2α den Winkel zwischen r_1 und r_2 angibt. Auf der Verbindungslinie $\overline{RO}$ ist $\alpha = \pi/2$, und der Abstand der Maxima wird $d = \lambda/2$.

Schneidet man das Interferenzfeld quer zur Symmetrieachse, so treten kreisförmige Strukturen in Form von Fresnelschen Zonenlinsen auf. Im vorangehenden Abschnitt wurde eine Zonenlinse als Ergebnis der Interferenz einer ebenen und einer Kugelwelle beschrieben. Dieser Fall tritt ein, wenn ein Punkt, z.B. R, ins Unendliche verschoben wird. Liegt die Schnittebene parallel zur Verbindungslinie $\overline{RO}$, bilden sich die Interferenzlinien als Hyperbelscharen aus.

Kontrast

In der Holographie repräsentieren r und o die Referenz- bzw. die Objektwelle. Bei der Aufnahme der Hologramme bestimmt das Verhältnis der Intensitäten beider Wellen $I_1 = r^2$ und $I_2 = o^2$ den Kontrast K im Interferenzfeld. Er ist definiert als:

$$K = \frac{I_{max} - I_{min}}{I_{max} + I_{min}} . \qquad (2.37)$$

Für kohärente Wellen erhält man mit den Gleichungen 2.34a und b:

$$K = \frac{2\sqrt{I_1/I_2}}{1 + I_1/I_2} . \qquad (2.38a)$$

Der Kontrast wird maximal 1 für $I_1 = I_2$.

Einfluß der Polarisation

In den bisherigen Überlegungen zur Interferenz galt die Annahme, daß die Polarisation der beiden Lichtwellen parallel zueinander steht. Daraus folgt ein maximaler Kontrast K = 1 für $I_1 = I_2$. Schließen die Porlarisationsrichtungen zweier linear polarisierter Wellen den Winkel ψ miteinander ein, ergeben sich statt der Gleichungen 2.32a und 2.38a:

$$I = r^2 + o^2 + 2ro\cos(\Phi - \Psi)\cos\psi \qquad (2.32b)$$

und

$$K = \frac{2\sqrt{I_1/I_2}}{1 + I_1/I_2} \cos\psi . \qquad (2.38b)$$

Stehen die Richtungen der Polarisation senkrecht zueinander, findet keine Interferenz statt; der Kontrast wird K = 0. Für einen optimalen Kontrast müssen somit Objekt- und Referenzwelle parallel polarisiert sein. Auch bei Verwendung von linear polarisierter Strahlung ist dies in der Praxis nicht immer erreichbar, da das Licht vom Objekt durch die Streuung teilweise depolarisiert wird.

Kohärenz

Der Kontrast K bei der Überlagerung ideal kohärenter Wellen wird durch Gleichung 2.38 angegeben; für zwei Wellen gleicher Polarisation und Intensität ist er gleich 1. Sind die Wellen inkohärent, treten statistische Phasenunterschiede auf, und der Kontrast nimmt ab. Im Fall völliger Inkohärenz wird K = 0, d.h. es bilden sich keine Interferenzstreifen mehr aus. Der Übergangsbereich wird durch eine Kohärenzfunktion oder den Kohärenzgrad beschrieben. Der Kohärenzgrad γ kann durch den Kontrast K im Interferenzfeld gemessen werden. Für Wellen gleicher Amplitude ($I_1 = I_2$) und paralleler Polarisation ($\psi = 0$) gilt [2.1]:

$$K = \gamma . \qquad (2.39)$$

Der Unterschied zwischen örtlicher und zeitlicher Kohärenz wird in Abschnitt 7.1 erklärt.

3 Direkte Verfahren der Holographie

Bei der Aufnahme von Hologrammen werden Objekt- und Referenzwelle zur Überlagerung gebracht. In dem entstehenden Interferenzmuster ist die Information über die Objektwelle vollständig gespeichert. Bei der Herstellung der Hologramme können beide Wellen räumlich unterschiedlich zueinander überlagert werden, außerdem kann die Photoschicht an verschiedenen Stellen im Interferenzfeld angeordnet sein. Aus diesen Parametern resultieren mehrere holographische Verfahren, die jeweils sehr spezielle Eigenschaften aufweisen. Dieses Kapitel beschreibt nur direkte Verfahren, bei denen vor der Aufnahme keine Zwischenbilder durch Linsen oder Hologramme erstellt werden. Die Erzeugung von Image-Hologrammen, bei denen das Objekt durch ein Zwischenbild dargestellt wird, ist in Kapitel 4 erklärt.

Die Überlagerung der Objektwelle eines Punktes O mit einer Referenzwelle veranschaulicht Bild 3.1 (Abschnitt 2.6). In Bild 3.1a geht die Referenzwelle als Kugelwelle von der Punktquelle R aus; Bild 3.1b dagegen zeigt als Referenzwelle eine ebene Welle, d.h. der Punkt R ist nach links ins Unendliche verschoben. Je nach Positionierung der holographischen Schicht bei der Aufnahme im Interferenzsystem ergeben sich daraus folgende holographische Verfahren:

- In-line-Hologramm nach Gabor (Bild 3.1, Position 1)
- Off-axis-Hologramm nach Leith und Upatnieks (Positionen 2, 2', 2")
- Fourier-Hologramm (Position 3)
- Fraunhofer-Hologramm (Position 4)
- Reflexionshologramm nach Denisjuk (Positionen 5, 5').

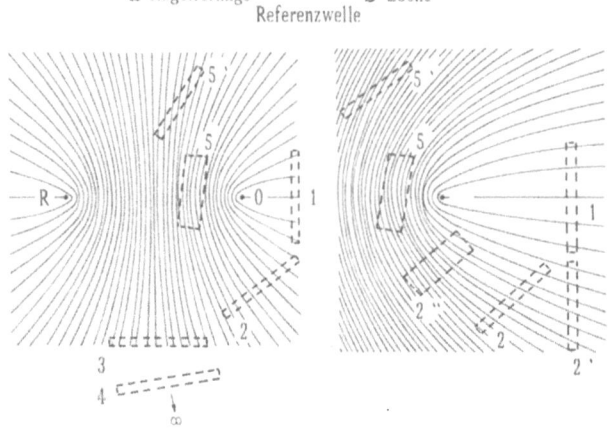

Bild 3.1. Interferenzstreifen bei der Aufnahme von Hologrammen eines Objektpunktes O
a) Die Referenzwelle geht von einer Punktlichtquelle R aus
b) Es liegt eine ebene Referenzwelle vor (R liegt im Unendlichen)

1 In-line-Hologramm nach Gabor (dünn)
2, 2' Off-axis-Hologramm nach Leith-Upatnieks (dünn)
2" Off-axis Hologramm (dick)
3 Fourier-Hologramm (linsenlos)
4 Fraunhofer-Hologramm
5 Reflexionshologramm nach Denisjuk (dick)
5' Reflexionshologramm (Übergang zu dünn)

3.1 In-line-Hologramm (Gabor)

Die von Gabor entwickelte Technik der Geradeaus—Holographie stellt die Lichtquelle und das Objekt in eine Achse senkrecht zur holographischen Schicht, so wie es in Position 1 in den Bildern 3.1a und b gezeigt wird. In Frage kommen nur durchsichtige Objekte. Der vom Objekt gestreute Anteil des Lichtes bildet die Objektwelle, während der ungestreute Teil die Funktion der Referenzwelle übernimmt (Bild 3.2a). Im Prinzip können ebene oder kugelförmige Referenzwellen verwenden.

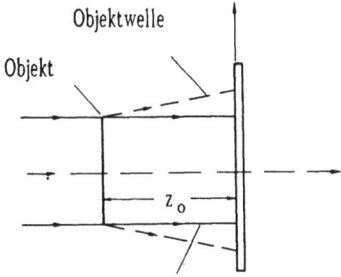

a   Referenzwelle

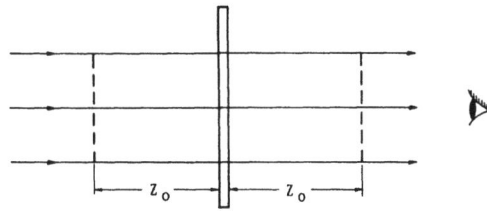

b   virtuelles Bild   reelles (konjug.) Bild

Bild 3.2. In-line-Holographie für durchsichtige Objekte (Bild 3.1, Position 1)
   a) Aufzeichnung des Hologramms
   b) Wiedergabe des Hologramms

Nimmt man als Objekt einen axialen Punkt O mit einer Kugelwelle, so ist das Hologramm bei ebener Referenzwelle eine Fresnelsche Zonenlinse. (Bei der Verwendung kugelförmiger Referenzwellen bilden sich ähnliche Fresnelsche Linsen.) Aus Abschnitt 2.5 wird der Nachteil der In-line- oder Geradeaus-Hologramme deutlich: bei der Rekonstruktion wird das Hologramm entsprechend Bild 3.2b mit einer ebenen Welle bestrahlt. Da es sich um eine Zonenlinse handelt, entstehen ein virtueller Bildpunkt an der Originalstelle O und zusätzlich ein reeller Bildpunkt im gleichen Abstand rechts vom Hologramm.

Dieses Phänomen gilt auch für ausgedehnte Objekte, die in einzelne Punkte zerlegt werden können. Bei der Beobachtung überlagern sich die beiden auf der Achse liegenden Bilder, was zu Bildstörungen führt (Bild 3.2b). Außerdem blickt der Betrachter direkt in die Rekonstruktionswelle. Wegen dieser Nachteile ist diese Art der Holographie eher von historischem Interesse. Für die Aufnahme wird nur ein Laserstrahl verwendet, der ohne Strahlteilung die Objekt- und Referenzwelle darstellt. Man nennt derartige Techniken 'Singlebeam-' oder 'Einstrahl-Holographie'. Das Hologramm wird bei der Beobachtung des Bildes von hinten beleuchtet, man bezeichnet es als 'Transmissions-Hologramm'. Aus Bild 3.1 ist ersichtlich, daß die Interferenzlinien senkrecht zur lichtempfindlichen Schicht liegen und einen relativ weiten Abstand zueinander haben. Das Hologramm kann bei üblichen Schichten als 'dünn' klassifiziert werden, zumal der Gitterabstand relativ groß ist. Der Unterschied zwischen sogenannten 'dünnen' und 'dicken' Hologrammen wird in Kapitel 6 erklärt.

3.2 Off-axis-Hologramm (Leith-Upatnieks)

Als günstiger erweist es sich, die holographische Schicht oder das Objekt etwas seitlich zu verschieben und, wie in Bild 3.1 gezeigt, in die Position 2 oder 2' zu bringen. Dieses Verfahren wurde von Leith und Upatnieks entwickelt und hat sich für viele Anwendungen durchgesetzt. Laserstrahl, Objekt und Hologramm befinden sich nicht mehr auf einer Achse.

Das Hologramm stellt (zumindest in der Anordnung 2') den Randbereich einer Fresnelschen Zonenlinse dar. Bei der Rekonstruktion entstehen wiederum ein virtuelles und ein reelles Bild. Für die Position 2' des Hologramms liegen beide Bilder an der gleichen Stelle wie bei der Gabor-Holographie (Position 1). Der Vorteil der Off-axis-Holographie besteht jedoch darin, daß beide Bilder bezüglich des Hologramms 2' unter verschiedenen Winkeln positioniert sind. Damit überlagern sich die Bilder bei der Betrachtung nicht, und Bildstörungen werden vermieden.

Eine detaillierte Beschreibung der Off-axis-Holographie wurde in den Abschnitten 2.2 bis 2.4 und Bild 2.1 gegeben. Bild 3.3 wiederholt den Aufbau bei der Off-axis-Holographie. Durch Verkippen der Referenzwelle (oder Verschieben des Objekts) wird erreicht, daß die drei Beugungsordnungen, die dem Bild, dem konjugierten Bild und der Beleuchtungswelle entsprechen, räumlich getrennt werden. Es ist von Vorteil, daß auch von undurchsichtigen Objekten Hologramme angefertigt werden können, weil die Referenzwelle nicht vom Objekt abgeschattet wird.

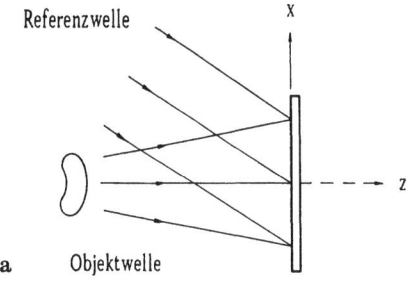

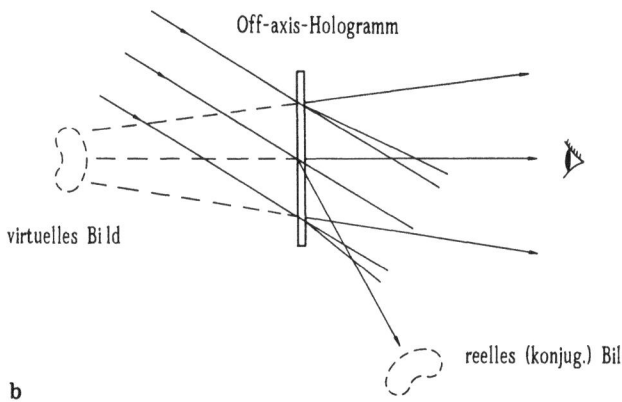

Bild 3.3. Off-axis-Holographie (Bild 3.1, Positionen 2)
a) Aufzeichnung des Hologramms
b) Wiedergabe des Hologramms

Die Anordnungen nach Bild 3.2 und 3.3 erzeugen Transmissionshologramme. Die Ausbildung eines 'dünnen' oder 'dicken' Gitters hängt von der Dicke der holographischen Schicht, dem Gitterabstand und der Richtung der Gitterflächen ab. In der Praxis entstehen meist dünne Transmissionshologramme. Sie können nur mit monochromatischem Licht rekonstruiert werden, da jede Farbe einen anderen Beugungswinkel für die Bildlage liefert. Bei der Verwendung von weißem Licht entsteht durch Farbfehler ein farbig völlig verschmiertes Bild.

Bei dicken Transmissionshologrammen entsteht Bragg-Reflexion an den Gitterebenen nur für die Farbe, mit der das Hologramm aufgenommen wurde. Dadurch ist eine Wiedergabe mit weißem Licht möglich. Durch den Bragg-Effekt erscheint das konjungierte Bild nicht, und der Beugungswirkungsgrad steigt, insbesondere für Phasenhologramme. Stellt man die Photoschicht in Position 2" (Bild 3.1), so entsteht dort eher ein dickes Hologramm als in den Positionen 2 und 2', da die Gitterlinien enger liegen.

Aus Bild 3.1 geht nicht ohne weiteres hervor, ob Off-axis-Hologramme nach der Einstrahl- oder Mehrstrahl-Technik hergestellt werden. Beides ist im Prinzip möglich, wobei sich die Mehrstrahl-Holographie durchgesetzt hat. Dabei wird durch Strahlteiler die Referenzwelle von der Welle zur Beleuchtung des Objekts getrennt.

3.3 Fourier-Hologramm (linsenlos)

Befinden sich Objekt O und Punktlichtquelle R in der gleichen Ebene parallel zum Hologramm, entstehen sogenannte linsenlose 'Fourier-Hologramme' (Bild 3.1, Position 3). Diese geometrische Bedingung läßt sich nur für ebene Objekte einhalten. Bei einem Fourier-Hologramm zeigen sich die Interferenzstreifen als Hyperbelscharen, während insbesondere bei In-line-Hologrammen Kreissysteme in Form Fresnelscher Zonenlinsen auftreten.

Eine schematische Anordnung zur Aufnahme und Wiedergabe von linsenlosen Fourier-Hologrammen zeigt Bild 3.4. Wie bei allen dünneren Hologrammen erscheinen bei der Rekonstruktion zwei (virtuelle) Bilder. Das normale Bild befindet sich an der Originalstelle; das konjungierte taucht in der gleichen Ebene parallel zum Hologramm auf. Die Punktlichtquelle R bildet das Punktsymmetriezentrum für beide Bilder (Gleichung 2.17). Die speziellen Eigenschaften dieser Hologramme werden in Abschnitt 4.5 im Zusammenhang mit Fourier-Hologrammen unter Verwendung von Linsen behandelt.

3.4 Fraunhofer-Hologramm

Fourier-Hologramme werden durch Überlagerung von Kugelwellen erzeugt, deren Zentren gleichen Abstand von der Hologrammschicht besitzen. Schiebt man die Schicht gemäß Bild 3.1 weit weg, so entfernen sich die Zentren, und im Grenzfall bilden sich ebene Wellen aus (Position 4); man spricht von 'Fraunhofer-Hologrammen'.

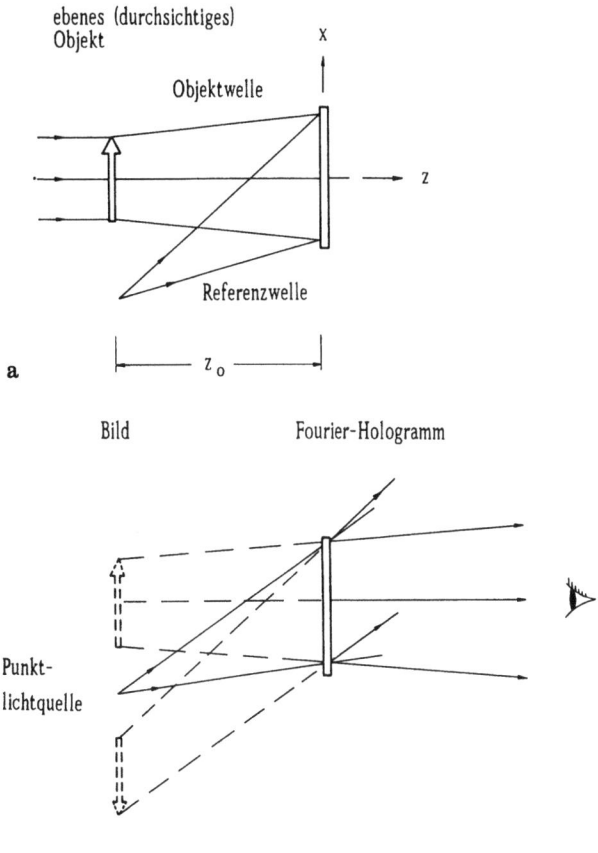

Bild 3.4. Linsenloses Fourier-Hologramm (Bild 3.1, Position 3)
    a) Aufzeichnung des Hologramms
    b) Wiedergabe des Hologramms

Oft werden derartige Hologramme auch anders definiert. Beugung im Fernfeld wird seit langem als 'Fraunhofer-Beugung' bezeichnet. (Bei sehr kleinen Objekten, z.B. Aerosolen, liegt das Fernfeld bereits bei einigen Millimetern Abstand). Hologramme von kleinen Objekten im Fernfeld mit ebener Referenzwelle werden daher ebenfalls 'Fraunhofer-Hologramme' genannt.

Verwendung findet dieser Hologrammtyp insbesondere bei der Vermessung und Untersuchung von Aerosolen. Eine Anordnung dafür zeigt Bild 3.5. Das Objekt mit dem Radius r_0 muß so klein sein, daß eine Beugungsfigur im Fernfeld entsteht. Die Bedingung für den

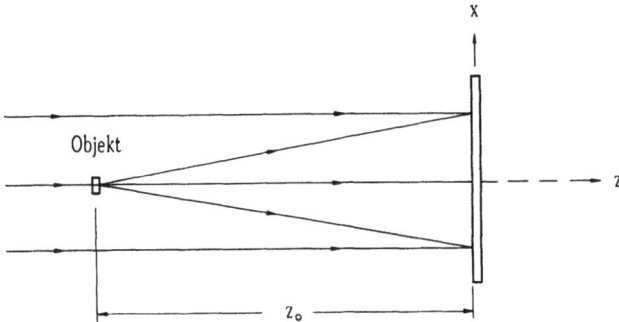

Bild 3.5. Aufnahme eines Fraunhofer-Hologramms (Bild 3.1, Position 4)

Abstand Objekt/Hologramm lautet $z_o \gg r_o^2/\lambda$. Bild 3.5 stellt die Gabor-Holographie dar, mit der Bedingung, daß Beugung im Fernfeld vorliegt. Das Licht des primären Bildes ist im konjugierten Bild über eine so große Fläche verteilt, daß es als schwacher gleichförmiger Untergrund erscheint.

3.5 Reflexionshologramm (Denisjuk)

Bisher wurden in diesem Kapitel dünne Transmissionshologramme vorgestellt, bei denen Objekt- und Referenzwelle von der gleichen Seite auf die photoempfindliche Schicht treffen. Große Bedeutung, vor allem im grafischen und künstlerischen Bereich, besitzen Hologramme, deren Bilder in Reflexion rekonstruiert werden. In diesem Fall muß die Referenz- und später die Rekonstruktionswelle von der Seite auf das Hologramm fallen, von der aus man es betrachtet. Die Objektwelle kommt bei der Aufnahme von der anderen, rückwärtigen Seite. Dies entspricht den Positionen 5 und 5' in Bild 3.1.

Bedeutend ist die Anordnung nach Denisjuk, bei der die holographische Schicht quer zwischen der Lichtquelle und dem Objekt steht (Position 5 in Bild 3.1). Dies bewirkt, daß die Interferenzebenen näherungsweise parallel zur photoempfindlichen Schicht liegen. Der Abstand der Gitterebenen beträgt bei der Verwendung eines He-Ne- oder Rubinlasers $\lambda/2 \approx 0.3$ µm. Bei typischen Schichtdicken um 6 µm passen somit etwa 20 Gitterebenen in die lichtempfindliche Schicht. Damit verhält sich dieses System wie ein dickes Gitter.

Die übliche Beugungstheorie (Abschnitte 1.2 und 2.5) muß für Reflexionshologramme modifiziert werden. Dicke Gitter zeigen ein völlig anderes Verhalten (Kapitel 6). Bei der Rekonstruktion wird die Beleuchtungswelle, die im Idealfall identisch mit der Referenzwelle ist, an den einzelnen Gitterebenen reflektiert. Im reflektierten Licht erscheint das virtuelle Bild des Objektes. Bei der Spiegelung an den Gitterebenen treten Interferenzeffekte auf, die zur Bragg-Reflektion führen. Bestrahlt man mit weißem Licht, wird durch den Bragg-Effekt nur die bei der Aufnahme benutzte Wellenlänge gespiegelt. Dadurch entsteht auch bei der Wiedergabe mit weißem Licht ein scharfes Bild. Darin besteht der Vorteil dicker Reflexionshologramme, die die Bezeichnung 'Weißlicht-Hologramme' tragen.

Die Verfahren zur Aufnahme und Wiedergabe von Reflexionshologrammen sind in Bild 3.6 aufgezeigt. Eine Erweiterung dieser Techniken durch zweistufige Arbeitsweisen wird in den Kapiteln 4 und 10 beschrieben.

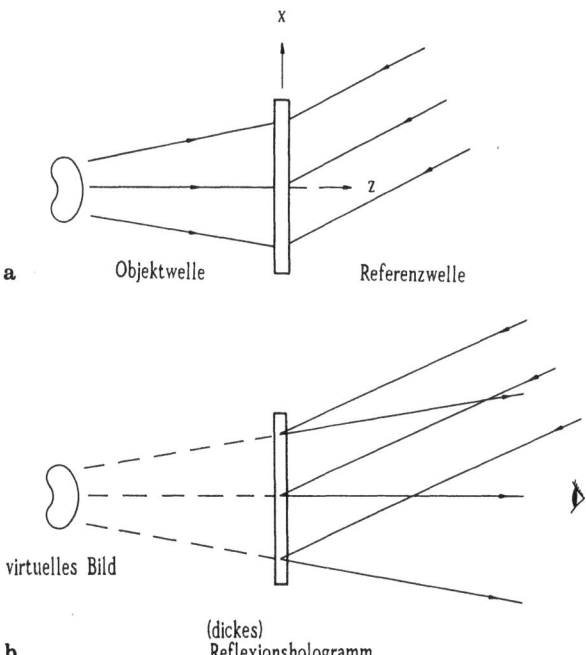

Bild 3.6. Reflexionshologramm (Bild 3.1, Positionen 5)
  a) Aufzeichnung des Hologramms
  b) Wiedergabe des Hologramms

Stellt man bei der Aufnahme die holographische Schicht, wie in Bild 3.1, seitlich in die Position 5', vergrößert sich die Gitterkonstante, und die Gitterebenen liegen schräg in der Schicht. In diesem Fall ist der Bragg-Effekt weniger ausgeprägt, und das Gitter ist nicht mehr unbedingt als 'dick' anzusehen. Um den Unterschied zur Offaxis-Holographie anzudeuten, wird diese Technik bisweilen als 'Holographie mit invertiertem Referenzbündel' bezeichnet.

4 Hologramme von Bildern

Im vorigen Kapitel wurde vorausgesetzt, daß die Objektwelle bei der Aufnahme direkt, ohne weitere Abbildung auf das Hologramm fällt. Ein Merkmal dieser Anordnung ist, daß das normale (orthoskopische) Bild virtuell auftritt und bei der Beobachtung hinter dem Hologramm liegt. Gegenstand dieses Kapitels sind Hologramme, bei denen die Objektwelle vor der Speicherung mit einer Linse abgebildet wird oder von einem 'Masterhologramm' stammt. Als Objekt dient ein durch eine Linse oder ein Hologramm erzeugtes Bild; deshalb werden derartige Hologramme 'Image-Hologramme' genannt. Durch zweistufige Herstellungsverfahren können normale (orthoskopische) reelle Bilder produziert werden, die bei der Beobachtung vor dem Hologramm liegen. Diese Technik ist besonders interessant für grafische und künstlerische Anwendungen sowie holographische Displays.

4.1 Image-plane-Hologramm

Es birgt einige Vorteile in sich, statt des Objekts sein reelles Bild aufzuzeichnen. Bei Bildebenenhologrammen (Image-plane-Hologrammen) wird das Objekt durch eine große Linse in die Ebene des Hologramms abgebildet. Bei der Aufnahme und damit auch der Rekonstruktion befindet sich das reelle Bild räumlicher Objekte teilweise vor und hinter dem Hologramm.

Dadurch daß die Hologrammebene in der Mitte des Bildes liegt, sind die Weglängenunterschiede verschiedener Strahlen des Objektes geringer als bei anderen Verfahren. Folglich werden minimale Anforderungen an die Kohärenz der Lichtquelle gestellt. Ist die Tiefe des Objekts gering, können sogar "weiße" Lichtquellen zum Einsatz kommen. Ein weiterer Vorteil liegt in der relativ starken Helligkeit oder Brillanz der Image-plane-Hologramme; der Beobachtungswinkel ist jedoch durch die Apertur der Linse eingeschränkt.

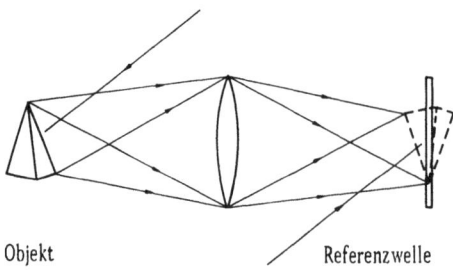

Objekt Referenzwelle

Bild 4.1. Aufnahme eines Bildebenenholgramms (Image-plane-Hologramm)

4.2 Zweistufiges Transmissions- und Reflexionshologramm

Reelle Bilder können auch ohne Verwendung von Linsen mit Hilfe zweistufiger holographischer Verfahren erstellt werden.

Im ersten Schritt wird nach Bild 4.2a ein Off-axis-Hologramm erzeugt, das 'Master-' oder 'H1-Hologramm' genannt wird. Bei der Rekonstruktion entstehen ein virtuelles orthoskopisches und ein reelles pseudoskopisches Bild. Das reelle Bild liefert die Objektwelle für den zweiten Schritt, in dem das sogenannte 'H2-Hologramm' aufgenommen wird. In der zweistufigen Holographie wird somit ein Hologramm von einem holographischen Bild angefertigt. Mittels dieser Technik ist es möglich, reelle orthoskopische, d.h. normale Bilder zu produzieren, weil das pseudoskopische Bild eines pseudoskopischen Bildes orthoskopisch ist. Bild 4.2 zeigt die Herstellung eines zweistufigen Transmissionshologramms. Will man ein Weißlicht-Reflexionshologramm produzieren, muß die Richtung der Referenzwelle bei der Aufnahme des H2-Hologramms umgekehrt werden; Entsprechendes gilt für die Wiedergabewelle.

Eine häufig eingesetzte Alternative zur Erzeugung reeller holographischer Bilder stellt Bild 4.3 dar. Im ersten Schritt wird, ähnlich wie in Bild 4.2a, ein gewöhnliches Off-axis-Transmissionshologramm angefertigt. Im gezeigten Beispiel fällt die Referenzwelle schräg ein, und das Objekt steht frontal vor der lichtempfindlichen Schicht. Im zweiten Schritt wird das Masterhologramm um 180^0 (um eine Achse senkrecht zur Zeichenebene) gedreht. Zur räumlichen Orientierung ist am Hologramm in Bild 4.3 eine Markierung angebracht. Diese Dre-

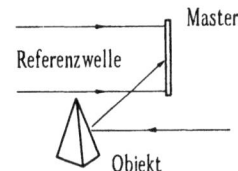

a Masterhologramm

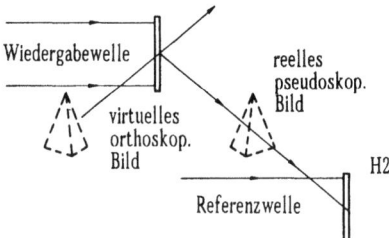

b H2-Hologramm

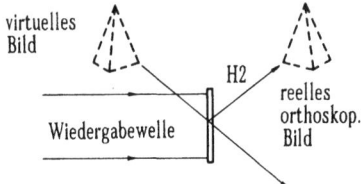

c Wiedergabe

Bild 4.2. Erzeugung eines reellen orthoskopischen Bildes mit Hilfe der zweistufigen Holographie
a) Aufnahme eines Masterhologramms
b) Herstellung eines H2-Hologramms in Transmission
c) Wiedergabe des reellen Bildes

hung besitzt die gleiche Wirkung wie die Umkehrung der Richtung der Wiedergabewelle (siehe Abschnitt 2.3). Aus der Rekonstruktion in Schritt 2 geht ein reelles pseudoskopisches Bild hervor, das auf dem Kopf steht. Oft wird die lichtempfindliche Schicht des H2-Hologramms in eine Ebene gestellt, die mitten durch das Bild verläuft. Auf dem H2-Hologramm wird somit das reelle pseudoskopische Bild des Masterhologramms festgehalten. Da die Ausbreitungsrichtungen von Objekt- und Referenzwelle von verschiedenen Seiten auf die Schicht zeigen, entsteht ein Weißlicht-Reflexionshologramm. Zur Wiedergabe der gespeicherten Information wird das H2-Hologramm nochmals um 180° gedreht. Dadurch erscheint (nach Abschnitt 2.3) ein pseudoskopisches reelles Bild. Bezogen auf das Objekt ist das reelle Bild jedoch orthoskopisch.

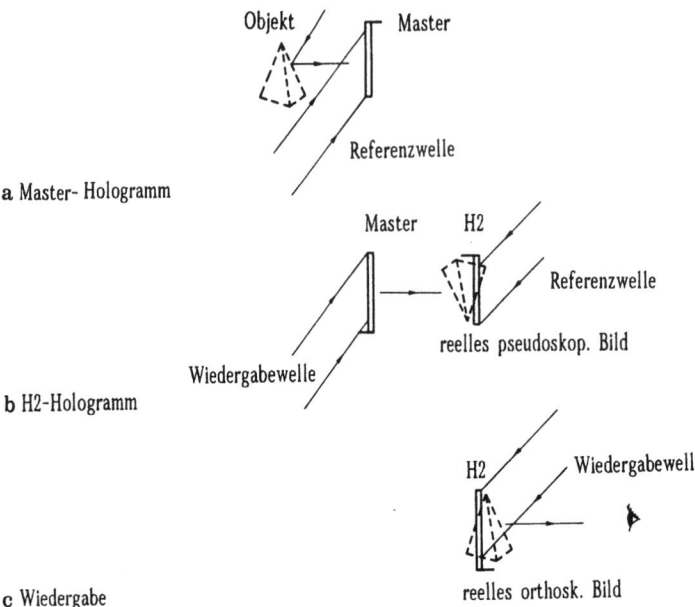

Bild 4.3. Alternative zur Erzeugung eines reellen orthoskopischen Bildes mit Hilfe der zweistufigen Holographie
a) Erstellung eines Masterhologramms
b) Herstellung eines H2-Weißlicht—Reflexionshologramms
c) Wiedergabe des reellen Bildes

Zweistufige Reflexionshologramme sind meist in holographischen Galerien zu finden. Die Beleuchtung kann mit Weißlicht erfolgen, z.B. durch 12-V-Wolframfadenlampen. Der Winkel zur Lichteinstrahlung wird durch die Richtung des Referenzstrahls bei der Anfertigung des H2-Hologramms festgelegt. Technische Einzelheiten zur Herstellung dieses Hologrammtyps sind in Kapitel 11 aufgeführt.

4.3 Regenbogenhologramm

Regenbogenhologramme können in Transmission mit weißem Licht wiedergegeben werden. Je nach Beobachtungsrichtung erscheint das rekonstruierte Bild in unterschiedlicher Farbgebung, wobei das gesamte Lichtspektrum auftritt.

Die Technik zur Aufnahme von Regenbogenhologrammen umfaßt zwei Stufen. Im ersten Schritt wird in üblicher Weise ein Off-axis-Hologramm erstellt (Bild 4.4a). Bei der Rekonstruktion wird das Hologramm um 180° gedreht (oder die Richtung des Referenzstrahls umgekehrt) und so ein reelles pseudoskopisches Bild erzeugt (Bild 4.4b).

Im Unterschied zu Bild 4.3b wird auf dem Hologramm eine horizontale Spaltblende angebracht. Dabei geht Information verloren, und das rekonstruierte Bild zeigt keine vertikale Parallaxe mehr, d.h. daß der dreidimensionale Eindruck in vertikaler Richtung verschwindet. In der Regel wird dies vom Betrachter kaum bemerkt; der Grund hierfür

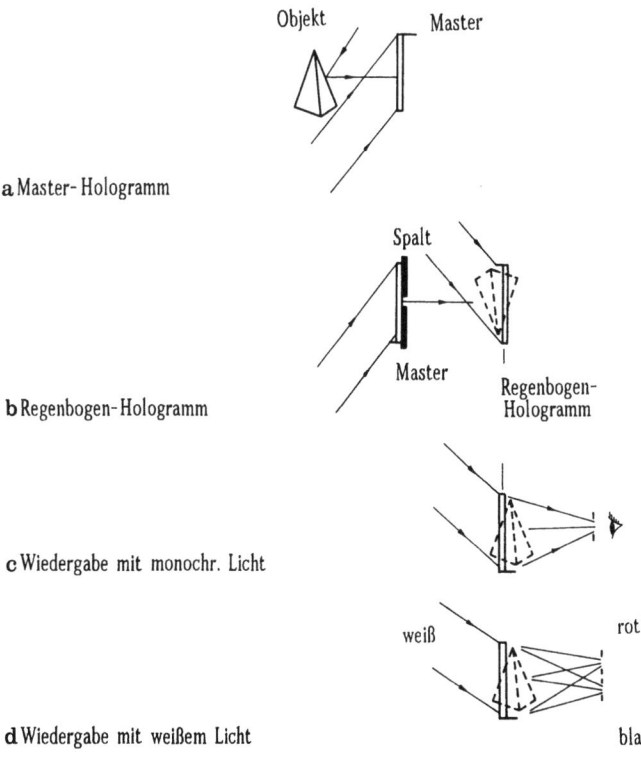

Bild 4.4. Verfahren zur Herstellung von Regenbogenhologrammen
    a) Aufnahme des Masterhologramms
    b) Herstellung des Regenbogenhologramms mit einer horizontalen Schlitzblende
    c) Wiedergabe eines Regenbogenhologramm mit monochromatischem Licht
    d) Wiedergabe mit weißem Licht

liegt darin, daß die Augen waagerecht angeordnet sind. In das reelle Bild wird, gemäß Bild 4.4b, eine photoempfindliche Schicht gestellt und so das H2-Hologramm erzeugt. Bei diesem Vorgang werden sowohl die Information des pseudoskopischen Bildes als auch die der Spaltblende gespeichert.

Zur Wiedergabe des Bildes bei Regenbogenhologrammen wird dieses um 180° gedreht, damit aus dem pseudoskopischen Bild ein orthoskopisches wird. In Bild 4.4c ist das rekonstruierte Bild unter Verwendung von monochromatischem Licht dargestellt. Man erkennt, daß der Betrachter durch einen waagerechten Spalt schaut, der das Bild der bei der Aufnahme benutzten Blende ist. Da das gebeugte Licht in dem Spalt konzentriert wird, entsteht eine hohe Intensität. Der Blickwinkel ist jedoch eingeschränkt und der dreidimensionale Eindruck nur in waagerechter Richtung vorhanden.

Bei Wiedergabe mit weißem Licht nach Bild 4.4d erscheint das Bild des waagerechten Spaltes unter verändertem Beugungswinkel. Für jede Spektralfarbe ist ein anderer Beobachtungsschlitz vorhanden. Bewegt der Betrachter seinen Kopf in vertikaler Richtung, sieht er das rekonstruierte Bild nacheinander in rot, orange, gelb, grün und blau, d.h. in den Spektralfarben oder den Farben des Regenbogens. Hieraus wird deutlich, woher der Name 'Regenbogenhologramm' stammt.

4.4 Doppelseitiges Hologramm

Üblicherweise kann auf einem ebenen Hologramm nur die dreidimensionale Information über die Vorderseite eines Objektes gespeichert werden. Bei doppelseitigen Hologrammen läßt sich das Hologramm von zwei Seiten betrachten (Bild 4.5), wobei das rekonstruierte Bild Vorder- und Rückseite des Objektes zeigt.

Bei der Herstellung eines doppelseitigen Hologramms wird im ersten Schritt ein Master-Hologramm H1 in Transmission von der einen Seite (1) des Objektes angefertigt. Danach erfolgt die Belichtung eines zweiten Hologramms H2 mit der Welle der anderen Seite (2) des Objekts. Dieses wird zunächst nicht entwickelt, und es entsteht ein "latentes" Reflexionshologramm.

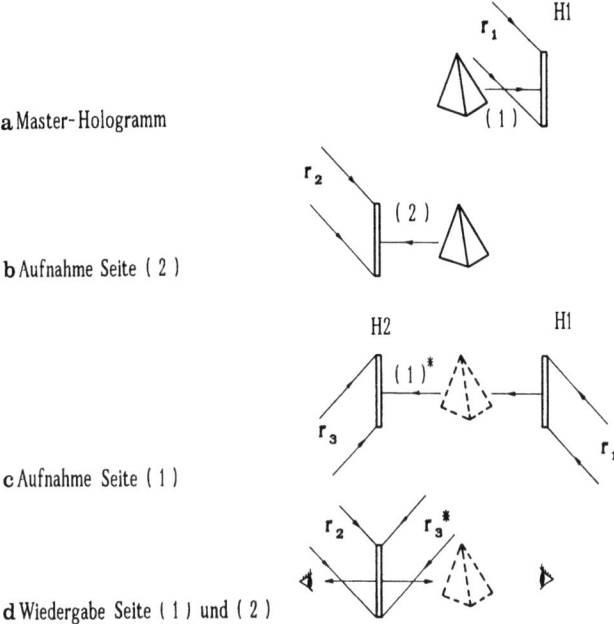

Bild 4.5. Methoden zur Herstellung doppelseitiger Hologramme
    a) Herstellung eines Masterhologramms in Transmission von Seite (1) des Objekts
    b) Herstellung eines zweiten Hologramms in Reflexion von Seite (2)
    c) Zusätzliche Speicherung der Information von Seite (1) auf das zweite Hologramm
    d) Wiedergabe des doppelseitigen Hologramms

Ausgehend von diesem Hologramm H2, besteht der dritte Schritt in der Anfertigung eines doppelseitigen Hologramms. Dabei wird durch Umkehrung der Richtung der Referenzwelle von dem Master-Hologramm ein pseudoskopisches Bild der Seite (1) des Objekts erzeugt. Auf dem Hologramm H2 wird eine zweite Belichtung vorgenommen und die Welle vom Master gespeichert. Die Richtung der Referenzwelle verläuft hierbei nach Bild 4.5 anders als bei der ersten Belichtung. Zur Rekonstruktion muß die Beleuchtungswelle bezüglich der Referenzwelle wieder umgedreht werden, da das Bild der Seite (1) pseudoskopisch war. Der gesamte Vorgang ist in Bild 4.5 festgehalten. Man erhält zwei voneinander unabhängige Reflexionshologramme, die beide Seiten des Objekts durch ein virtuelles (Beleuchtung durch r_2) und ein reelles Bild (Beleuchtung durch r_3^*) wiedergeben.

4.5 Fourier-Hologramm

Linsenlose Fourier-Hologramme wurden bereits in Abschnitt 3.3 behandelt. Im Bereich der Zeichenerkennung werden sie häufig mit Linsen eingesetzt (Abschnitt 17.1).

Prinzip

Zur Erzeugung eines Fourier-Hologramms wird ein ebenes Objekt in die erste Brennebene einer Linse gestellt. Die Referenzwelle geht von einer Punktlichtquelle aus, die sich in der gleichen Ebene befindet (Bild 4.6). Bei der Aufnahme liegt die Photoschicht in der zweiten Brennebene der Linse. Zur Rekonstruktion wird das Hologramm mit einer ebenen Welle achsenparallel beleuchtet. Das Hologramm steht wiederum in der ersten Brennebene einer zweiten gleichartigen Linse. In der zweiten Brennebene entstehen nach Bild 4.6b das primäre und konjugierte Bild symmetrisch zur optischen Achse. Die ungebeugte Referenzwelle bildet einen axialen "Lichtpunkt", der die nullte Beugungsordnung darstellt. Es läßt sich zeigen, daß das rekonstruierte Bild stationär ist, wenn man das Hologramm in seiner Ebene verschiebt.

Berechnung

Die Berechnung des Fourier-Hologramms kann nach Bild 4.6c erfolgen, wenn man als Objekt einen Punkt im Abstand ξ_0 zur Achse annimmt. Durch die Linse mit der Brennweite f bildet sich eine ebene Welle aus, die schräg unter dem Winkel $\sin \delta = -\xi_0/f$ auf die holographische Schicht fällt. Analog zu den Gleichungen 2.5 und 2.6 ergibt sich in der Brennebene für die Objektwelle:

$$o(x,y) = o\, e^{-i2\pi \xi_0 x / \lambda f} \quad . \tag{4.1}$$

Der Punkt ξ_0 in der einen Brennebene wird durch die Linse in eine Welle mit der Raumfrequenz $\sigma_0 = \xi_0/\lambda f$ transformiert.

Die Referenzwelle geht ebenfalls von einem Punkt im Abstand ξ_r zur optischen Achse aus. Damit gilt für die Referenzwelle

$$r(x,y) = r\, e^{-i2\pi \xi_r x / \lambda f} \quad . \tag{4.2}$$

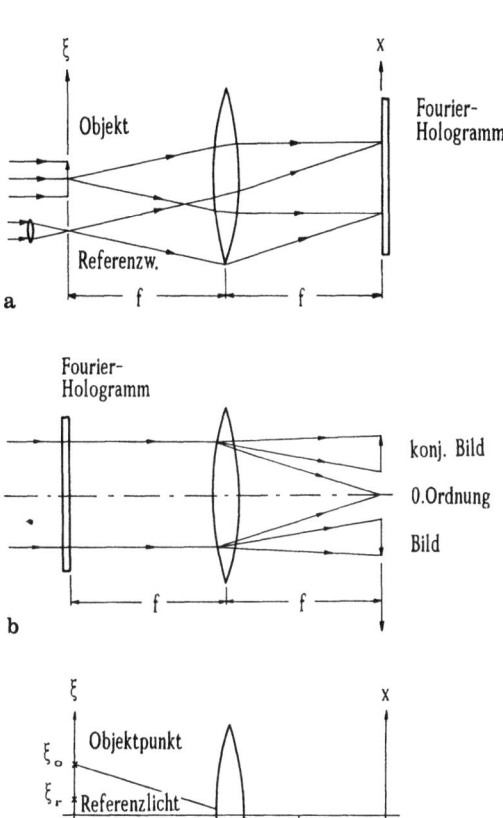

Bild 4.6. Fourier-Hologramm
    a) Aufzeichnung des Hologramms
    b) Wiedergabe des Hologramms
    c) Zur Berechnung von Fourier-Hologrammen

In der Hologrammebene überlagern sich beide Wellen, und daraus resultiert für die Intensität (siehe Gleichung 2.7 und 2.8)

$$I = |\mathbf{r}(x,y) + \mathbf{o}(x,y)|^2 \qquad (4.3)$$

$$= r^2 + o^2 + ro e^{-i2\pi(\xi_0 - \xi_r)x/\lambda f} + ro e^{i2\pi(\xi_0 - \xi_r)x/\lambda f}.$$

Analog zu Gleichung 2.9 stellt das Hologramm ein Gitter dar. Bei der Rekonstruktion mit einer Welle parallel zur optischen Achse mit konstanter Amplitude (siehe Bild 4.6b) verhält sich die Bildwelle proportional zu I. Durch die Abbildung mit einer Linse erwächst aus dem dritten und vierten Term in der Brennebene jeweils ein Lichtpunkt im Abstand $\pm(\xi_o-\xi_r)$ zur optischen Achse, entsprechend der $\pm$ 1. Beugungsordnung. (Dies folgt aus der Umkehrung bei der Ableitung von den Gleichungen 4.1 und 4.2; siehe auch nächster Absatz.) Damit ist bewiesen, daß bei Fourier-Hologrammen die Bilder symmetrisch zur optischen Achse liegen, so wie es in Bild 4.6b dargestellt ist. Weiterhin wird deutlich, daß sich bei paralleler Verschiebung des Hologramms die Wellen nur um einen konstanten Phasenbetrag ändern. Dieser Umstand hat keine Konsequenzen für die Bildlage bei der Rekonstruktion.

Ein Nachteil von Fourier-Hologrammen besteht darin, daß in der photoempfindlichen Schicht starke Intensitätsunterschiede auftreten. Licht, welches das Objekt ungebeugt verläßt, wird in der Brennebene fokussiert und erzeugt einen hellen Fleck an der Stelle, die einer niedrigen Raumfrequenz zugeordnet ist. Höhere Raumfrequenzen werden seitlich davon mit geringeren Intensitäten dargestellt. Damit werden hohe Anforderungen an die Linearität der Photoschicht gestellt.

Fourier-Transformation

Der Übergang der Punkt- oder Deltafunktion an der Stelle ξ_o

$$\delta(\xi - \xi_o)$$

in die Funktion

$$o(x,y) = o \, e^{-i2\pi\xi_o x/\lambda f}$$

wird als 'Fourier-Transformation' bezeichnet. Die Information in beiden Brennebenen einer Linse ist durch die Fourier-Transformation verknüpft. Physikalisch bedeutet dies, daß in der ersten Brennebene das Raumfrequenzspektrum dargestellt ist. Im angeführten Beispiel tritt ein Lichtpunkt bei ξ_o auf, der eine Raumfrequenz der Größe ξ_o anzeigt. In der zweiten Brennebene entwickelt sich eine Lichtverteilung mit dieser Raumfrequenz. (Der konstante Faktor λf spielt bei der Betrachtung keine Rolle.) Es gilt auch die Umkehrung dieser Aussage: die Lichtverteilung in einer Brennebene gibt das Raumfrequenzspektrum der Welle in der anderen Brennebene an. Als Beispiel sei eine achsenparallel einfallende ebene Welle angenommen. Die Phase dieser Welle ist in der ersten Brennebene konstant. Die Raumfrequenz mißt Null, und verständlicherweise entsteht ein axialer Lichtpunkt in der anderen Brennebene bei $x = 0$.

5 Abbildungseigenschaften von Hologrammen

Hat die Lichtquelle bei der Rekonstruktion die gleiche räumliche Lage und Wellenlänge wie bei der Aufnahme die Referenzlichtquelle, so entsteht die originale Objektwelle. Vorausgesetzt wird dabei eine fehlerfreie Speicherung des Interferenzmusters in der holographischen Schicht, bei der keine Bildfehler auftreten. In der Praxis ist der Idealfall jedoch nicht erreichbar. Dieses Kapitel behandelt die Eigenschaften des rekonstruierten Bildes in Abhängigkeit von verschiedenen Parametern des optischen Systems.

5.1 Hologramm eines Punktes

Zunächst werden nachfolgend Gleichungen zur geometrischen Berechnung der holographischen Abbildung für einen Objektpunkt aufgestellt, mittels derer sich für beliebige Fälle die Lage des rekonstruierten Bildes und der Abbildungsmaßstab ermitteln lassen.

Abbildungsgleichungen

Für die Abbildungsgleichungen werden die Bezeichnungen entsprechend Bild 5.1 übernommen. Das Hologramm liegt in der x,y-Ebene bei z = 0. Die x,y,z-Koordinaten tragen die Indizes: Objektpunkt (o), rekonstruiertes Bild (b), punktförmige Referenzquelle (r) und punktförmige Lichtquelle zur Rekonstruktion (c). Nach der Belichtung des Hologramms können sich die Gitterabstände verändern, z.B. durch Schrumpfung der Gelatine. Die Größe m gibt die Abstände vorher (d_g) und nachher (d_g') an: $m = d_g/d_g'$. Die Wellenlänge bei der Bildwiedergabe λ' kann anders sein als bei der Aufnahme λ. Dies wird durch den Faktor $\mu = \lambda'/\lambda$ berücksichtigt. Es resultieren folgende

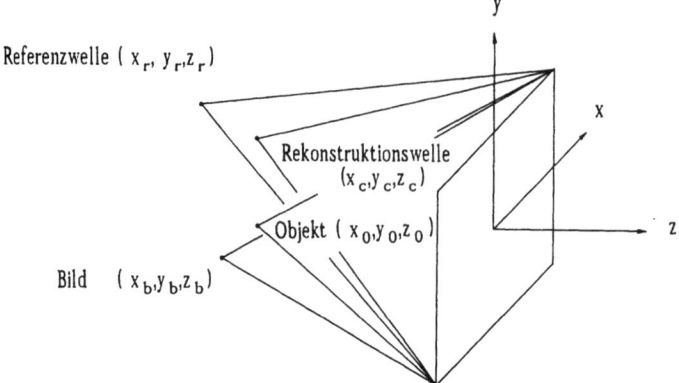

Bild 5.1. Abbildung und Rekonstruktion eines Objektpunktes nach Gleichung 5.1
(Indizes: O = Objektpunkt, R = punktförmige Referenzlichtquelle, C = punktförmige Lichtquelle zur Rekonstruktion, B = Bildpunkt)

Gleichungen für die Bildlage [5.1 - 5.4]:

$$z_b = \frac{m^2 z_c z_o z_r}{m^2 z_o z_r \pm \mu z_c z_r \mp \mu z_c z_o}$$

$$x_b = \frac{m^2 x_c z_o z_r \pm \mu m x_o z_c z_r \mp \mu m x_r z_c z_o}{m^2 z_o z_r \pm \mu z_c z_r \mp \mu z_c z_o} \quad (5.1)$$

y_b = ... (Vertauschen von x und y in der letzten Gleichung).

Das obere Vorzeichen gilt jeweils für das normale, das untere für das konjungierte Bild. Die Beziehung für die Bildlage z_b kann umgeschrieben werden, so daß sie formal der Linsengleichung ähnelt. Man betrachtet nur die z-Abstände im Hologramm und erhält durch Bildung des Kehrwertes von z_b:

$$1/z_b = 1/z_c \pm \mu/m^2 z_o \mp \mu/m^2 z_r . \quad (5.2)$$

Das Hologramm kann nach dieser Beziehung als optisches Element mit zwei Brennweiten aufgefaßt werden, wobei die eine für das normale Bild zuständig ist, die andere für das konjugierte. Aus Gleichung 5.2 folgt für den Zusammenhang der z-Abstände des normalen und des konjugierten Bildes:

$$1/f = 1/z_{bn} + 1/z_{bk} \quad \text{mit } f = z_c/2 \, . \tag{5.3}$$

Auch diese Beziehung ähnelt der Linsengleichung; z_{bn} bezeichnet die Lage des normalen Bildes, z_{bk} die des konjugierten. Diese Gleichung gilt unabhängig von der Lage des Gegenstandes und der Änderung der Wellenlänge.

Vergrößerung

Die laterale oder Quervergrößerung definiert das Verhältnis der Bildgröße (dx_b) zur Gegenstandsgröße (dx_o):

$$V_{lat} = \frac{dx_b}{dx_o} = \frac{dy_b}{dy_o} \, . \tag{5.4a}$$

Mit Gleichung 5.1 folgt

$$V_{lat} = \frac{m}{1 \pm \frac{m^2}{\mu} \frac{z_o}{z_c} - \frac{z_o}{z_r}} \, , \tag{5.4b}$$

wobei sich wiederum das obere Vorzeichen auf das normale, das untere auf das pseudoskopische Bild bezieht.

Für das normale Bild ist die Vergrößerung gleich eins, falls bei der Aufnahme und Wiedergabe gleiche Bedingungen vorliegen (m = 1, μ = 1, $z_r = z_c$). Beim reellen pseudoskopischen Bild ergibt sich $V_{lat} = 1$, wenn m = 1, μ = 1 und $z_r = -z_c$ sind. Dies bedeutet, daß entweder paralleles Licht einfallen oder bei Aufnahme mit konvergenter Referenzwelle mit divergentem Licht rekonstruiert werden muß.

Bei der zweistufigen Herstellung von Hologrammen erweist es sich oft als günstig, auf kleine Objekte zurückzugreifen. Wird das Master-Hologramm mit divergentem Licht erzeugt, entsteht eine Vergrößerung im reellen pseudoskopischen Bild, sofern mit der gleichen Welle rekonstruiert wird ($z_r = z_c$). Man erkennt dies leicht aus Gleichung 5.4b, wobei m = μ = 1 gesetzt und das untere Vorzeichen beachtet wird. Das vergrößerte Bild kann im zweiten Hologramm gespeichert werden. Durch Veränderung von z_c, d. h. der Divergenz der Welle zur Rekonstruktion, läßt sich die Vergrößerung variieren.

Die Verwendung kleiner Objekte mit späterer Vergrößerung bringt einige Vorteile mit sich. Durch das zweistufige Verfahren können Bilder entstehen, deren Ausdehnung die Kohärenzlänge überschreitet. Weiterhin ermöglichen kleine Objekte beim Gebrauch großer Folien die Speicherung eines großen Raumwinkelbereichs und demzufolge einen großen Beobachtungswinkel. Durch den Prozeß der Vergrößerung werden die Abmessungen in Längsrichtung verzerrt (Gleichung 5.6).

Winkelvergrößerung

Gegenstand und Bild werden unter einem bestimmten Sehwinkel trachtet. Befindet sich das Auge des Beobachters in der Hologrammebene, so gilt näherungsweise für die Winkelvergrößerung

$$V_\alpha = \frac{dx_b / z_b}{dx_o / z_o} \qquad (5.5a)$$

und somit für beide Bilder

$$V_\alpha = \frac{\mu}{m} . \qquad (5.5b)$$

Longitudinale Vergrößerung

Die Vergrößerung in Längsrichtung ist definiert durch:

$$V_{long} = \frac{dz_b}{dz_o} . \qquad (5.6a)$$

Daraus ergibt sich:

$$V_{long} = \pm \frac{V_{lat}^2}{\mu} . \qquad (5.6b)$$

Normales und konjugiertes Bild besitzen bei der longitudinalen Vergrößerung unterschiedliche Vorzeichen; die Bilder sind daher orthoskopisch und pseudoskopisch.

Die longitudinale Vergrößerung steigt quadratisch mit der lateralen. Dies bewirkt eine Verzerrung der Bilder, die den Raumeindruck erhöht. Bei zweistufigen Hologrammen gelingt es damit, Bilder mehre Meter vor der Speicherschicht zu erzeugen.

Bildfehler

Sofern bei der Wiedergabe nicht die gleichen Bedingungen wie bei der Aufnahme vorliegen, treten zahlreiche Bildfehler auf. Ausführungen hierzu finden sich in der im Anhang verzeichneten Literatur [2.1-2.3, 5.1-5.3].

5.2 Eigenschaften der Lichtquelle

Thema dieses Abschnittes ist die Untersuchung des Einflusses von Größe und Bandbreite der Lichtquelle auf die Rekonstruktion des holographischen Bildes.

Größe der Lichtquelle

Die Lage des Bildpunktes x_b ist durch Gleichung 5.1 beschrieben, sofern eine monochromatische Punktquelle zur Rekonstruktion benutzt wird. Die Verschiebung von x_b bei Veränderung der Position der Lichtquelle x_c erhält man durch Differenzieren zu:

$$\frac{dx_b}{dx_c} = \frac{z_o z_r}{z_o z_r + z_c z_r + z_c z_o} . \qquad (5.7)$$

Aus dieser Gleichung läßt sich die Unschärfe des Bildes bei Vergrößerung der Lichtquelle berechnen. Ist die Lage der Referenz- und Beleuchtungsquelle gleich ($z_r = z_c$), resultiert aus Gleichung 5.7 die Bildunschärfe dx_b:

$$dx_b = (z_o / z_c) \, dx_c . \qquad (5.8)$$

Die zulässige Unschärfe dx_b wird durch das Auflösungsvermögen des Auges von 0.5 mrad bestimmt. Bei 1 m Entfernung erhält man $dx_b \approx 0.5$ mm. Wenn sich Objekt und Bild im Abstand von 5 cm zum Hologramm befinden (z_o = 5 cm) und die Lichtquelle zur Rekonstruktion 1 m weit entfernt ist (z_c = 100 cm), darf der Durchmesser der Lichtquelle bis zu 1 cm betragen. Als Lichtquelle kann beispielsweise eine Hg-Hochdrucklampe dienen.

Spektrale Bandbreite

Um den Einfluß der spektralen Bandbreite der Lichtquelle auf das rekonstruierte Bild zu berechnen, geht man von ebenen Referenz- und Rekonstruktionswellen aus ($z_c = z_r = \infty$). Dabei ist zu beachten, daß die Ausdrücke $x_c/z_c = x_r/z_r$ endlich sind und die Richtung der Wellen angeben.

Gleichung 5.1 kann vereinfacht werden zu:

$$x_b = x_o + (x_c/z_c)(z_o/\mu) - (x_r/z_r)z_o$$

$$z_b = z_o/\mu \quad \text{mit} \tag{5.9}$$

$$\mu = \lambda_c/\lambda_r.$$

Das Verhältnis der Wellenlängen von Wiedergabe- und Referenzwelle ist durch μ definiert.

Die Verschiebung des Bildes bei Veränderung der Wellenlänge der Wiedergabewelle $d\lambda_c$ ist gegeben durch:

$$\frac{dx_b}{d\lambda_c} = -\frac{x_c}{z_c}\frac{z_o}{\mu\lambda_c}$$

und

$$\frac{dz_b}{d\lambda_c} = -\frac{z_o/\mu}{\lambda_c}. \tag{5.10}$$

Wenn sich die mittleren Wellenlängen bei Aufnahme und Wiedergabe des Hologramms in etwa entsprechen ($\lambda_c \approx \lambda_r$), gilt $\mu = 1$. Die Bandbreite der Lichtquelle zur Wiedergabe ist $d\lambda_c$.

Als Beispiel für die Anwendung von Gleichung 5.10 dient eine Hg-Hochdrucklampe mit einer mittleren Wellenlänge von λ_c = 546 nm und einer Bandbreite von $d\lambda_c$ = 5 nm. Das Hologramm ist mit einem He-Ne-Laser (λ_r = 636 nm) hergestellt. Die Richtung der Beleuchtung bei der Rekonstruktion beträgt 30°, d. h. x_c/z_c = tan 30°. Bei einem Abstand zwischen Objekt und Bild von z_o = 5 cm zum Hologramm entsteht eine Unschärfe des Bildes von dx_b = 0.3 mm.

Image-plane-Hologramme

Bei Image-plane-Hologrammen wird das Bild in die Hologrammebene gelegt (Abschnitt 4), d. h. $z_o = 0$. In diesem Fall werden an die Bandbreite der Lichtquelle bei der Rekonstruktion minimale Anforderungen gestellt. Sogar weiße Lichtquellen können verwendet werden, da $dx_b = 0$ wird. Objektpunkte außerhalb der Hologrammebene zeigen jedoch erhebliche Farbfehler, die sich nach Gleichung 5.10 berechnen lassen. Eine analoge Aussage gilt für die Größe der Lichtquelle; für $z_o = 0$ hat sie, nach Gleichung 5.7, keinen Einfluß auf die Schärfe des Bildes.

5.3 Leuchtdichte des Bildes

Die Helligkeit der rekonstruierten Bilder hängt hauptsächlich von dem Beugungswirkungsgrad des Hologramms ab. Dieser ist definiert als das Verhältnis des in das Bild gebeugten Anteils des Lichtes zum einfallenden Licht. Eine detaillierte Behandlung dieses Themas erfolgt in Kapitel 6. Neben dem Beugungswirkungsgrad bestimmen geometrische Faktoren bei der Aufnahme und Wiedergabe die Helligkeit des Bildes.

Ohne Pupille

Gemäß Bild 5.2a soll ein Off-axis-Hologramm untersucht werden. Das virtuelle Bild im Abstand z_b hinter dem Hologramm wird durch einen Beobachter im Abstand D betrachtet. Dabei wird angenommen, daß die Intensitätsverteilung in Bild und Hologramm relativ homogen ist. Das Hologramm der Fläche A_H wird mit monochromatischem Licht der Intensität I beleuchtet. Der Beugungswirkungsgrad sei ε. Die am Hologramm gebeugte Lichtleistung entspricht dann

$$P = \varepsilon\, I\, A_H. \tag{5.11}$$

In der Beleuchtungstechnik ist die Leuchtdichte einer strahlenden Fläche definiert als Lichtstrom pro Einheit der Fläche und abgestrahltem Raumwinkel. In der Lasertechnik werden physiologisch bewertete Lichtgrößen selten verwendet. Stattdessen wird der Begriff

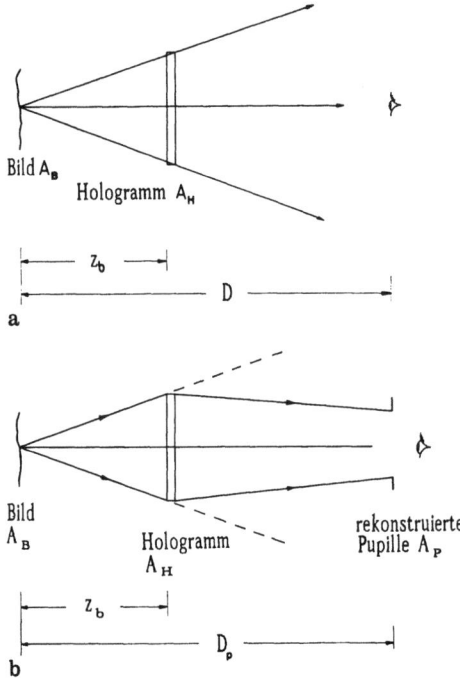

Bild 5.2. Zur Berechnung der Leuchtdichte holographischer Bilder
   a) Off-axis-Hologramm ohne Pupille
   b) Hologramm mit Pupille

'Strahldichte L' eingeführt; sie definiert die abgestrahlte Leistung pro Einheit der Fläche und Raumwinkel [5.5]. Der Raumwinkel, in den das Bild strahlt, ist nach Bild 5.2a bestimmt durch $\Omega_H = A_H/z_b^2$. Damit wird die Strahldichte des Bildes:

$$L = \frac{\varepsilon\, I\, A_H}{\Omega_H\, A_B}$$

$$= \frac{\varepsilon\, I\, z_b^2}{A_B}. \qquad (5.12)$$

Die Strahldichte steigt folglich mit zunehmendem Abstand des Objektes vom Hologramm. Die Zunahme an Helligkeit folgt daraus, daß in einen kleineren Raumwinkel gestrahlt wird, mit dem Nachteil eines kleinen Beobachtungswinkels.

Mit Pupille

Wenn ein Hologramm von einem reellen Bild angefertigt wird, das durch eine Linse oder ein anderes Hologramm entsteht, werden auch die Pupillen oder Strahlbegrenzungen mit abgebildet. Ein Beispiel dafür sind Regenbogenhologramme nach Bild 4.4, bei denen der Spalt zur Strahlbegrenzung als Bild vor dem Hologramm liegt. In Bild 5.2b ist der allgemeine Fall eines Hologramms mit einer Pupille veranschaulicht.

Der Raumwinkel, in den das Bild strahlt, enspricht $\Omega_P = A_P/D_P$, wobei A_P die Fläche und D_P den Abstand der Pupille vom Bild bezeichnen. Wiederum gilt die Annahme, daß das Bild homogen strahlt. Statt Gleichung 5.12 erhält man nun für die Strahldichte:

$$L = \frac{\varepsilon I A_H}{\Omega_P A_B} . \qquad (5.13)$$

Gegenüber einem Hologramm ohne Pupille ist die Strahldichte um den Faktor Ω_H/Ω_P erhöht. Dies erklärt die hohe Brillanz von Regenbogenhologrammen. Auch ohne Rechnung wird deutlich, daß die Helligkeit steigt, wenn das Licht auf eine kleinere Fläche oder einen kleineren Raumwinkel konzentriert wird. Ein Nachteil liegt jedoch in der Einschränkung des Beobachtungswinkels.

Image-plane-Hologramme

Liegt das Bild wie bei Image-plane-Hologrammen in der Hologrammebene, werden nur geringe Anforderungen an die spektrale Reinheit und die Größe der Lichtquelle gestellt (siehe Abschnitt 5.2). Nachteilig wirkt sich aus, daß nur der Teil des Hologramms Informationen enthält, der im Bereich der Bildgröße liegt, d. h. $A_H = A_B$. Damit vereinfacht sich Gleichung 5.13 zu:

$$L = \frac{\varepsilon I}{\Omega_P} . \qquad (5.14)$$

Die Strahldichte ist unabhängig von der Größe des Hologramms. Dadurch, daß nur der Teil des Hologramms zur Beugung beiträgt, der im Bereich des Bildes liegt, ist die Strahldichte reduziert. Entfernt man das Objekt etwas von der Hologrammebene, so wird die Information auf der gesamten Hologrammschicht aufgezeichnet. Die Helligkeit steigt, jedoch nehmen durch die Ausdehnung und spektrale Bandbreite der Lichtquelle bedingte Fehler zu.

5.4 Speckles im Bild

Wird ein diffus reflektierendes Objekt mit Laserlicht beleuchtet, streuen die einzelnen mikroskopischen Elemente das Licht. Die gestreuten Lichtwellen sind kohärent zueinander und überlagern sich. Durch Interferenz entstehen helle und dunkle Flecken, die man 'Speckles' nennt. Die Größe der Granulation verhält sich proportional zum kleinsten auflösbaren Punktabstand, der von einem abbildendem System, z. B. dem Auge, einem Photoapparat oder einer Hologrammplatte, erreicht wird (siehe Abschnitt Speckle-Interferometrie). Je größer das Öffnungsverhältnis, um so kleiner wird der auflösbare Punktabstand und damit auch die Speckles im Bild. Das Auftreten von Speckles ist ein ernsthaftes Problem in der Holographie. Im folgenden werden einige Methoden beschrieben, mittels derer sich der Einfluß von Speckles reduzieren läßt.

Diffusor

Bei zweidimensionalen transparenten Objekten können Speckles vermieden werden, wenn das Auflösungsvermögen des optischen Systems hoch genug ist. Für die Holographie bedeutet dies, daß die Platte groß sein und das Objekt in ihrer Nähe stehen muß. Bei derartigen Objekten werden jedoch Beugungseffekte an Staubteilchen und Kratzer sichtbar, die sich als Interferenzmuster im rekonstruierten Bild sehr störend bemerkbar machen. Dieser Effekt läßt sich durch diffuse Beleuchtung des Objekts mit Hilfe einer Streuscheibe verringern. Der Diffusor kann dabei selbst Ursache von Speckles werden, falls seine Strukturen vom holographischen System nicht aufgelöst werden. Durch den Diffusor hervorgerufene Speckles lassen sich vermeiden, wenn der Streuwinkel klein genug gehalten wird, so daß das gesamte Licht durch die Öffnung des abbildenden Systems treten kann.

Besondere Vorteile bieten Fourier-Hologramme (Bild 4.6), bei denen durch Staub hervorgerufene Interferenzmuster nicht aufgenommen werden. Nachteilig wirkt sich jedoch aus, daß der größte Anteil der Objektwelle auf einem kleinen Bereich des Hologramms gespeichert wird. Dadurch treten große Unterschiede in der Intensität auf, was zu Nichtlinearitäten führt (Abschnitt 4.5). Dies kann wiederum durch Einsatz einer Streuscheibe verhindert werden, welche die Objektwelle aufweitet. Die Information eines Objektpunktes wird so auf die gesamte Holgrammplatte verteilt, was dazu führt, daß beim Zerbrechen des Holgramms das komplette Bild in jedem Fragment erhalten bleibt, allerdings mit verminderter Auflösung.

Diffusoren werden beispielsweise auch bei der Holographie von Personen eingesetzt, weil dadurch eine punktförmige Fokussierung der Laserstrahlung auf der Netzhaut des Auges verhindert wird.

Auflösungsvermögen

Es wurde bereits erwähnt, daß sich bei einer hohen Auflösung des optischen Systems die Speckles verkleinern. Dies gilt auch für dreidimensionale Objekte und wird dadurch erreicht, daß das Hologramm groß ist und das Objekt nahe daran steht. Auf diese Weise können die Abmessungen der Speckles kleiner als die Körnung der holographischen Schicht werden. Bei der Aufnahme wird über mehrere Speckles gemittelt, wodurch sich Intensitätsschwankungen erheblich verringern. Ähnliches gilt, wenn die Speckles auf der Netzhaut des Auges kleiner als die Abstände der Sehzellen sind.

Inkohärente Beleuchtung

Speckles werden durch die Kohärenz des Laserlichtes verursacht. Bei der Rekonstruktion von Hologrammen lassen sie sich reduzieren, wenn die Kohärenz des Lichtes zur Beleuchtung verringert wird, beispielsweise durch die Verwendung von Wolframfadenlampen mit kleiner Wendel oder ähnlichen Strahlern. Bei Weißlicht-Hologrammen stellen Speckles oft kein Problem dar. Die räumliche Kohärenz läßt sich auch mittels bewegter Streuscheiben mindern.

Weitere Verfahren

Eine andere Technik zur Reduzierung von Speckles besteht darin, vom gleichen Objekt mehrere Hologramme mit verschiedener Positionierung einer Streuscheibe anzufertigen. Werden die rekonstruierten Bilder überlagert, so mitteln sich die Speckles heraus.

Ein weiteres Verfahren tastet ein großes Hologramm mit Hilfe einer bewegten Blende ab. Dabei bewegen sich die Speckles im Bild und können sich somit im zeitlichen Mittel verringern.

5.5 Auflösungsvermögen

Optische Geräte, z. B. Mikroskope, haben ein begrenztes Auflösungsvermögen, das durch Beugungseffekte am Rand der Linse bestimmt ist. Bei Abbildung eines Punktes ensteht als Bild ein Beugungsscheibchen. Der Durchmesser dieses Scheibchens entspricht auf dem Objekt einer Strecke d [5.4]. Es gilt:

$$d = 2 z_o \lambda / D \ , \qquad (5.15)$$

wobei z_o der Abstand des Objekts, λ die Wellenlänge und D der Durchmesser der Linse ist. Der kleinste Punktabstand, der auf einem Objekt bei der Abbildung noch aufgelöst werden kann, ist durch diese Strecke d gegeben. Je größer der Linsendurchmesser ist, umso besser wird die Auflösung.

Ein Hologramm kann auch als abbildendes optisches Element gesehen werden. Daher ist es nicht verwunderlich, wenn das Auflösungsvermögen von Hologrammen auch annähernd durch Gleichung 5.15 beschrieben wird. Für D ist der Durchmesser des Holgrammes einzusetzen und für z_o der Abstand des Objekts vom Hologramm. Falls die Information eines Punktes nicht über das gesamte Hologramm gespeichert wird, bestimmt D den Durchmesser der effektiven Speicherfläche. Die Gültigkeit von Gleichung 5.15 für die Holographie setzt voraus, daß die Speicherschicht genügend hohe Raumfrequenzen registrieren kann.

6 Typen von Hologrammen

6.1 Übersicht

Transmissions- und Reflexionshologramme

In diesem Kapitel werden die Eigenschaften verschiedener Hologrammtypen dargestellt. Man unterscheidet Transmissions- und Reflexionshologramme, je nachdem ob das Hologramm im transmittierten oder reflektierten Licht betrachtet werden muß. Der geometrische Aufbau bei der Aufnahme legt fest, welche der beiden Hologrammarten realisiert ist.

Schon mehrfach wurde darauf hingewiesen, daß ein Hologramm als ein kompliziertes Beugungsgitter aufgefaßt werden kann. Nach der Entwicklung wird das Gitter durch die Verteilung der lichtundurchlässigen Silberkörner gebildet. Bei der Rekonstruktion wird die Amplitude der Lichtwelle moduliert; deswegen heißen diese Hologramme 'Amplitudenhologramme'. Durch die Verwendung sogenannter 'Bleichbäder' läßt sich Silber in ein lichtdurchlässiges Halogenid verwandeln oder ganz aus der Emulsion lösen. Das Beugungsgitter besteht nun aus Bereichen mit unterschiedlichen Brechzahlen, ein 'Phasenhologramm' ist entstanden.

Dicke und dünne Hologramme

Ein weiteres Merkmal zur Unterscheidung von Hologrammen ist die Dicke der Emulsion d, verglichen mit der mittleren Gitterkonstanten im Hologramm d_g. Ist

$$d \ll d_g \;,$$

spricht man von einem 'dünnen' Hologramm, für den Fall daß

$$d \gg d_g$$

von einem 'Volumenhologramm'.

Für den Beugungswirkungsgrad, d.h. die Helligkeit im rekonstruierten Bild, spielt dieser Unterschied eine wichtige Rolle. Dünne Hologramme haben grundsätzlich einen geringen Beugungswirkungsgrad, Volumenhologramme weisen dagegen eine größere Helligkeit im rekonstruierten Bild auf. In diesem Kapitel sollen Formeln für den Beugungswirkungsgrad der einzelnen Hologrammtypen entwickelt und diskutiert werden.

6.2 Dünne Hologramme

Die Bestimmung des Beugungswirkungsgrades ist in der Literatur ausführlich dargestellt [6.1 bis 6.3]. Zur Vereinfachung wird angenommen, daß zwei ebene Wellen durch Überlagerung in der Photoschicht ein Gitter bilden.

Dünne Amplitudenhologramme

Die ebenen Wellen erzeugen durch Interferenz Strukturen in der Photoplatte, die in y-Richtung konstant sind (Bild 6.1). Die Amplitudentransmission $t(x)$ wird im Abschnitt 2.2 durch eine Kosinusfunktion mit der Raumfrequenz σ beschrieben:

$$t(x) = \bar{t} + t_1 \cos(2\pi\sigma x). \tag{6.1}$$

Dabei entspricht $\bar{t}$ der mittleren Transmissionamplitude, t_1 der Modulationstiefe des Gitters. Im folgenden soll der maximale Beugungswirkungsgrad berechnet werden. Für die mittlere Transmission, die zwischen 0 und 1 liegen muß, wird für dieses regelmäßige Gitter $\bar{t} = 0.5$ angenommen. Die Hälfte der Lichtamplitude geht in der Gitterstruktur durch Absorption verloren. Gleichung 6.1 lautet für $t_1 = 0.5$:

$$t(x) = 0.5 + 0.5 \cos(2\pi\sigma x). \tag{6.2}$$

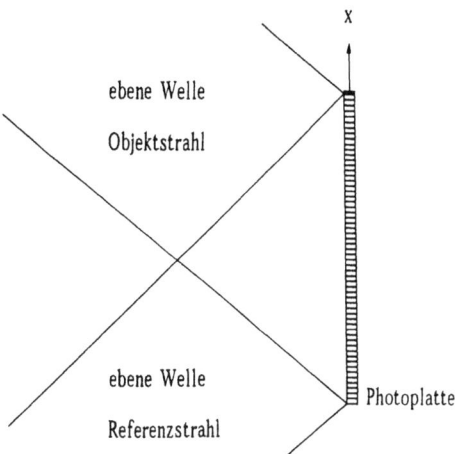

Bild 6.1. Prinzip einer holographischen Aufnahme aus zwei ebenen Wellen. Angedeutet ist ein karthesisches Koordinatensystem. Die y-Achse liegt in der Plattenebene und steht senkrecht auf der eingezeichneten x-Achse.

Mit Hilfe der Euler-Beziehung

$$\cos(2\pi\sigma x) = 0.5[\exp(i2\pi\sigma x) + \exp(-i2\pi\sigma x)]$$

ergibt sich für die Gleichung 6.2

$$t(x) = 0.5 + 0.25[\exp(i2\pi\sigma x) + \exp(-i2\pi\sigma x)]. \qquad (6.3)$$

Bei der Rekonstruktion wird die Amplitude der einlaufenden Welle mit t(x) moduliert. Die beiden letzten Terme in Gleichung 6.3 entsprechen zwei Wellen mit einer relativen Amplitude von 1/4. Die Intensität der beiden Wellen ergibt sich als Quadrat der jeweiligen Amplituden. Das Verhältnis der Intensitäten der gebeugten Wellen in den ersten Beugungsordnungen I_{+1} und I_{-1} zur einfallenden Intensität I heißt 'Beugungswirkungsgrad ε':

$$\varepsilon = I_{+1}/I = I_{-1}/I = 1/16 = 6.25\%.$$

Maximal werden 6.25% des einfallenden Lichtes in den ersten Gitterordnungen gebeugt. Die Intensität der rekonstruierten Objektwellen ist somit sehr schwach.

Dünne Phasenhologramme

Mit Hilfe von Bleichverfahren, die in Kapitel 14 ausführlich beschrieben werden, gelingt es, die Amplitudenmodulation in eine Phasenmodulation umzuwandeln. Damit läßt sich der Lichtverlust, der in den beleuchteten Teilen des Hologramms durch das entwickelte Silber entsteht, vermeiden. Beim Dichromatbleichbad werden diese Silberkörner aus der photographischen Schicht entfernt. Zwei unterschiedlich dichte Emulsionsbereiche bilden sich aus, die entweder unbelichtetes Silberhalogenid enthalten oder nur aus der Gelatineschicht bestehen. Die Brechzahlen für die belichteten und unbelichteten Bereiche differieren und auch die Laufzeiten des Lichtes. Die Phase der Lichtwelle ist nach Durchgang durch das Gitter periodisch moduliert. Für die komplexe Transmission **t**(x) setzt man allgemein:

$$\mathbf{t}(x) = t(x) \exp(i\Phi(x)). \tag{6.4}$$

Bei Amplitudenhologrammen wird die Amplitude t(x) moduliert, und $\Phi(x)$ ist konstant (Gleichung 6.1). Bei Phasenhologrammen verhält es sich genau umgekehrt. Die Phase einer periodischen Gitterstruktur $\Phi(x)$ wird durch eine Kosinusfunktion dargestellt:

$$\Phi(x) = \Phi_0 + \Phi_1 \cos(2\pi\sigma x). \tag{6.5}$$

Für reine Phasenhologramme kann t(x) = 1 gesetzt werden:

$$\mathbf{t}(x) = \exp(i\Phi_0) \exp(i\Phi_1 \cos(2\pi\sigma x)). \tag{6.6}$$

Bei schwach modulierten Gittern ist Φ_1 klein, und man kann die Exponentialfunktion in eine Reihe entwickeln. In erster Näherung ergibt sich:

$$\mathbf{t}(x) = \exp(i\Phi_0)(1 + \Phi_1 \cos(2\pi\sigma x)).$$

Der Faktor $\exp(i\Phi_0)$ ist in diesem Zusammenhang nicht von Bedeutung. Die rechte Seite der Gleichung besitzt eine ähnliche Struktur wie Gleichung 6.1. Bei dünnen Phasengittern geringer Modulation (Φ_1 klein) treten wie bei Amplitudengittern nur die ersten Beugungsordnungen auf. Der Beugungswirkungsgrad beträgt:

$$\varepsilon = (\Phi_1^2/4) \ll 1.$$

Für starke Modulation läßt sich die oben beschriebene Entwicklung in eine Taylor-Reihe nicht vornehmen. Wendet man auf die Gleichung 6.6 die Euler-Beziehung an, folgt daraus:

$$\exp[i\Phi_1 \cos(2\pi\sigma x)] = \cos[\Phi_1 \cos(2\pi\sigma x)] + i \sin[\Phi_1 \cos(2\pi\sigma x)]$$

H.M.Smith [6.4] hat hierzu eine Entwicklung nach Bessel-Funktionen angegeben. Sie lautet:

$$\cos(\Phi_1 \cos(2\pi\sigma x)) = J_0(\Phi_1) + 2 \sum_{n=1}^{\infty} (-1)^n J_{2n}(\Phi_1) \cos(2n(2\pi\sigma x))$$

und

$$\sin(\Phi_1 \cos(2\pi\sigma x)) = 2 \sum_{n=0}^{\infty} (-1)^{n+2} J_{2n+1}(\Phi_1) \cos((2n+1)(2\pi\sigma x)).$$

Damit wird:

$$t(x) = J_0(\Phi_1) + 2iJ_1(\Phi_1)\cos(2\pi\sigma x) - 2J_2(\Phi_1)\cos(2(2\pi\sigma x)) -$$
$$- 2iJ_3(\Phi_1)\cos(3(2\pi\sigma x)) + \ldots \quad (6.7)$$

Der Term $\exp(i\Phi_0)$ ist bedeutungslos und kann daher in der Diskussion vernachlässigt werden. Gleichung 6.7 zeigt, daß viele Beugungsordnungen zu erwarten sind, deren Amplituden sich proportional zu den Bessel-Funktionen verhalten. Die in den Beugungsordnungen beobachtete Intensität ist proportional zu den Quadraten der Bessel-Funktionen. Bild 6.2 gibt den Verlauf der Bessel-Funktionen J_i^2 für $i = 0, 1, 2, 3$ wieder. Berücksichtigt man in Gleichung 6.7 nur die ersten zwei Summanden, ergibt sich:

$$t(x) = J_0(\Phi_1) + 2i J_1(\Phi_1)\cos(2\pi\sigma x).$$

Mit der Euler-Beziehung läßt sich dieser Ausdruck als eine Summe von zwei Exponentialfunktionen schreiben:

$$t(x) = J_0(\Phi_1) + iJ_1(\Phi_1)[\exp(i2\pi\sigma x) + \exp(-i2\pi\sigma x)]. \quad (6.8)$$

In der Klammer der Gleichung 6.8 stehen die Ausdrücke für das virtuelle und das reelle Bild. Aus Bild 6.2 läßt sich der Maximalwert für J_1^2 entnehmen:

$$J_1^2 = 0{,}339.$$

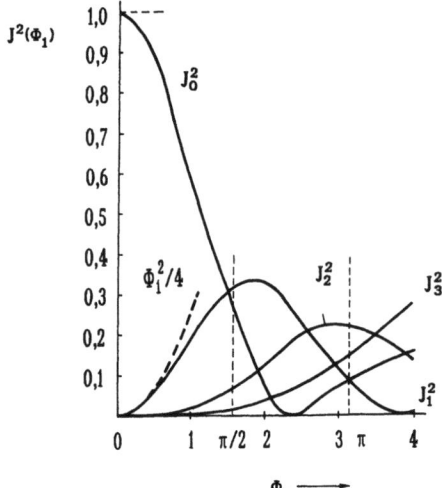

Bild 6.2. Der Beugungswirkungsgrad dünner Phasenhologramme ist durch die Quadrate der Besselfunktionen J_i^2 bestimmt, die für die Beugungsordnungen i = 0, 1, 2 und 3 in der Abbildung angegeben sind. Φ_1 stellt die Variation der Phase im Gitter dar (Gleichung 6.5).

Damit ergibt sich als maximaler Beugungswirkungsgrad ε_{max}:

$$\varepsilon_{max} = 0.339 = 33.9\%.$$

Der Beugungswirkungsgrad ist demzufolge größer als bei Amplitudenhologrammen, aber immer noch wesentlich geringer als 100%. Gleichung 6.7 verdeutlicht, daß prinzipiell nicht nur die zwei Bilder der ersten Ordnung beobachtet werden. Wenn Φ_1 groß genug ist, entstehen auch Bilder höherer Ordnung. Der in Büchern oft zu findende Hinweis, daß bei Sinusgittern nur eine Beugungsordnung auftritt, trifft für dünne Phasengitter starker Modulation nicht zu. Daß sich bei den meisten realisierten Experimenten dennoch häufig nur die erste Beugungsordnung ausbildet, liegt daran, daß J_2 zu klein ist.

6.3 Volumenhologramme

Die erste Aufnahme eines Volumenhologramms führte Denisyuk [6.5] 1962 durch. Im Gegensatz zu dünnen Hologrammen spielt bei Volumenhologrammen auch die Dicke der Emulsion eine Rolle. Die für die Klassifizierung entscheidende Größe ist das Verhältnis von Gitterkonstante oder Raumfrequenz zur Dicke der lichtempfindlichen Schicht. Bild 6.3 zeigt Beispiele für ein dickes Transmissions- und ein Reflexionshologramm. Die eingezeichneten Balken stellen Gitterebenen dar, die auf der Papierebene senkrecht stehen. Die jeweilige Lage der Ebenen, die als teildurchlässige Spiegel wirken, ist vom Winkel bestimmt, unter dem Referenz- und Objektwelle bei der Aufnahme auf den Film fallen.

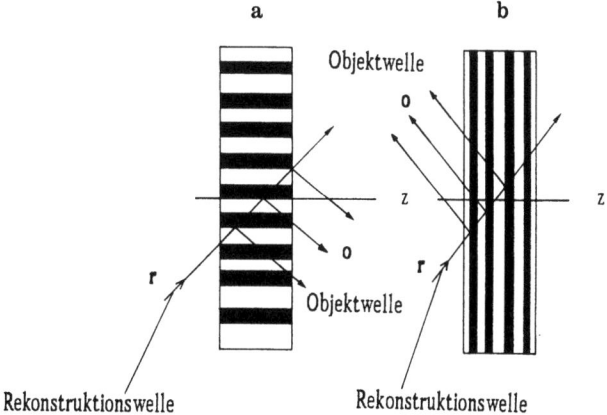

Bild 6.3. Prinzipielle Darstellung eines Volumen-Transmissionshologramms (a) und eines Reflexionshologramms (b) zur Berechnung des Beugungswirkungsgrades [6.6.].

Das in Bild 6.3 skizzierte Transmissionshologramm entsteht, wenn zwei ebene Wellen symmetrisch zur Oberfläche von einer Seite die lichtempfindliche Schicht durchlaufen (a). Bei einer Belichtung von entgegengesetzten Seiten erhält man ein Reflexionshologramm (b). In der Abbildung ist die Rekonstruktion der Objektwelle durch die Referenzwelle angegeben.

Theorie gekoppelter Wellen

Die Theorie zur Berechnung des Beugungswirkungsgrades hat Kogelnik [6.3] entwickelt. Sie soll nur im Abriß dargestellt werden (siehe auch [6.2]). So werden hier nur Gitterebenen berücksichtigt, die senkrecht oder parallel zur Oberfläche der Photofolie stehen.

Der Aufbau eines Volumenhologramms mit Ebenen entwickelten und nicht entwickelten Silbers erinnert an ein Kristallgitter. Wie bei der Beugung von Röntgenstrahlen an den Gitterebenen ist die Lage der Beugungsordnungen durch die Bragg-Bedingung bestimmt. Es tritt nur Beugung auf, wenn die Rekonstruktionswelle unter einem bestimmten Winkel einfällt. Ist der Abstand der Gitterebenen d_g, dann gilt für diesen Bragg-Winkel ϑ:

$$2 d_g \sin\vartheta = n \lambda, \quad \text{wobei } n = 1, 2, 3, \ldots \quad (6.9)$$

ϑ ist zugleich der Winkel der Referenzwelle bei der Aufnahme. Eine Objektwelle **o** ergibt sich nur, wenn die Rekonstruktionswelle unter dem Winkel ϑ einfällt. Abweichungen vom Bragg-Winkel werden nicht berücksichtigt.

Zur Berechnung des Beugungswirkungsgrades wird die Amplitude der gebeugten Welle berechnet. Kogelnik geht von der klassischen Wellengleichung aus. Die Rekonstruktionswelle **r** schwächt sich beim Durchgang durch das Hologramm ab, und die Objektwelle **o** wird aufgebaut (Bild 6.3). Es muß folglich eine Kopplung zwischen beiden Wellen bestehen; die Amplituden hängen von der Tiefe z des Hologramms ab.

Die komplexen Amplituden der Wellen **r** und **o** sind gegeben durch

$$\mathbf{r} = r(z) \exp(-i\vec{k}_r \vec{x})$$
und
$$\mathbf{o} = o(z) \exp(-i\vec{k}_o \vec{x}). \quad (6.10)$$

$\vec{k}_r$ und $\vec{k}_o$ hängen über die folgende Vektorgleichung zusammen:

$$\vec{k}_o = \vec{k}_r - \vec{\sigma}. \quad (6.11)$$

$\vec{k}_r$ und $\vec{k}_o$ sind die Wellenvektoren der beiden Wellen. Sie haben die gleiche Länge:

$$|\vec{k}_r| = |\vec{k}_o| = n(2\pi/\lambda).$$

n ist der Brechungsindex in der Emulsion. $\vec{\sigma}$ beschreibt den Gittervektor, der senkrecht auf den Gitterebenen mit dem Abstand d_g steht:

$$|\vec{\sigma}| = 2\pi/d_g.$$

Aus Bild 6.4 ist erkennbar, daß Gleichung 6.11 die Bragg-Bedingung darstellt. Die Summe der beiden Wellen

$$\mathbf{E} = \mathbf{r} + \mathbf{o}$$

soll der klassischen Wellengleichung genügen:

$$\triangle \mathbf{E} + k^2 \mathbf{E} = 0.$$

Dabei ist k der Betrag des Wellenvektors im Medium. Im Vakuum gilt:

$$K = 2\pi/\lambda.$$

In Materie muß der komplexe Brechungsindex berücksichtigt werden:

$$\mathbf{n} = n(1 - i\alpha),$$

und es ist

$$\mathbf{k} = K \mathbf{n} \quad \text{mit} \quad k = |\mathbf{k}|.$$

Für den Verlauf der Brechzahl n und des Absorptionskoeffizienten α wird eine sinusartige Verteilung angenommen:

$$\begin{aligned} n &= n_0 + n_1 \cos(\vec{\sigma}\,\vec{x}) \\ \alpha &= \alpha_0 + \alpha_1 \cos(\vec{\sigma}\,\vec{x}) . \end{aligned} \tag{6.12}$$

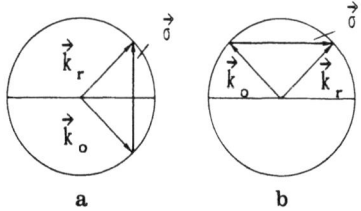

Bild 6.4. Vektorielle Darstellung der Bragg-Bedingung für die beiden in Bild 6.3 gezeigten Fälle.

$\vec{x}$ bezeichnet den Vektor in x-Richtung. Es gilt näherungsweise

$$k^2 = n_0^2 K^2 - 2i\alpha_0 n_0 K + 4\varkappa n_0 K \cos(\vec{\vartheta}\,\vec{x}) \qquad (6.13)$$

mit

$$\varkappa = (\pi n_1/\lambda) - i\alpha_1/2 . \qquad (6.14)$$

$\varkappa$, die Kopplungskonstante, beschreibt den Energieübertrag von Referenz- auf Objektwelle. $\varkappa$ wird null für ein homogenes Medium ($n_1 = \alpha_1 = 0$).

Werden die Ausdrücke 6.10 und 6.13 in die Wellengleichung eingesetzt, resultieren daraus gekoppelte Differentialgleichungen. Eine Zusammenfassung der Terme mit den jeweiligen e-Funktionen nach Gleichung 6.10 ergibt:

$$\mathbf{r}'' - 2i\mathbf{r}'k_{r,z} - 2i\alpha_0 n_0 K \mathbf{r} + 2\varkappa n_0 K \mathbf{o} = 0$$

und

$$\mathbf{o}'' - 2i\mathbf{o}'k_{o,z} - 2i\alpha_0 n_0 K \mathbf{o} + 2\varkappa n_0 K \mathbf{r} = 0 .$$

Die einmal respektive zweimal gestrichenen Größen stehen für die erste und zweite Ableitung der beiden Wellen nach der Raumkoordinate z. Unter der Annahme, daß der Energieübertrag zwischen den gekoppelten Wellen sich so langsam vollzieht, daß $\mathbf{r}'$ und $\mathbf{o}'$ nur schwach veränderlich sind, können $\mathbf{r}''$ und $\mathbf{o}''$ vernachlässigt werden [6.6]. Mit

$$k_{r,z} = k_r \cos\vartheta = n_0 K \cos\vartheta$$

und

$$k_{o,z} = k_o \cos\vartheta = n_0 K \cos\vartheta$$

schreibt man

$$\mathbf{r}' \cos\vartheta + \alpha\mathbf{r} = -i\varkappa\mathbf{o}$$

und $\qquad\qquad\qquad\qquad\qquad\qquad\qquad\qquad\qquad\qquad (6.15)$

$$\mathbf{o}' \cos\vartheta + \alpha\mathbf{o} = -i\varkappa\mathbf{r} .$$

Dabei ist ϑ der Bragg-Winkel. Die Gleichungen sind einfach zu interpretieren. Die Änderungen der beiden Wellen folgen aus der Übertragung in die jeweils andere Welle und aus der Absorption. Wäre die Kopplungskonstante $\varkappa = 0$, würde $\mathbf{r}$ nur durch α_0, also die allgemeine Absorption beim Durchgang durch die Photoschicht, geschwächt.

Phasenhologramme

Für ein Phasenhologramm mit vernachlässigbarer Absorption ($\alpha_0 = \alpha_1 = 0$) ergibt sich als Lösung für die gebeugte Welle an der Stelle z = d, also direkt beim Verlassen der photographischen Schicht:

$$\mathbf{o}(d) = -i \sin\Phi \qquad (6.16)$$

mit dem Modulationsparameter

$$\Phi = \frac{\pi n_1}{\lambda} \frac{d}{\cos\vartheta} \ . \qquad (6.17)$$

Der Parameter Φ hängt von der Brechzahlvariation n_1, der Schichtdicke d, dem Braggwinkel ϑ und der Wellenlänge λ ab (Gleichung 6.12). Der Beugungswirkungsgrad ε für Transmissionshologramme verhält sich proportional zum Quadrat der Amplitude, die in Gleichung 6.16 enthalten ist (Bild 6.5):

$$\varepsilon = |\mathbf{o}(d)|^2 = \sin^2\Phi . \qquad (6.18)$$

Dabei ist die Amplitude der Rekonstruktionswelle stillschweigend gleich 1 gesetzt. Der Beugungswirkungsgrad erreicht für $\Phi = \pi/2$ 100% ($\varepsilon = 1$). Ist $\Phi > (\pi/2)$, fällt ε wieder.

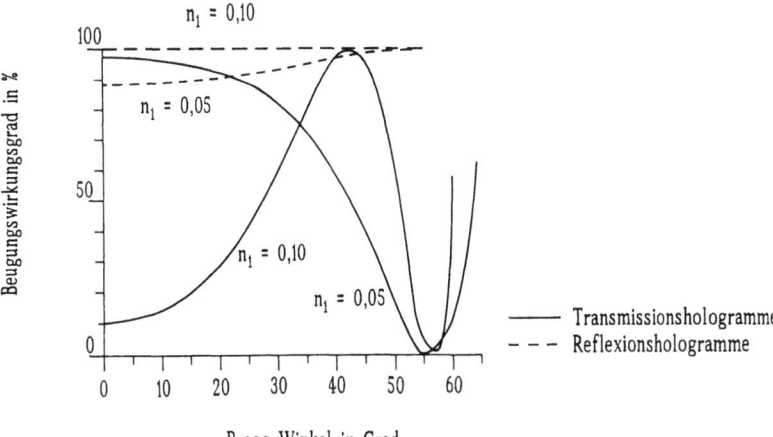

Bild 6.5. Beugungswirkungsgrad ε für Phasenvolumenhologramme in Abhängigkeit vom Bragg-Winkel und der Brechzahlvariation n_1. Dem Bild liegen die Gleichungen 6.18 (Transmissionshologramme) und 6.19 (Reflexionshologramme) zugrunde.

Es sei folgendes Beispiel betrachtet: Ist $\vartheta \approx 45°$, $d \approx 7$ µm und $\lambda = 633$ nm, erhält man $\Phi \approx n_1 * 50$. Für eine Brechzahlvariation von $n_1 = 0.03$ wird $\Phi = 1.5 \approx \pi/2$ ($\varepsilon = 1$).

Ist die Absorption im Hologramm nicht vernachlässigbar, muß in Gleichung 6.16 noch ein Dämpfungsfaktor α_o berücksichtigt werden:

$$\mathbf{o}(d) = -i \exp(-\alpha_o d/\cos\vartheta) \sin\Phi,$$

der eine generelle Abnahme des Beugungswirkungsgrades zur Folge hat.

Die Gleichungen 6.15 führen im Falle von Reflexionshologrammen auf eine etwas andere Formel für den Beugungswirkungsgrad:

$$\varepsilon = \tanh^2(\Phi). \tag{6.19}$$

Der Beugungswirkungsgrad steigt kontinuierlich bis auf $\varepsilon = 1$. Dieser Wert wird für $\Phi > \pi/2$ sehr schnell erreicht (Bild 6.5).

Amplitudenhologramme

Für ein Amplitudenhologramm ist $n_1 = 0$. Die Kopplungskonstante $\varkappa$ enthält nur noch die Größe α_1. Für die rekonstruierte Objektwelle eines Transmissionshologramms gilt unter dem Bragg-Winkel ϑ der Ausdruck:

$$\mathbf{o}(d) = -\exp(-\alpha_o d/\cos\vartheta) \sinh\Phi_a. \tag{6.20}$$

Gleichung 6.20 berücksichtigt den oben schon erwähnten Dämpfungsfaktor, weil die Speicherung der Information durch die Modulation der Absorption (α_o, α_1) zustande kommt. Die Größe Φ_a beschreibt die Modulation:

$$\Phi_a = (\alpha_1 d/2\cos\vartheta). \tag{6.21}$$

Die höchsten Werte für den Beugungswirkungsgrad ε ergeben sich für $\alpha_o = \alpha_1$ und $\alpha_1 d/\cos\vartheta = \ln 3$:

$$\varepsilon_{max} = 0.037 = 3.7 \%$$

Bei Reflexions-Amplitudenhologrammen führt die Rechnung für die Objektwelle o auf die hyperbolische Kotangensfunktion. Wegen der geringen Bedeutung, die Amplitudenhologramme angesichts ihres kleinen Beugungswirkungsgrades besitzen, wird die Rechnung hier jedoch nicht im Einzelnen durchgeführt. Der maximale Beugungswirkungsgrad beträgt:

$$\varepsilon = 0.072 = 7.2\%.$$

Vergleich des Beugungswirkungsgrades

Bild 6.5 zeigt den Verlauf des Beugungswirkungsgrades für Phasen-Volumenhologramme als Funktion des Bragg-Winkels ϑ. Als Parameter wurde n_1, die Schwankung der Brechzahl, gewählt. Die Ergebnisse der Abbildung machen deutlich, daß der Beugungswirkungsgrad für Reflexionshologramme einer monoton wachsenden Funktion entspricht ($\varepsilon = \tanh^2 \Phi$). Welchen Wert ε für $\vartheta = 0$ annimmt, hängt von der Größe n_1 ab. Die hier gewählten Parameter führen zu großen Anfangswerten des Beugungswirkungsgrades.

Für Transmissionshologramme folgt (Gleichung 6.18) ε einer periodischen Funktion. Wie die beiden Beispiele in der Abbildung zeigen, kann der Beugungswirkungsgrad bei kleinen Winkeln ϑ sowohl gering als auch sehr hoch sein. Ist $d = 7$ μm und $\lambda = 633$ nm, folgt daraus für $n_1 = 0.1$ und $\vartheta = 0$ für den Modulationsparameter $\Phi \approx 1.1\,\pi$. Nach Gleichung 6.18 ist ε sehr niedrig und nimmt mit ϑ zu. Wählt man bei sonst gleichen Bedingungen $n_1 = 0.05$, entspricht $\Phi \approx 0.55\,\pi$; ε hat fast den Wert 1.0 und nimmt mit ϑ ab. Bei großen Bragg-Winkeln oszilliert die Funktion des Beugungswirkungsgrades stark, so daß es schwierig wird, eindeutige Aussagen über den zu erwartenden Wert zu treffen.

Die Frage, ob ein dünnes oder dickes Hologramm vorliegt, ist nicht so einfach zu beantworten. Theoretisch dürfte bei dicken Hologrammen nur eine Beugungsordnung registriert werden. Beobachtungen zeigen jedoch, daß auch bei einer Gitterkonstanten, die viel geringer ist als die Dicke der photoempfindliche Schicht, zwei oder mehr Beugungsordnungen auftreten.

Die hier diskutierte Näherung besitzt nur für niedrige Werte von n_1 und α_1 Gültigkeit. In den Gleichungen 6.13 und 6.14 wurden nur

Terme berücksichtigt, die linear in n_1 und α_1 sind. Für hohe Beträge von n_1 und α_1 ist dies nicht zulässig. Aus der Theorie der Beugungsgitter [6.7] ist bekannt, daß unter dieser Bedingung höhere Ordnungen entstehen und die beobachteten Intensitäten sich proportional zum Quadrat der Besselfunktionen verhalten.

Unterscheidungskriterium für Hologramme

Klein und Cook [6.8] haben ein genaueres Kriterium für die Unterscheidung von dünnen und Volumen-Hologrammen entwickelt. Sie definieren einen Parameter Q:

$$Q = 2\pi\lambda_0 d/(n_0 d_g^2). \tag{6.22}$$

Gleichung 6.22 enthält als wesentliche Größe das Verhältnis der Emulsionsdicke d zur Gitterkonstanten d_g. Daher ist Q ein Maß zur Unterscheidung des Hologrammtyps. Für Q « 1 handelt es sich um ein dünnes Hologramm, für Q » 1 um ein Volumenhologramm. Wichtig ist zusätzlich der in Gleichung 6.17 festgelegte Modulationsparameter Φ; nur für niedrige Werte kann der Q-Parameter als alleiniges Unterscheidungskriterium verwendet werden. Mit wachsendem Φ entsteht ein großer Übergangsbereich, in dem der Q-Parameter keine eindeutigen Aussagen liefert. Das schärfere Kriterium für ein dünnes Hologramm beinhaltet nicht nur einen niedrigen Wert von Q sondern zusätzlich die Bedingung:

$$Q'\Phi < 1. \tag{6.23}$$

Dabei ist $Q' = Q/\cos\vartheta$. Für ein Volumenhologramm gilt:

$$Q'/\Phi > 20. \tag{6.24}$$

In den meisten im Labor realisierten Fällen liegen die Ergebnisse in dem durch die beiden Ungleichungen 6.23 und 6.24 ausgegrenzten Übergangsbereich und sind nicht eindeutig als dünne oder Volumenhologramme klassifizierbar.

Bei zu großen Intensitätsunterschieden wird der nichtlineare Bereich der Schwärzungskurve erreicht. Die $\cos^2$-Funktion der Intensitätsvariationen ist nicht mehr als $\cos^2$-Funktion in der lichtempfindlichen Schicht registrierbar. Die Verteilung des aufgezeichneten Gitters gleicht eher einer Rechteckfunktion. Aufgrund dieser Störungen entstehen höhere Beugungsordnungen [6.9]. Ähnliches gilt für Phasenhologramme.

Zusammengefaßt machen diese Überlegungen deutlich, daß dem Beugungswirkungsgrad von Amplitudenhologrammen enge Grenzen gesetzt sind. Der Beugungswirkungsgrad von Phasenhologrammen kann hingegen unter günstigen Vorraussetzungen 100% erreichen. Die Frage nach der Zahl der Beugungsordnungen läßt sich für eindeutig dünne oder Volumenhologramme beantworten, wenn der Modulationsparameter bekannt ist. Sehr häufig liegen die experimentellen Resultate allerdings in dem eben beschriebenen Übergangsbereich, wodurch eine klare Aussage erschwert wird.

B Technik der Holographie

7 Bauelemente und Laser zur Holographie

7.1 Kohärenz und Interferometer

Kohärenz

Der Begriff 'Kohärenz' bedeutet 'Zusammenhang' und beschreibt, inwiefern ein reales Wellenfeld mit statistisch schwankender Amplitude und Phase einer idealen Welle nahekommt. Ideale Wellen mit genau definierter Amplitude und Phase werden als 'kohärent' bezeichnet. Konventionelle Lichtquellen und auch Laser emittieren Lichtwellen, die nur in kleinen Raum-Zeit-Bereichen idealen Wellen entsprechen. Man spricht hier deshalb von 'partieller Kohärenz'.

Wichtig sind die Kohärenzeigenschaften von Licht vor allem bei Anordnungen zur Interferenz, wie z. B. in der Holographie. Mit kohärentem Licht können Interferenzeffekte, d. h. konstruktive Überlagerung und Auslöschung der Feldstärken von Lichtwellen, beobachtet werden. Dagegen treten bei inkohärentem Licht keine Interferenzen auf; die Intensitäten überlagern sich additiv, und die Herstellung eines Hologrammes ist nicht möglich. Bei partiell kohärentem Licht ist der Kontrast der Interferenzerscheinungen gegenüber dem Idealfall verringert (Abschnitt 2.6).

Örtliche Kohärenz

Unterschieden wird zwischen örtlicher und zeitlicher Kohärenz. Die örtliche Kohärenz beschreibt die Korrelation von Feldstärken oder Amplituden in zwei unterschiedlichen Punkten eines Wellenfeldes zur gleichen Zeit. Die Untersuchung der Kohärenz kann durch ein Inter-

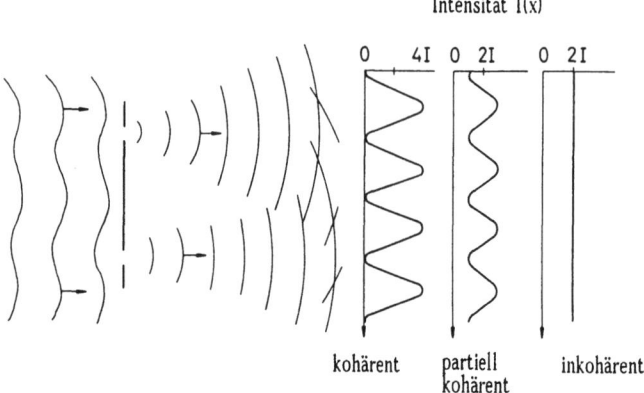

Bild 7.1. Prinzip zur Messung der örtlichen Kohärenz. In dem Wellenfeld werden durch Lochblenden zwei Punkte definiert. Hinter den Löchern bilden sich Kugelwellen aus, die in der Beobachtungsebene interferieren. Der Kontrast der Intensitätsverteilung I(x) gibt den Kohärenzgrad an. Bei inkohärentem Licht ist I(x) = 2I konstant. Bei kohärentem Licht schwankt I(x) zwischen den Werten 0 und 4I

ferenzexperiment mit zwei Lochblenden im Wellenfeld erfolgen (Bild 7.1). Vollständige Kohärenz erzeugt Interferenzstreifen, die bis auf Null durchmoduliert sind, sofern die beiden Amplituden gleich sind. Bei partieller Kohärenz nimmt der Kontrast der Interferenzstreifen ab.

Ein Laser, der in einem einzigen transversalen Mode schwingt, z. B. TEM_{00}, ist vollständig örtlich kohärent. Ein transversaler Multimode-Laser besitzt geringe örtliche Kohärenz, weil die transversalen Moden unterschiedliche Frequenzen und damit zeitlich nicht konstante Phasendifferenzen aufweisen. In der Holographie werden meist TEM_{00}-Laser eingesetzt, so daß die Strahlung örtlich kohärent ist.

Zeitliche Kohärenz

Im Gegensatz zur örtlichen Kohärenz sind in der Holographie verwendete Laser zeitlich nicht ideal kohärent. Bei der zeitlichen Kohärenz werden die Feldstärken oder Amplituden in einer Lichtwelle an einem festen Ort, jedoch zu verschiedenen Zeiten verglichen oder 'korreliert'. Im allgemeinen zeigt sich, daß zwischen den Feldstärken zu zwei unterschiedlichen Zeitpunkten eine konstante Phasendifferenz besteht. Überschreitet der zeitliche Abstand jedoch einen gewissen Maximalwert, die sogennante 'Kohärenzeit t_c', schwankt die Phasendifferenz statistisch.

Im Experiment läßt sich die Kohärenzzeit mit einem Michelson-Interferometer messen (Bild 7.2). Ein Lichtstrahl wird mit Hilfe eines Strahlteilers in zwei Teilstrahlen zerlegt. Diese werden von je einem Spiegel in sich selbst reflektiert und von dem Strahlteiler wieder vereinigt, wobei zwischen den Ausbreitungsrichtungen ein kleiner Winkel eingestellt wird. Im Überlagerungsbereich der beiden Teilwellen bildet sich ein System von Interferenzstreifen aus.

Beide Spiegel stehen in unterschiedlichen und variablen Abständen zum Strahlteiler, so daß die Teilwellen gegeneinander verzögert sind. Die Verzögerung kann so groß eingestellt werden, daß keine Interferenz mehr auftritt. Kohärenzlänge und Kohärenzzeit sind damit meßbar. Die Kohärenzlänge ist definiert als die Strecke der gegenseitigen Verschiebung, bei welcher der Kontrast der Interferenzstreifen auf die Hälfte des Maximalwertes gesunken ist.

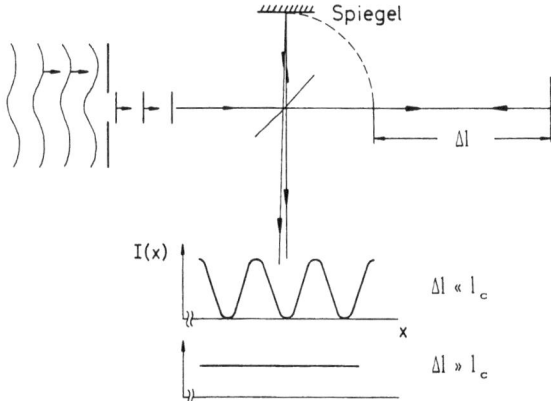

Bild 7.2. Michelson-Interferometer zur Messung der Kohärenzlänge l_c (zeitliche Kohärenz). Die Intensitätsverteilung I(x) in der Beobachtungsebene hängt von dem Wegunterschied l der beiden Teilwellen ab, die durch den Strahlteiler erzeugt werden. Die Kohärenzlänge ist der Wegunterschied, bei welchem der Kontrast auf 1/e = 37 % fällt

Bei konventionellen Lichtquellen besteht die Emission aus einzelnen spontan emittierten Photonen oder Wellenpaketen mit einer Dauer τ, die der Lebensdauer des emittierenden Energieniveaus entspricht. Von einem Wellenpaket zum anderen variiert die Phase statistisch, so daß sich folgende Kohärenzzeit ergibt:

$$t_c \approx \tau. \qquad (7.1)$$

Die Dauer eines Wellenpakets bzw. die Lebensdauer τ ist mit der spektralen Breite der Welle Δf nach folgender Gleichung verknüpft:

$$t_c \approx 1/\Delta f. \qquad (7.2)$$

Obwohl Laser keine Wellenpakete emittieren, sondern eine Welle mit etwa konstanter Amplitude, läßt sich Gleichung 7.2 auch auf Laser anwenden. Die Kohärenzlänge wird demnach durch die Bandbreite der Laserstrahlung begrenzt.

Die Strecke, die das Licht in der Zeit t_C zurücklegt, heißt 'Kohärenzlänge':

$$l_c = c\, t_c = c/\Delta f, \qquad (7.3)$$

wobei c die Lichtgeschwindigkeit bedeutet.

Weißes Licht, das den gesamten sichtbaren Spektralbereich enthält, besitzt eine geringe Kohärenzlänge von etwa 1 µm. Mit guten Spektrallampen werden Längen von 1 m erzeugt, allerdings bei sehr geringer Intensität. Für Laser ergeben sich, je nach Stabilisierung, Kohärenzlängen von mm-Bruchteilen bis zu mehreren km. Für die Holographie sind in der Regel Kohärenzlängen zwischen 0,1 und 1 m ausreichend. Dies bedeutet, daß die Wegunterschiede zwischen Objekt- und Referenzwelle diese Werte nicht erreichen dürfen. Den Zusammenhang zwischen den axialen Moden und der Kohärenzlänge von Lasern erklärt der nächste Abschnitt.

7.2 Moden und Kohärenz

Laser für die Holographie werden in der transversalen Grundmode betrieben, so daß örtliche Kohärenz vorliegt. Die Selektion dieser

Grundmode läßt sich technisch einfach durchführen, da höhere transversale Moden einen größeren Strahldurchmesser aufweisen. Durch Einsetzen einer Modenblende mit entsprechendem Durchmesser in den Resonator können höhere Moden unterdrückt werden.

Gaußstrahl

Die Grundmode eines Lasers breitet sich als sogenannter 'Gaußstrahl' aus [7.1]. Das Strahlprofil ist durch eine Gaußfunktion bestimmt,

$$I(r) = I_{max} \exp(-2r^2/w^2), \qquad (7.4)$$

wobei $I(r)$ die radiale Intensitätsverteilung angibt. Der Strahlradius w bezeichnet die Stelle, an der die Intensität auf den Wert $1/e^2 = 13\%$ bezogen auf den Maximalwert I_{max} gefallen ist. Das Strahlprofil ist in Bild 7.3 graphisch dargestellt. Man erkennt, daß eine gleichmäßige Ausleuchtung in der Holographie schwer zu realisieren ist. Der Strahldurchmesser am Laserausgang wird vom Hersteller angegeben. Innerhalb dieses Wertes befinden sich 86,5 % der Laserleistung.

Laserstrahlen breiten sich infolge der Beugung nicht exakt parallel, sondern mit einer bestimmten Divergenz aus, die durch den Strahlradius an der engsten Stelle im Strahl w_0 festgelegt ist (Bild 7.9):

$$\Theta = \lambda / \pi w_0. \qquad (7.5)$$

Dabei entspricht Θ dem halben Öffnungswinkel und λ der Wellenlänge der Strahlung. Meist liegt die engste Stelle des Strahls im Re-

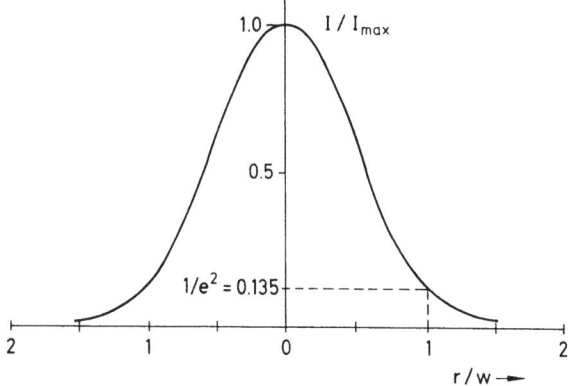

Bild 7.3. Profil eines Laserstrahls für die Holographie (TEM_{00})

sonator, und näherungsweise kann für w_0 der Strahlradius am Laserausgang in Gleichung 7.5 eingesetzt werden. Beispielsweise ergibt sich für einen He-Ne-Laser mit einem Strahldurchmesser von 0,7 mm ein Divergenzwinkel von Θ = 0,6 mrad.

Longitudinale Moden

Der Resonator eines Lasers besteht aus zwei Spiegeln im Abstand L. Innerhalb dieses Systems können sich stehende Lichtwellen ausbilden, wobei diskrete Frequenzen auftreten. Die Bedingung für eine stehende Welle ist die, daß die Länge L des Resonators ein Vielfaches m der halben Wellenlänge $\lambda/2$ sein muß:

$$L = m\, \lambda/2 . \qquad (7.6)$$

Mit $f = c/\lambda$ erhält man als mögliche Frequenzen bzw. longitudinale Moden eines Lasers:

$$f = mc/2L . \qquad (7.7)$$

Dabei treten nur Frequenzen auf, die innerhalb der Verstärkungskurve des aktiven Mediums liegen. Diese ist durch die Linienbreite und die Verluste im Resonator gegeben. Bild 7.4 stellt die Moden eines Lasers und die Verstärkungskurve dar. Man erkennt, daß bei langen Resonatoren mehrere longitudinale Moden auftreten.

Bei kurzen Resonatoren läßt sich erreichen, daß nur eine Mode entsteht. Die Bandbreite einer Mode hängt von den Verlusten und der Stabilität des Resonators ab; sie kann beispielsweise bei einem He-Ne-Laser um 3 MHz betragen. Nach Gleichung 7.3 wird mit diesem Wert eine Kohärenzlänge von l_c = 100 m erzielt. Für die Länge des Resonators im Monomode-Betrieb folgt gemäß Bild 7.4 die Bedingung:

$$c/2L \geq \Delta f_1 , \qquad (7.8)$$

wobei Δf_1 Breite des Verstärkungsprofils darstellt. Für einen He-Ne-Laser mit $\Delta f_1 \approx$ 1,5 GHz wird die maximale Länge im Monomode-Betrieb von L $\approx$ 10 cm berechnet. Beim Argonlaser mit $\Delta f_1 \approx$ 6 GHz ist der entsprechende Wert um den Faktor vier kleiner. Laser mit derart kurzer Baulänge liefern für die Holographie zu niedrige Leistungen.

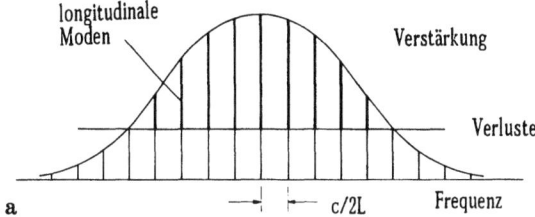
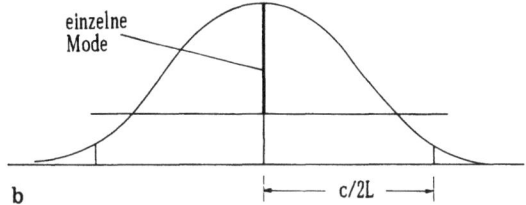

Bild 7.4. Moden eines Lasers mit dem Abstand c/2L und Verstärkung des aktiven Mediums
a) langer Resonator
b) kurzer Resonator (für c/2L ≥ Δf_1 tritt nur ein Mode auf)

Kohärenzlänge

Bei längeren Lasern bilden sich, nach Bild 7.4, stets mehrere Moden aus [7.2]. Die Zahl N läßt sich einfach abschätzen, indem die gesamte Linienbreite $2\Delta f_1$ durch den Modenabstand c/2L dividiert wird:

$$N \approx 2\Delta f_1/(c/2L). \tag{7.9}$$

Die Kohärenzlänge errechnet sich aus den Gleichungen 7.3 und 7.9 zu

$$l_c \approx 2L/N. \tag{7.10}$$

Sie steigt mit der Resonatorlänge L und fällt mit der Zahl N der longitudinalen Moden. (Für N = 1 gilt Gleichung 7.10 nicht, weil als Bandbreite die Breite der einzelnen Mode in Gleichung 7.3 eingesetzt werden muß.)

Etalon

Laser mit langen Resonatoren strahlen üblicherweise mit mehreren longitudinalen Moden, so daß die Kohärenzlänge relativ gering ist.

Auf Monomode-Betrieb kann durch Einsetzen eines Etalons in den Resonator umgerüstet werden. Ein Etalon setzt sich aus zwei parallelen teildurchlässigen Spiegeln zusammen und stellt einen kurzen Resonator mit einer Länge im mm- bis cm-Bereich dar. Damit besteht der Laser aus zwei Resonatoren, einem kurzen und einem langen. Der Laser kann nur schwingen, wenn Moden in beiden Resonatoren gleiche Frequenz besitzen. Durch eine entsprechende Justierung läßt sich dies für eine einzelne Mode realisieren, so daß Monomode-Betrieb möglich ist.

In der Lasertechnik besteht ein Etalon meist aus einer planparallen Glasplatte, die auf beiden Seiten verspiegelt ist. Die Plattenstärke d und der Brechungsindex n bestimmen den Modenabstand im Etalon:

$$\Delta f_D = c/2nd. \qquad (7.11)$$

Die Breite der Mode δf wird mit dem Terminus 'Finesse F' gekennzeichnet:

$$F = \Delta f_D/\delta f = \pi \sqrt{R/(1-R)}. \qquad (7.12)$$

Die Finesse wird durch den Reflexionskoeffizienten R der beiden (gleichen) Spiegel des Etalons bestimmt.

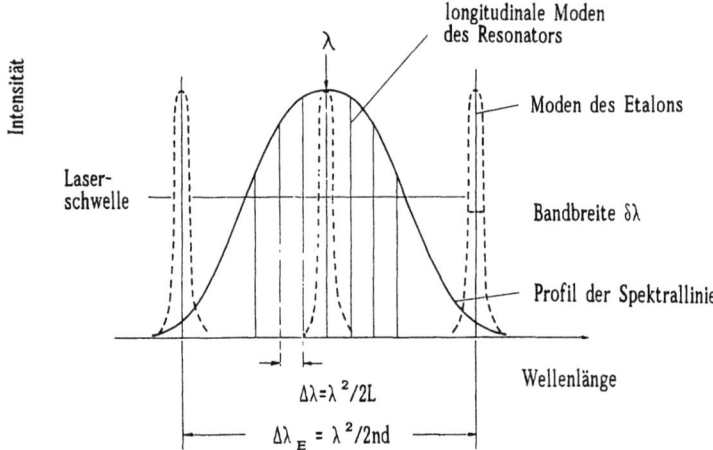

Bild 7.5. Frequenzselektion (monomode) mit Hilfe eines Etalons im Laserresonator. Eine Mode des Etalons und des Resonators fallen im Maximum der Verstärkungskurve zusammen

Für Monomode-Betrieb muß die Dicke des Etalons so gewählt werden, daß Δf_D größer ist als die halbe Breite des Verstärkungsprofils Δf_1 (Bild 7.5). Durch leichtes Verkippen kann eine Mode des Etalons auf das Maximum der Verstärkungskurve justiert werden. Die Länge des Laserresonators wird so eingestellt, daß maximale Ausgangsleistung erbracht wird und eine Lasermode im Maximum des Verstärkungsprofils liegt. Die Finesse F wird durch die Verspiegelung so festgelegt, daß die Breite δf kleiner als der longitudinale Modenabstand c/2L ist. Die Breite der Verstärkungsprofile für verschiedene Lasertypen ist näherungsweise bekannt, so daß die zum Erzielen des Monomode-Betriebes notwendige Dicke des Etalons d und der Reflexionsgrad der Verspiegelung R abgeschätzt werden können.

7.3 Gaslaser für die Holographie

Die am häufigsten in der Holographie eingesetzten Gaslaser sind in Tabelle 7.1 aufgeführt. Es handelt sich um den He-Ne-Laser und verschiedene Ionenlaser, insbesondere Argon-, Krypton- und He-Cd-Laser.

Tabelle 7.1. Gaslaser für die Holographie mit Angabe von Leistung und Wellenlänge

Laser	Wellenlänge	Leistung		Kohärenzlänge	
		optisch	elektrisch	ohne	mit Etalon
	(μm)	(mW)	(kW)	(mm)	(m)
He-Ne	0,633	rot	1 bis 50	0,5	200	einige m
He-Cd	0,442	violett	100	0,1	wie He-Ne	
Ar$^+$	0,458	bl.-viol.	200	7	mm	einige m
	0,477	blau	400	"	"	"
	0,488	bl.-gr.	1000	"	"	"
	0,514	grün	1500	"	"	"
Kr$^+$	0,476	blau	50	"	"	"
	0,521	grün	70	"	"	"
	0,647	rot	500	"	"	"

He-Ne-Laser

Am weitesten verbreitet ist der relativ preiswerte He-Ne-Laser mit einer Leistung um 10 mW. Er ist durch Konvektion luftgekühlt und liefert ohne Etalon eine ausreichende Kohärenzlänge. Die rote Farbe des Lichtes (0,633 μm) liegt im Bereich hoher Empfindlichkeit holographischer AgBr-Schichten.

Ne-Ne-Laser werden mit Leistungen zwischen 1 und 50 mW angeboten, wobei die Länge der Resonatoren zwischen 0,1 und über 1 m mißt. Die Kohärenzlänge läßt sich aus der Breite der Verstärkungskurve von etwa 1,5 MHz abschätzen. Bei einer Länge von 50 cm erhält man, nach Gleichung 7.9, N = 10 Moden im Resonator. Damit resultiert nach Gleichung 7.10 eine Kohärenzlänge von etwa 10 cm. Im Experiment liegen die Werte etwas höher.

Der Strahldurchmesser von He-Ne-Lasern beträgt etwa 0,7 mm; bei kommerziellen Lasern liegt meist die TEM_{00}-Mode vor, so daß der Strahl durch ein Gauß-Profil beschrieben werden kann. Die Divergenz beläuft sich auf etwa Θ = 0,6 mrad, was bedeutet, daß der Strahldurchmesser nach 1 m Entfernung jeweils um 1,2 mm zunimmt. Für die Holographie empfiehlt sich die Verwendung von Lasern mit polarisierter Strahlung (Abschnitt 2.6).

Edelgas-Ionenlaser

Mit den Edelgasen Argon und Krypton betriebene Ionenlaser liefern wesentlich höhere Leistungen, wobei in der Holographie oft Laser mit einigen Watt zum Einsatz kommen (Tabelle 7.1). Wegen der hohen Stromdichte im Laserrohr ist das Verstärkungsprofil stark durch den Doppler-Effekt verbreitert, so daß Linienbreiten von 6 GHz und mehr entstehen. Im Vergleich zum He-Ne-Laser ist die Kohärenzlänge normaler Ionenlaser gering, weshalb dieser Lasertyp in der Holographie nur mit einem Etalon im Resonator einsetzbar ist.

Bild 7.6 veranschaulicht den Aufbau eines typischen Argon-Ionenlasers. Er strahlt im blauen und grünen Spektralbereich (Tabelle 7.1). Eine einzelne Linie kann durch selektive Spiegel oder durch ein Prisma im Resonator ausgewählt werden. Zusätzlich sind eine Modenblende und ein Etalon notwendig, um auf transversalen und longitudinalen Monomode-Betrieb umzustellen. Das Etalon wird

Bild 7.6. Aufbau eines typischen Argonlasers für die Holographie

leicht verkippt, um zu vermeiden, daß es als Endspiegel wirkt. Das justierbare Kippen hat außerdem zur Folge, daß die Resonanzfrequenz des Etalons auf die Linienmitte fällt und so die Ausgangsleistung optimiert wird.

Ein typischer Argonlaser für die Holographie erbringt ohne Etalon eine Leistung von 2 Watt in der stärksten Linie (blau-grün, 0,514 µm). Durch das Etalon sinkt sie auf etwa 1 W. Der Laser verbraucht eine elektrische Leistung von 13 kW und benötigt Drehstrom (32 A) und einen Wasseranschluß (0,5 Zoll) mit einem relativ hohen Durchfluß (9 Liter/min).

Kryptonlaser sind ähnlich wie Argonlaser aufgebaut. Bei gleicher elektrischer Leistung ist die Laserleistung etwa um den Faktor drei reduziert. Für die Holographie mit AgBr-Schichten ist der Kryptonlaser dem Argonlaser dennoch überlegen, weil die Empfindlichkeit der Schichten im Roten (0,647 µm) etwa 10mal größer ist als im Blaugrünen. Für das Arbeiten mit Photoresist als holographisches Material ist der Kryptonlaser ungeeignet.

He-Cd-Laser

Obwohl es sich um einen Ionenlaser handelt, ähnelt dieser Lasertyp eher dem He-Ne-Laser, auch wenn die Wellenlänge im Blauen bei 0,442 µm liegt. Seine Leistung ist auf etwa 100 mW beschränkt. Für den He-Cd-Laser erweist sich die Verwendung holographischer Photoresist-Schichten als vorteilhaft, weil sie im blauen Spektralbereich eine hohe Empfindlichkeit zeigen.

7.4 Festkörperlaser für die Holographie

Festkörperlaser liefern kurze Laserpulse im ns-Bereich [7.3]. Dadurch erfolgt die Belichtung bei der Aufnahme von Hologrammen in einer so kurzen Zeit, daß Probleme der Stabilität praktisch nicht auftauchen. Am häufigsten wird der Rubinlaser benutzt, der eine hohe Pulsenergie bis zu 10 Joule erzeugt. Die rote Strahlung (0,694 µm) liegt im Empfindlichkeitsmaximum holograpischer AgBr-Filme. Daneben werden in der Holographie auch Nd:YAG-Laser eingesetzt, die höheren Wirkungsgrad und höhere Pulsfrequenz aufweisen. Für die holographische Anwendung muß jedoch die infrarote Strahlung des Lasers (1,06 µm) durch einen Kristall zur Frequenzverdopplung in den grünen Bereich (0,53 µm) umgewandelt werden.

Rubinlaser

Bild 7.7 skizziert den Aufbau eines Rubinlasers für holographische Zwecke. Das aktive Medium besteht aus einem Rubinkristall (Al_2O_3 mit 0.05 % Cr_2O_3 dotiert oder $Al_2O_3:Cr^{3+}$) mit einem Durchmesser von einigen mm. Der Kristall wird mit dem Licht einer Xenon-Blitzlampe optisch gepumpt. Der Kristall und die lineare Biltzlampe befinden sich in einer wassergekühlten elliptischen Pumpkammer.

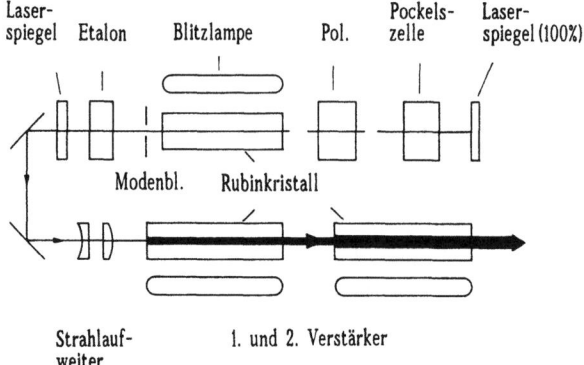

Bild 7.7. Aufbau eines Rubinlasers für die Holographie

Für die holographische Nutzung wird der Laser mit einer Güteschaltung (Q-switch) versehen. Diese Anordnung stellt einen schnellen optischen Verschluß dar. Am Anfang des Pumppulses von einigen 0,1 ms Dauer wird der Resonator zugeschaltet, so daß keine Laserstrahlung entstehen kann. Wenn die Besetzungsinversion ihr Maximum erreicht hat, wird die Güteschaltung geöffnet. Innerhalb weniger ns baut sich die hohe Inversion in Form eines Riesenpulses mit einer maximalen Leistung im MW-Bereich ab. Im Extremfall entspricht die Pulslänge τ der Hin- und Rücklaufzeit des Lichtes im Resonator der Länge L:

$$\tau \approx 2L/c \,. \tag{7.13}$$

Für einen Resonator von 0,6 m Länge schätzt man die Pulsdauer zu τ = 4 ns ab, wobei die Pulsdauer real etwas länger ist. Der Zusammenhang zwischen Pulsenergie W und Pulsleistung P lautet (für rechteckige Pulse):

$$P = W/\tau \,. \tag{7.14}$$

Bei einer Pulsenergie von 1 Joule und einer Pulsdauer von 4 ns errechnet sich eine Pulsleistung von P = 250 MW.

Die Güteschaltung für Festkörperlaser setzt sich aus einem Polarisator und einer Pockelszelle im Resonator zusammen. Als Polarisator kann eine Glasplatte unter dem Brewster-Winkel dienen. Die Pockelszelle besteht aus einem elektrooptischem Kristall, z. B. KDP, bei dem

Tabelle 7.2. Festkörperlaser für die Holographie mit Angabe von Wellenlänge, Pulsenenergie und Kohärenzlänge

Laser	Wellenlänge (μm)	Pulsenergie (J)	Pulsdauer (ns)	Kohärenzlänge ohne	mit Etalon
Rubinlaser	0,694 rot	1 bis 10	einige	mm	m
Nd:YAG-Laser (verdoppelt)	0,53 grün	1	"	"	"

die Kristallachse unter 45° zur Polarisation des Laserstrahls liegt. Kurz bevor die Blitzlampe zündet, wird eine Spannung von einigen kV an den Kristall gelegt. Dadurch wird er doppelbrechend und erzeugt zirkular polarisiertes Licht. Nach Reflexion an dem Laser-Endspiegel durchläuft das Licht nochmals den Kristall, und die Polarisation wird wieder linear, allerdings um 90° gedreht. Das Licht erleidet im Polarisator Verluste. Damit wird der Resonator verschlossen, und der Laser schwingt nicht an. Am Ende des Pumppulses wird die Spannung abgeschaltet, so daß das Licht passieren kann. Der Laser schwingt und emittiert einen Riesenpuls.

Festkörperlaser strahlen im allgemeinen mit einer großen Zahl transversaler Moden, so daß die räumliche Kohärenz gering ist. Im Strahlprofil sind als Resultat der Überlagerung der Moden zahlreiche unregelmäßige Strukturen erkennbar. Durch Einfügen einer Modenblende können höhere Moden unterdrückt werden, und nur die TEM_{00}-Mode bleibt übrig.

Die Fluoreszenzlinie des Rubinlasers ist durch Gitterschwingungen (homogen) bis auf 330 MHz verbreitert. Nach Gleichung 7.9 formieren sich damit mehrere hundert longitudinale Moden, und die Kohärenzlänge liegt unterhalb 1 mm. Deshalb ist für die Holographie zur Verringerung der Zahl der Moden der Einsatz eines Etalons (einige mm dick) notwendig, mit dem sich Kohärenzlängen bis in den m-Bereich erzeugen lassen.

Mit zunehmender Pumpleistung wächst die Verstärkungskurve über die Laserschwelle hinaus, und die Zahl der Moden steigt. Deshalb darf für den Monomode-Betrieb nicht zu stark gepumpt werden, und die Pulsenergie ist auf etwa 50 mJ zu beschränken. Die Energie läßt sich mittels eines oder zweier Laserverstärker erhöhen, die aus Rubinstäben mit Durchmessern bis zu 20 mm und Längen von 200 mm bestehen. Der Strahl wird durch ein Teleskop im Durchmesser vergrößert. Systeme mit einem Verstärker vermögen eine Energie von etwa 1 J hervorzubringen, mit zwei Verstärkern werden bis zu 10 J erreicht.

Nd:YAG-Laser

Der Nd:YAG-Laser ähnelt im Aufbau dem Rubinlaser. Der Laserkristall besteht aus $Y_3Al_5O_{12}$, das zu 0,7% Gewichtsanteil mit Neodym

(Nd) dotiert ist. Die Abkürzung 'YAG' steht für Yttrium-Alumium-Granat. Der Laseroszillator erzeugt Pulse geringer Energie, aber hoher Kohärenzlänge, die über Laserverstärker intensiviert werden. Als Oszillator eignen sich insbesondere Systeme, die mit Laserdioden gepumpt werden. In diesem Fall gelingt eine homogene Ausleuchtung des Kristalls, und die Erwärmung ist stark reduziert, wodurch sich die Strahlqualität verbessert.

Die Strahlung der Neodymlaser liegt im infraroten Bereich bei 1,06 µm. Zur Verwendung in der Holographie ist eine Umwandlung der Strahlung in sichtbares Licht erforderlich. Daher wird am Ausgang des gesamten Lasersystems ein Kristall (z.B. KD*P) zur Frequenzverdopplung angebracht. Durch genaue Justierung des Kristalls lassen sich 50% der Strahlung und mehr in grünes Licht bei 0,53 µm umsetzen. Durch einen selektiven Spiegel wird das grüne Licht vom infraroten getrennt.

7.5 Linsen und Raumfilter

In der Holographie wird der Laserstrahl mit einem Durchmesser im mm-Bereich durch ein System von Linsen auf 10 cm und mehr vergrößert. Bei der Berechnung des Strahlenganges müssen die Welleneigenschaften des Lichtes berücksichtigt werden.

Gauß-Strahlen

Laser für die Holographie strahlen in der TEM_{00}- oder Gauß-Mode. Ein derartiger Strahl besitzt einen minimalen Durchmesser w_0, von dem aus sich der Strahl mit einer bestimmten Divergenz ausbreitet (Bild 7.8). Durch eine Linse wird ein Gauß-Strahl mit w_0 in einen anderen Gauß-Strahl mit w'_0 transformiert. Dabei gelten folgende Gleichungen [7.1, 7.3]:

$$a' = -f + \frac{f^2(f-a)}{(f-a)^2 + z_R} \quad \text{und} \quad (7.15)$$

$$w'_0/w_0 = f/((a-f)^2 + z_R^2)^{1/2} \quad \text{mit} \quad (7.16)$$

$$z_R = \pi w_0^2/\lambda.$$

Die Größen sind in Bild 7.8 erklärt. Durch a und a' wird die Lage der Strahltaille vor und hinter der Linse bestimmt. (Die etwas ungewöhnliche Vorzeichenregel (a positiv, a' negativ) resultiert daraus, daß die Wellenfronten vor und hinter der Linse unterschiedliche Krümmungen zeigen.) Der Gauß-Strahl weist einen Divergenzwinkel $\Theta = \lambda/\pi w_0$ auf (Gleichung 7.5), der in Bild 7.9 definiert ist. Die Fokuslänge beträgt $b = 2 z_R$.

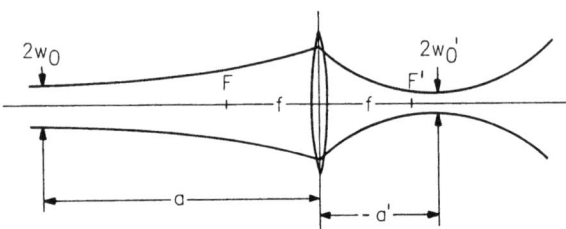

Bild 7.8. Transport eines Gauß-Strahls (TEM_{00}-Mode) durch eine Linse (Vorzeichenregel: a positiv, a' negativ)

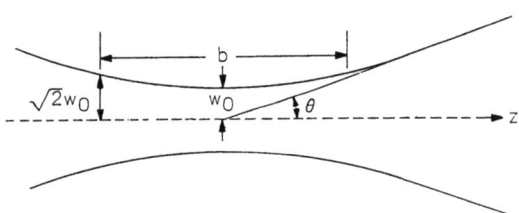

Bild 7.9. Divergenz eines Laserstrahls (TEM_{00}-Mode)

Fokussierung

Bei vielen Anwendungen ist eine Fokussierung des Laserstrahls erforderlich. Dazu muß, nach Gleichung 7.16, z_R (und w_0) möglichst groß sein. Für diesen Fall gilt für den Fokusradius

$$w'_0 \approx \lambda f/(\pi w_0), \tag{7.17}$$

wobei w_0 näherungsweise mit dem Strahlradius an der Linse gleichgesetzt werden kann.

Geometrische Optik

Häufig kann beim Strahltransport näherungsweise mit den Abbildungsgleichungen der geometrischen Optik gerechnet werden. Für $z_R \ll a - f$ gehen die Gleichungen des Gaußstrahls in die üblichen Abbildungsgleichungen über:

$$1/f = 1/b + 1/g \tag{7.18}$$

und

$$B/G = b/g . \tag{7.19}$$

Dabei ist nach Bild 7.10 eine Linse durch die Hauptebenen H und H' gekennzeichnet, die bei dünnen Linsen zusammenfallen. Folgende Vorzeichenregeln sind zu beachten, die von denen bei Gauß-Strahlen abweichen: Für Gegenstände links von der Linse ist die Gegenstandsweite g positiv, für Bilder rechts zählt die Bildweite b positiv.

Beispielhaft soll die Fokussierung der Strahlung eines He-Ne-Lasers mit einem Strahlradius (in der Mitte des Lasers) $w_0 = 0,3$ mm durch ein Mikroskopobjektiv (40 x , f = 4 mm) in 1 m Entfernung berechnet werden. Gemäß der Theorie des Gauß-Strahls erhält man $z_R \approx 500$ mm, $a' \approx -f \approx -4$ mm und $w'_0 = 1,2$ µm. Die geometrische Optik liefert nahezu das gleiche Ergebnis: $b \approx f$ und $B = w'_0$. Sie ergibt jedoch nicht in allen Fällen eine gute Näherung.

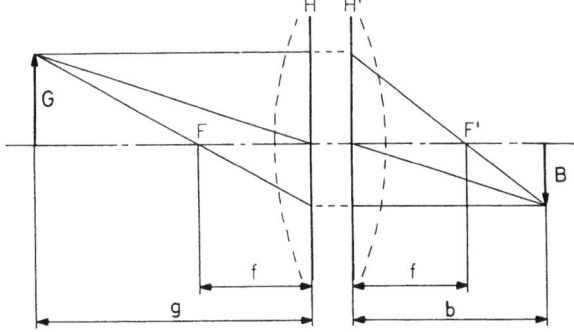

Bild 7.10. Abbildung durch eine Linse nach den Gesetzen der geometrischen Optik (g = Gegenstandsweite, b = Bildweite, G = Gegenstandsgröße, B = Bildgröße)

Raumfilter

Laserlicht ist in der Praxis von unregelmäßigen Interferenzstrukturen durchzogen, die durch Beugung an Staub oder an Kratzern im optischen System entstehen. In der Holographie ist es meist notwendig, den Strahl zu "reinigen", um eine gleichmäßige Intensitätsverteilung entsprechend der TEM_{00}-Mode zu erzielen. Dies wird durch einen Raum- oder Ortsfrequenzfilter erreicht (Bild 7.11). Bei einem derartigen Filter wird der Laserstrahl durch eine Linse, meist ein Mikroskopobjektiv, fokussiert. In die entstehende Strahltaille in der Nähe der Brennebene montiert man eine justierbare Lochblende, deren Öffnung etwas größer ist als der Fleckdurchmesser. Damit kann die TEM_{00}-Stahlung ungehindert durch die Blende laufen. Lichtwellen, die beispielsweise durch Streuung an Staub auftreten, breiten sich abweichend vom Gaußstrahl eher kugelförmig aus. Dies hat zur Folge, daß die Streuwellen hinter der Linse nicht mehr durch die Lochblende treten. Störwellen werden somit räumlich vom Gauß-Strahl getrennt und ausgeblendet.

Der Durchmesser d der Blende muß größer sein als der Durchmesser der Strahltaille in der Nähe der Brennebene (Gleichung 7.17):

$$d > 2f\lambda/(\pi w) , \qquad (7.20)$$

wobei w den Strahlradius der einfallenden Strahlung bezeichnet. Andererseits soll d klein sein, damit Nebenmaxima nicht durch die Blende laufen können. Dies ist der Fall, wenn d kleiner ist als der Durchmesser der sogenannten 'ersten Fresnelzone':

$$d < 2\sqrt{f\lambda} . \qquad (7.21)$$

In der Praxis wird man d innerhalb dieser Grenzen möglichst groß wählen, um Schwierigkeiten bei der Justierung zu verringern. Typische Werte für einen Raumfilter für die Holographie liegen bei

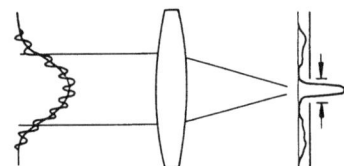

Laserstrahl　　　　　　　　Blende　　**Bild 7.11.** Prinzip eines Raumfilters

d ≈ 40 μm. Verwendung finden Mikroskopobjektive mit f = 4 mm (40 x).

Strahlaufweitung

Hinter dem Raumfilter läuft die Strahlung divergent auseinander und kann direkt als Referenz- oder Beleuchtungswelle benutzt werden. In vielen Fällen möchte man jedoch einen parallelen Strahl einsetzen. Zu diesem Zweck wird eine Sammellinse mit großem Durchmesser hinter dem Objektiv aufgestellt. Fallen die Brennebenen zusammen, stellt die Anordnung ein Kepler-Fernrohr dar, und ein paralleler Strahl entsteht (Bild 7.12). Nach den Gesetzen der geometrischen Optik wird der Strahldurchmesser von d auf D vergrößert:

$$D/d = f_2/f_1 . \qquad (7.22)$$

f_1 und f_2 bedeuten die Brennweiten der beiden Linsen.

Bei dem Strahlaufweiter nach Kepler kann es im Brennpunkt des Objektivs bei Pulslasern hoher Leistung zu einem elektrischen Durchbruch in Luft kommen. In diesem Fall ist eine Strahlaufweitung nach Galilei zu empfehlen, bei der eine Zerstreuungslinse das Objektiv ersetzt (Bild 7.12).

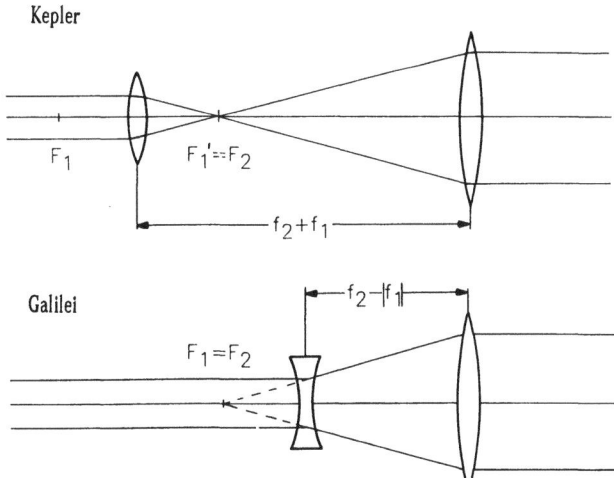

Bild 7.12. Strahlaufweitung mit einem Kepler- und einem Galilei-Fernrohr

7.6 Polarisatoren und Strahlteiler

Licht stellt eine transversale elektromagnetische Welle dar, in welcher die elektrische und die magnetische Feldstärke senkrecht zur Ausbreitungsrichtung schwingen. Die magnetische Feldstärke ist bei der Wechselwirkung mit Materie von geringer Bedeutung; relevant ist in der Holographie nur die elektrische Feldstärke.

Polarisation

Unter 'Polarisation' versteht man die Ausrichtung der Schwingungsebene des Lichtes. Unterschieden wird zwischen linearer und elliptischer Polarisation; die zirkulare Polarisation ist als Sonderfall in der elliptischen enthalten. Bei unpolarisierter Strahlung sind alle Schwingungsrichtungen statistisch vertreten. Übliche Lichtquellen strahlen unpolarisiert, während Laser in der Regel linear polarisiertes oder unpolarisiertes Licht aussenden. Für holographische Zwecke wird meist polarisiertes Licht eingesetzt, wobei die Richtung der Polarisation möglichst in der Hologrammebene liegen soll (Abschnitt 2.6).

Linear polarisiertes Licht kann aus elliptischer oder unpolarisierter Strahlung durch dichroitische Filter, Doppelbrechung oder Reflexion entstehen. Doppelbrechende $\lambda/4$-Plättchen transformieren linearer polarsiertes in zirkular polarisiertes Licht. Eine Drehung der Ebene von linear polarisiertem Licht läßt sich mittels $\lambda/2$-Plättchen bewirken.

Dichroitische Filter

Zur Erzeugung von linear polarisiertem Licht werden oft dichroitische Polarisationsfilter verwendet. 'Dichroismus' bedeutet, daß Licht einer Polarisationsrichtung selektiv absorbiert wird. Der Nachteil derartiger Filter liegt darin, daß die Verluste auch bei der gewünschten Polarisationsrichtung relativ hoch sind.

Polarisation bei Reflexion

Licht, das an Oberflächen reflektiert wird, ist teilweise polarisiert. An Metallflächen tritt im allgemeinen eine elliptische Polarisation auf; die Zusammenhänge sind relativ kompliziert. Von Bedeutung für die Holographie ist auch die Reflexion an Glasflächen, z. B. den Glasplatten zur Halterung des holographischen Films. Zur Beschreibung der Reflexion wird das einfallende Licht in zwei Komponenten zerlegt, parallel und senkrecht zur Einfallsebene. Man erkennt aus Bild 7.13, daß senkrecht zur Einfallsebene polarisiertes Licht stärker reflektiert wird als parallel polarisiertes. Zur Verringerung der Reflexion sollte die Strahlung somit parallel zur Einfallsebene polarisiert sein. Unter dem Brewster-Winkel (tan Θ_p = 1/n $\approx$ 56°) wird in diesem Fall die Reflexion zu Null. Es ist günstig, Glasplatten im Strahlengang unter diesem Winkel aufzustellen. Damit werden Interferenzen der an den beiden Oberflächen reflektierten Wellen vermieden, sofern die Polarisation richtig liegt. Glasplatten unter dem Brewster Winkel werden auch in Resonatoren eingebaut, z. B. in Festkörperlasern, um die Strahlung zu polarisieren.

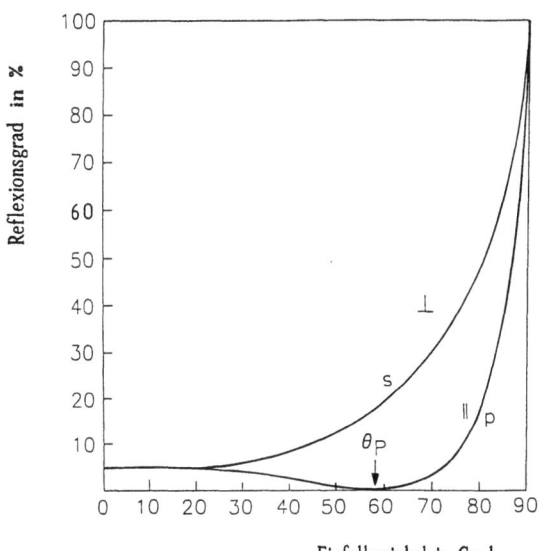

Bild 7.13. Reflexionsgrad für Licht an Glas (n = 1,52) für verschieden polarisiertes Licht (s = senkrecht zur Einfallsebene polarisiert, p = parallel). Unter dem Brewster-Winkel Θ_p wird nur eine Polarisationsrichtung reflektiert

Polarisationsprismen

Doppelbrechende Prismen zur Polarisation von Licht finden in mehreren Versionen Verwendung. Das oft erwähnte Nicolsche Prisma wird kaum noch benutzt. Das Glan-Taylor- und Glan-Thompson-Prisma verwandeln einen unpolarisierten Strahl in einen polarisierten, wobei ein Strahl die ursprüngliche Richtung beibehält (Bild 7.14 und 7.15). Die andere Polarisation erfährt an der Grenzfläche der beiden Prismen Totalreflexion, wodurch dieser Strahl aus dem Strahlengang gespiegelt wird. Beim Gebrauch von Kalkspat können Prismen zwischen 0,3 bis 2,3 μm eingesetzt werden. Polarisations-Prismen sind für höhere Leistungen zugelassen, wenn beide Prismen durch einen Luftspalt getrennt sind. Konventionelle Prismen sind mit einer Kittschicht verklebt, die bei hoher Laserleistung zerstört werden kann. Beim Wollaston-Prisma wird ein unpolarisierter Strahl in zwei Strahlen zerlegt, die unter verschiedenen Winkeln zur Einfallsrichtung aus dem Prisma treten. Den Aufbau eines variablen Strahlteilers mit einem Glan-Taylor-Prisma demonstriert Bild 7.15.

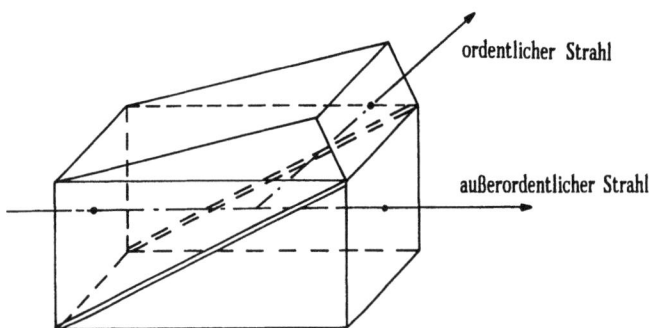

Bild 7.14. Polarisiationsprisma nach Glan-Thompson

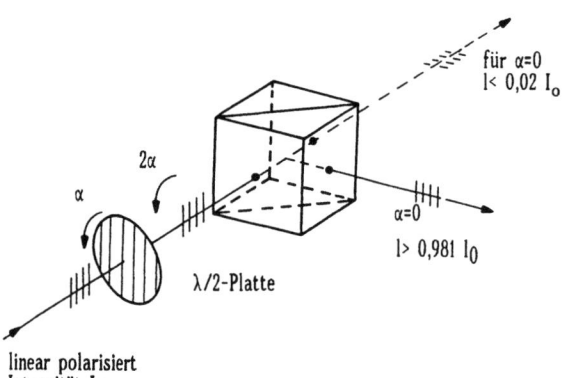

Bild 7.15. Aufbau eines verlustfreien variablen Strahlenteilers mit einem Glan-Taylor-Prisma und einer $\lambda/2$-Platte. Durch eine zweite, nicht gezeichnete $\lambda/2$-Platte kann die Polarisation beider Strahlen in die gleiche Richtung gedreht werden

Dünnschichtpolarisatoren

Dünnschichtpolarisatoren sind, ähnlich wie ein dielektrischer Spiegel, aus mehreren Schichten aufgebaut. Sie werden schräg durchstrahlt; bei diesem Vorgang wird das Licht polarisiert.

λ/4- und λ/2-Plättchen

Zur Erzeugung von zirkular polarisiertem Licht dienen λ/4-Plättchen aus Glimmer oder Quarz. Die Plättchen weisen eine Kristallachse in der Schichtebene auf, die markiert sein sollte. Die Richtung der linearen Polarisation der eingestrahlten Wellen muß unter 45° zu dieser Vorzugsrichtung liegen. Die Brechungsindizes in Richtung der Kristallachse und senkrecht dazu variieren, so daß zwei Wellen mit unterschiedlicher Geschwindigkeit existieren. Dadurch bildet sich ein Phasenunterschied zwischen beiden Wellen heraus. Die Stärke der Plättchen wird so gewählt, daß der effektive Gangunterschied λ/4 beträgt, und zirkular polarisiertes Licht ensteht (Bild 7.16). Aus einem Polarisator mit einer λ/4-Platte läßt sich ein optischer Isolator konstruieren, der Licht in einer Richtung passieren läßt und reflektiertes Licht unterdrückt.

Zur Drehung der linearen Polarisation werden λ/2-Plättchen montiert. Durch Rotation läßt sich der Drehwinkel der Polarisation kontinuierlich verändern (Bild 7.17). Falls die Polarisation eines Lasers

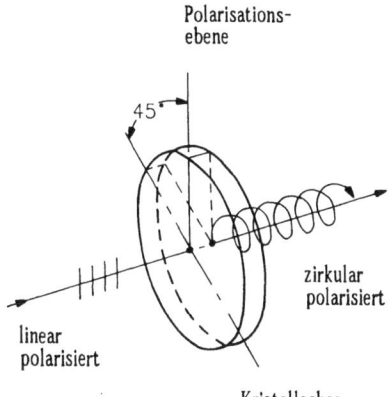

Bild 7.16. Funktion einer λ/4-Platte. Durch Einstrahlung von linear polarisiertem Licht entsteht zirkular polarisiertes Licht

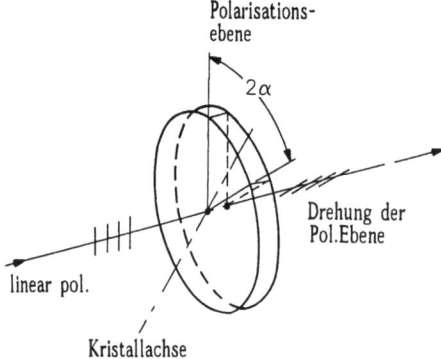

Bild 7.17. Funktion einer λ/2-Platte. Die Polarisationsebene läßt sich um beliebige Winkel 2α drehen, wobei α den Drehwinkel angibt

in der falschen Richtung liegt, kann sie durch ein solches Plättchen gedreht werden, damit sie in die Hologrammebene fällt.

Strahlteiler

Bild 7.15 zeigt einen variablen verlustfreien Strahlteiler, wie er in der Holographie eingesetzt wird. Linear polarisiertes Licht fällt auf ein Polarisationsprisma, das zwei senkrechte Strahlen verschiedener Polarisation liefert. Durch Drehen der λ/2-Platte von 0 auf 45° wird die Polarisation des einfallenden Strahls von 0 auf 90° mitgedreht, und die Intensität läßt sich stufenlos zwischen beiden Strahlen beliebig aufteilen. Eine weitere (nicht gezeichnete) λ/2-Platte kann die Polarisation der beiden Ausgangsstrahlen in die gleiche Richtung einstellen.

Ein anderer Typ von Strahlteilern benutzt eine Glasplatte, die unter 45° oder einem anderen Winkel in den Strahlengang gestellt wird. Die Vorderseite besteht aus einem dielektrischen teildurchlässigen Spiegel, dessen Reflexionsgrad $0 < R < 1$ ist. Es ist zu beachten, daß der Reflexionskoeffizient für 45° Einfallsrichtung spezifiziert ist. Die Rückseite ist meist breitbandig entspiegelt; die Absorption liegt bei 0,5 %.

Pellicle-Strahlteiler (pellicle = engl. Membran) sind dünne, gespannte Nitrozellulose-Folien, die mit dielektrischen Schichten bedampft sein können. Ihr Vorteil liegt darin, daß nur ein vernachlässigbarer geometrisch-optischer Strahlversatz im durchtretenden Strahl auftritt. Allerdings sind derartige Strahlteiler mechanisch empfindlich.

Als Teiler ohne Strahlversatz können auch dielektrische oder metallische Schichten benutzt werden, die sich diagonal in einem zusammengesetzten Glaswürfel befinden. Je nach Ausführung können die einzelnen Polarisationskomponenten mit gleicher oder unterschiedlicher Intensität reflektiert werden.

Metallspiegel

Die Beschreibung der Reflexion an Metallflächen ist kompliziert. Bei linearer Polarisation von schräg einfallendem Licht kann das reflektierte Licht elliptisch polarisiert sein. Der nicht reflektierte Anteil wird im Spiegel absorbiert. Hohe Reflexionsgrade von 99% sind im Infraroten zu verzeichnen, während im Sichbaren 91% für Al und 98% für Au erreicht werden. Metallspiegel sind oft auf Glasträger aufgedampft und teilweise mit Schutzschichten (z.B. MgF_2 und SiO_2) versehen.

Dielektrische Vielschichtenspiegel

Durch Aufbringen dünner Schichten auf optische Oberflächen lassen sich deren Reflexionseigenschaften stark verändern. Interferenzen an diesen dielektrischen Schichten führen zu Ent- oder Verspiegelung in einem engen Wellenlängenbereich.

Entspiegelung

Nach Bild 7.13 werden an einer Grenzfläche Glas-Luft bei senkrechtem Einfall von Licht etwa 4% reflektiert. Durch Bedampfen der Glasoberfläche mit einer dielektrischen Schicht der optischen Dicke $nd = \lambda/4$ läßt sich die Reflexion für eine spezielle Wellenlänge λ reduzieren oder gänzlich verhindern. Dazu muß der Brechungsindex der Schicht n zwischen dem der Luft und dem des Glases liegen. Die Verringerung der Reflexion geschieht durch Interferenz der beiden an der Vorder- und Rückseite der $\lambda/4$-Schicht reflektierten Wellen. Häufig werden Linsen routinemäßig mit $\lambda/4$-Schichten aus MgF_2 beschichtet.

Laserspiegel

Verlustarme Spiegel mit hohem Reflexionsgrad können durch mehrfache λ/4-Beschichtung hergestellt werden. Bereits eine dielektrische Schicht auf einem Substrat vermag die Reflexion beträchtlich zu erhöhen. Im Gegensatz zu den Bedingungen für eine Reflexionsminderung muß die Schicht einen Brechungsindex n aufweisen, der grösser als der des Glases ist. Dadurch wird der Phasensprung an der Grenzfläche Schicht-Glas vermieden, während er an der Fläche Luft-Glas mit dem Wert π auftritt. Der gesamte Gangunterschied der beiden reflektierten Wellen beträgt λ, so daß sie sich konstruktiv überlagern. Eine hochbrechende Schicht aus ZnS (n = 2,3) beispielsweise steigert den Reflexionsgrad von Glas (n_2 = 1,5) von 4% auf 31%. Höhere Reflexionsgrade von über 99% werden mit Vielschichtenspiegeln erzielt, die nahezu verlustfrei sein können; sie setzen sich aus abwechselnd hoch- und niedrigbrechenden transparenten λ/4-Schichten zusammen.

7.7 Isolierung von Schwingungen

Während der holographischen Aufnahme muß der optische Aufbau mechanisch so stabil sein, daß die Bewegung der Interferenzstreifen sehr klein gegenüber der Lichtwellenlänge ist. Schon Schwingungsamplituden von λ/20 ≈ 30 nm verringern bereits merklich den Kontrast der Interferenzstreifen und die Helligkeit der Hologramme. Beim Einsatz von Pulslasern im Q-switch, z. B. dem Rubinlaser, stellt dies kein Problem dar, weil die Belichtungszeit durch die Pulslänge von einigen ns (= 10^{-9}s) gegeben ist. Beim Einsatz kontinuierlicher Gaslaser verlängert sich die Belichtungszeit auf mehrere 0,1 s bis Minuten. In diesem Fall können mechanische Gebäudeschwingungen zu einem Verwischen der Interferenzstreifen in der Hologrammebene führen. Daher ist die Verwendung schwingungsisolierter Tische beim Arbeiten mit kontinuierlichen Lasern notwendig. Die Isolierung der Schwingungen muß so dimensioniert werden, daß Auslenkungen im holographischen Aufbau maximal im nm-Bereich liegen. Ursachen für Vibrationen können laufende Maschinen, Klimaanlagen, Straßenverkehr oder sich bewegende Personen sein.

Ein schwingungsisolierter Tisch besteht gewöhnlich aus zwei Teilen, die beide wichtige Funktionen bei der Isolation ausüben:

Isolatoren: Die Tischplatte wird auf Schwingungsisolatoren gelegt, die unterschiedlich aufgebaut sein können. Sie verringern die Übertragung von Schwingungen auf den optischen Aufbau.

Tischplatte: Der Aufbau der Platte kann so gestaltet werden, daß eine weitere Absorption der Schwingungen gefördert wird. Insbesondere gilt dies für Metallplatten mit wabenförmigen Strukturen. Einfachere Tischplatten bestehen aus Natur- oder Kunststein. Die Isolatoren müssen der Masse der Platte angepaßt sein.

Isolatoren

Bei einem holographischen Tisch wird die Arbeitsplatte schwingfähig auf Isolatoren gestellt. Als solche dienen Stahlfeder- oder pneumatische Elemtente. Letztere arbeiten mit Preßluft, oder es handelt sich um geschlossene Rollbalg-Isolatoren. Für einfachere Aufbauten sind auch Motorrad- oder Autoschläuche verwendbar. Das System von Isolatoren und Arbeitsplatte kann modellmäßig durch eine Schraubenfeder repräsentiert werden, an der eine Masse und eine Art Stoßdämpfer angebracht sind. Derartig schwingfähige Systeme lassen sich mit den Gleichungen für erzwungene Schwingungen beschreiben [7.4]:

$$T = x/x_0 = 1/\sqrt{(1 - (f/f_0)^2)^2 + (d\,f/f_0)^2} \; .$$

mit

$$d = \beta/(\pi f_0).$$

(7.23)

Dabei definiert T den Transmissionsgrad, der das Verhältnis der Amplitude der Schwingung der Tischplatte x zu der Amplitude der anregenden Schwingung x_0 angibt. Das System wird mit Schwingungen der Frequenz f angeregt und besitzt eine Eigenfrequenz bei f_0 (im ungedämpften Fall). Die Größe β, die das Nachschwingen des Systems nach Abschalten der Anregung beschreibt, nennt man 'Abklingkonstante'. Statt β wird in der Schwingungslehre oft die dimensionslose Konstante $d = \beta/\pi f_0$ verwendet, der sogenannte 'Kennverlustfaktor'.

Bild 7.18 zeigt die Transmission eines schwingfähigen Systems nach Gleichung 7.23. Ein holographischer Tisch sollte etwa d = 0,5 bis 2 aufweisen. Für eine geringere Dämpfung steigt die Amplitude in der Resonanz. Der Wert d = 2 ($\beta = 2\pi f_0$) kennzeichnet den Fall der aperiodischen Dämpfung, der eine schnelle Rückkehr der Tischplatte in

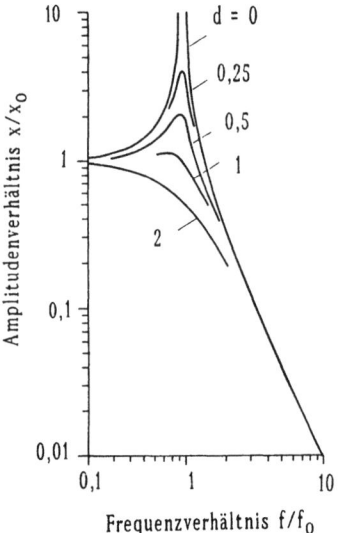

Bild 7.18. Isolierung von Schwingungen. Transmission eines schwingfähigen Systems nach Gleichung 7.23 für verschiedene Kennverlustfaktoren d. Die Kurve mit d = 0,5 gibt ungefähr das Verhalten eines holographischen Tisches wieder

die Ruhelage nach einer äußeren Störung gewährleistet. In Bild 7.18 ist erkennbar, daß die Resonanzfrequenz ungefähr der Eigenfrequenz f_o entspricht. Oberhalb der Resonanzfrequenz $f \gg f_o$ fällt die Transmission mit $1/f^2$ ab, d. h. bei Verdopplung der Frequenz der Erregerschwingung sinkt die Amplitude um den Faktor 4.

Ein holografischer Tisch sollte eine Eigenfrequenz f_o = 1 bis 2 Hz besitzen und aperiodisch gedämpft sein. Zu diesem Zweck müssen die Schwingungsisolatoren der Masse der Tischplatte angepaßt werden. Ein Schwingungsisolator oder eine Feder wird durch die sogenannte 'Federkonstante D' gekennzeichnet, die durch den Zusammenhang Kraft = Auslenkung x D definiert ist. Die Resonanzfrequenz eines Isolators ist durch die Federkonstante D und die Masse m gegeben, mit der er belastet wird:

$$f_o = (1/2\pi) \sqrt{D/m}. \qquad (7.24)$$

Bei Stahlfederisolatoren bleibt D konstant, damit verringert sich die Eigenfrequenz mit zunehmender Belastung. Als günstiger erweisen sich die häufig benutzten pneumatischen Isolatoren. Sie bestehen aus einem Kolben, der sich in einem Zylinder unter hohem Druck bewegen kann. Die Federkonstante bestimmt sich in diesem Fall nach:

$$D = \varkappa\, m\, g\, \sqrt{A/V}\,. \tag{7.25}$$

In der Gleichung bedeutet $\varkappa \approx 2$ den Adiabatenkoeffizienten, $g = 9{,}81\ m/s^2$ die Erdbeschleunigung, V das Gasvolumen des Zylinders und A die Kolbenfläche. Deutlich ist, daß sich die Federkonstante proportional zur Masse m verhält. Setzt man Gleichung 7.25 in 7.24 ein, erhält man eine von der Masse unabhängige Eigenfrequenz. Vorraussetzung dafür ist, daß das Gasvolumen V konstant gehalten wird. Dies läßt sich durch eine automatische oder manuelle Druckregulierung bewirken. Für die Holographie eignen sich besonders gut Isolatoren, die an ein Preßluftsystem angeschlossen werden und über eine Niveauregulierung das Volumen automatisch konstant halten. Bei der Verwendung von Motorrad- oder Autoschläuchen, kann über den Druck das Volumen und damit f_o eingestellt werden. Eine weitere Alternative stellen Rollbalgisolatoren dar, die mit einer Luftpumpe oder mit Preßluft je nach Belastung aufgeblasen werden.

Die Dämpfung der Schwingungen erfolgt durch ein zusätzliches Gasvolumen, das durch eine definierte Öffnung mit dem Hauptvolumen verbunden ist. Bei der Verwendung von Schläuchen erfolgt die Dämpfung durch den Gummimantel.

Tischplatten

Schwingungen, die über die Isolatoren laufen, sollten in der Tischplatte möglichst stark gedämpft werden. Am einfachsten läßt sich dies durch eine möglichst große Masse der Platten realisieren. Dem sind jedoch praktische Grenzen gesetzt. Eine andere Lösung bietet die Verwendung von Stahlwabenstrukturen, die sich zwischen einem 5 mm dicken Boden- und Deckblech befinden.

Zur Kennzeichnung der Qualität der Platten, d. h. als Maß für die Steifheit und die interne Dämpfung, wird der Begriff 'Compilance' oder 'Nachgiebigkeit' eingeführt. Sie beschreibt den Kehrwert der Federkonstante der Platte, die durch die Schwingungsamplitude an einer Stelle des Tisches dividiert durch die anregende Kraft definiert ist (Compilance C = Auslenkung x / Kraft F). Da die Schwingungsamplitude an einer Ecke des Tisches gemessen wird, spricht man von

'Corner Compilance'. Für ein einfaches System mit nur einer Resonanzfrequenz kann die Compilance C durch Umformung von Gleichung 7.23 mathematisch beschrieben werden. Da jedoch in der Praxis zahlreiche Schwingungsformen mit verschiedenen Resonanzfrequenzen auftreten, ist diese Umformung wenig von Nutzen.

In Bild 7.19 ist die Compilance einer Tischplatte mit Wabenstruktur in Abhängigkeit von der Erregerfrequenz aufgezeichnet. Der starke Abfall bis etwa 100 Hz verläuft proportional zu $1/f^2$ und hängt mit der Massenträgheit zusammen. Die innere Dämpfung des System wird durch den Abfall der Kurven zu hohen Frequenzen (über 100 Hz) hin und der Abrundung der vorhandenen Resonanzen verdeutlicht. Die Resonanzen sollten möglichst weit über 100 Hz liegen, da sonst hohe Amplituden auftreten. Im angegebenen Beispiel erfolgt die erste Resonanz bei 150 Hz, die maximale Compilance beträgt $4 \cdot 10^{-5}$ mm/N.

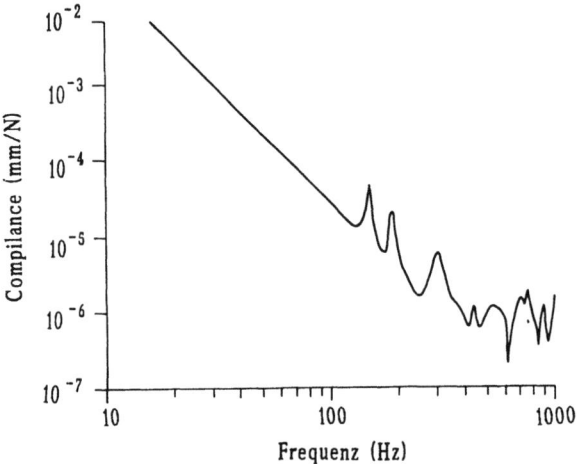

Bild 7.19. Corner-Compilance einer holographischen Tischplatte mit Wabenstruktur (2,4 x 1,2 x 0,2 m). Man erkennt deutlich die Eigenschwingungen, die möglichst gedämpft sein sollen (Physikinstrumente, Datenblatt 1990)

Schwingungsisolierter Tisch

Das Verhalten eines holographischen Tisches wird durch durch die Isolatoren und die Tischplatte bestimmt. Die Masse der Platte, die Isolatoren und, im Fall pneumatischer Federung, der Druck müssen so aufeinander abgestimmt sein, daß die Resonanz zwischen 1 und 2 Hz liegt. Außerdem sollte bei einer Auslenkung das System nahezu aperiodisch zur Ruhe kommen. In Bild 7.20 ist die Transmission eines holographischen Tisches mit Wabenstruktur dargestellt. Dabei wird zwischen vertikalen und horizontalen Schwingungen unterschieden. In vertikaler Richtung ist die Transmission etwas geringer, da sich auch die Kolben in dieser Richtung bewegen; die Resonanzfrequenz liegt in diesem Fall niedriger (a in Bild 7.20). Die Dämpfung in horizontaler Richtung ist geringer, was zu einem flacherem Abfall der Compilance führt (b in Bild 7.20). Bei höheren Frequenzen erkennt man die Eigenschwingungen der Tischplatte mit starker Dämpfung.

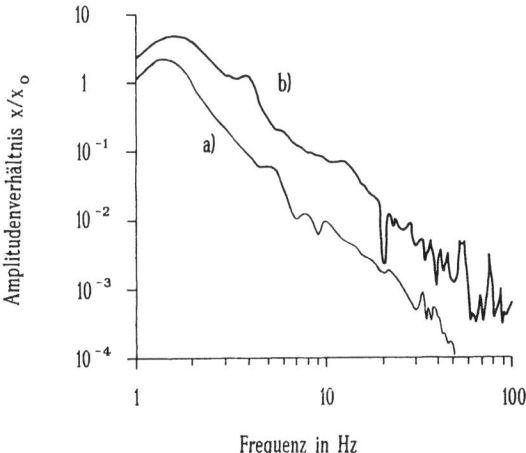

Bild 7.20. Transmission eines holographischen Tisches mit Schwingungsisolatoren
  a) Schwingungen in vertikaler Richtung
  b) Schwingungen in horizontaler Richtung

7.8 Halbleiterlaser und Fasern

In den nächsten Jahren sind erhebliche Vereinfachungen in der Technik der Holographie zu erwarten. Der Einsatz von optischen Fasern erleichtert die Strahlführung, die Entwicklung von Halbleiterlasern hoher Kohärenzlänge reduziert den technischen Aufwand und Preis der Strahlquellen, hauptsächlich für die holographische Meßtechnik.

Monomode-Fasern

Optische Fasern aus Quarzglas werden für verschiedene Anwendungen zum Transport von Laserstrahlung eingesetzt. Für die Holographie eignen sich die sogenannten 'Monomode-Fasern' mit einem Kerndurchmesser im µm-Bereich, die hauptsächlich für die Informatik und Meßtechnik entwickelt wurden. Es kommen normale und polarisationserhaltende Fasern zu Einsatz. Zur Einkopplung wird die Strahlung aus dem Laser durch ein Objektiv auf die Endfläche der Faser fokussiert. Für diese Aufgabe stehen komplette feinmechanisch-optische Systeme zur Verfügung, ebenso wie Fasern verschiedener Länge mit Steckvorrichtungen.

Bild 7.21 stellt einen holographischen Aufbau dar, bei dem die Referenz- und Beleuchtungswelle durch Monomode-Fasern geführt werden. Der Vorteil liegt darin, daß der Aufbau flexibel und schnell verändert werden kann. Die Welle wird durch einen Strahlteiler aufgespalten und danach durch zwei Justiersysteme in die Fasern eingekoppelt. Die Längen der Fasern werden so gewählt, daß die optischen Wege bis zum Hologramm etwa gleich sind. Die Kohärenz bleibt in einer Monomode-Fasern erhalten, aus der Endläche tritt ein divergenter Strahlkegel mit gaußähnlichem Profil aus. Der Öffnungswinkel hängt von der numerischen Apertur der Faser ab, er beträgt etwa 10^0. Zur besseren Ausleuchtung des Objekts kann eine dritte Faser mit einem zusätzlichen Strahlteiler eingesetzt werden. Die Anforderungen an die Stabiltät sind ähnlich wie bei üblichen Aufbauten,

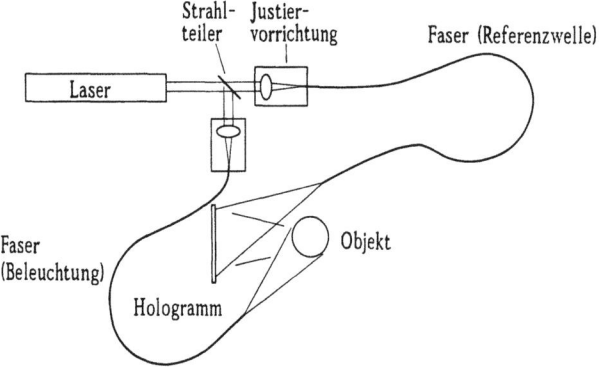

Bild 7.21. Holographischer Aufbau mit einer Strahlführung durch optische Fasern

der Vorteil liegt in der leichten Handhabung. Es ist darauf zu achten, daß die Endflächen der Fasern sauber bleiben und nicht berührt werden. Bisher ist der Einsatz auf Leistungen bis zu etwa 1 W begrenzt, durch Pulslaser wird die Faseroberfläche beim Einkoppeln beschädigt.

Halbleiterlaser

Bei geringer Anregung können Halbleiterlaser auch im longitudinalen Monomode-Betrieb schwingen. Dies führt zu einer großen Kohärenzlänge und zum Einsatz in der Holographie. Bisher wurden insbesondere GaAs-Laser mit einigen mW im nahen infraroten Spektralbereich verwendet. Die Strahlung ist nicht sichtbar und die Hologramme wurden mit holographischen Sofortbildkameras aufgenommen und mit CCD-Kameras sichtbar gemacht. Die Anwendungen liegen in der holographischen Meßtechnik und Interferometrie.

8 Grundlagenversuche im holographischen Praktikum

Dieses Kapitel erläutert eine Auswahl einführender Versuche, die in einem holographischen Praktikum durchgeführt werden können. Folgende Themen werden behandelt: Experimente zur geometrischen und Wellenoptik, mechanische Stabiltätsprobleme, Arbeiten mit Filmmaterial sowie einfache Holographie-Versuche.

8.1 Polarisation und Brewster-Winkel

Versuch 1: Analysator und Polarisator

Auf einer optischen Bank wird ein unpolarisierter Lichtstrahl (Glühlampe oder Laser) erzeugt (Bild 8.1a) und durch einen Polarisator, d.h. eine Polarisationsfolie oder ein -prisma, linear polarisiert. Der Nachweis der Polarisation erfolgt durch Drehen eines Analysators, der im Aufbau dem Polarisator gleich ist. Die Intensität des Lichtes kann zwischen Hell und Dunkel variert werden. Der Analysator läßt nur den Teil der Lichtamplitude (elektrische Feldstärke) hindurch, der parallel zu seiner Vorzugsrichtung verläuft. Da die Intensität I proportional zum Quadrat der Feldstärke E ist, erhält man bei Drehung

$$I = I_0 \cos^2 \alpha, \tag{8.1}$$

wobei I_0 die maximale Intensität und α den Drehwinkel aus der parallelen Stellung von Polarisator und Analysator angeben. Wird bei dem Versuch ein Laser mit polarisierter Strahlung benutzt, kann auf den Polarisator verzichtet werden.

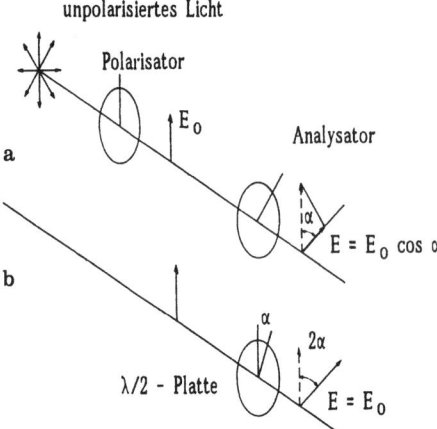

Bild 8.1. Versuche zur linearen Polarisation
a) Wirkung von Analysator und Polarisator (bei einem polarisierten Strahl entfällt der Polarisator)
b) Drehung der Polarisationsrichtung mittels einer λ/2-Platte; der Drehwinkel kann mit einem Analysator gemessen werden

Versuch 2: Drehung der Polarisationsebene

Durch Einfügen einer λ/2-Platte in einen polarisierten Laserstrahl läßt sich die Polarisationsebene verändern. Bei Drehung des Bauelementes um den Winkel α ändert sich die Richtung der Polarisation um 2α, was mit Hilfe des Analysators nachweisbar ist (Bilder 8.1b und 7.17). Bei weißem Licht wird jede Farbe um einen anderen Winkel gedreht, so daß hinter dem Analysator Licht unterschiedlicher Farbe entsteht. Einige Laser weisen eine Polarisation parallel zur Ebene des holographischen Tisches auf. Mit Hilfe einer λ/2-Platte (unter 45°) läßt sich die Polarisation in die Senkrechte einstellen; damit liegt sie für zwei geteilte Strahlen parallel zueinander, so daß zwischen den Interferenzstreifen maximaler Kontrast auftritt (Abschnitt 2.6)

Versuch 3: Brewster-Winkel

Von einer Glasplatte reflektiertes Licht ist teilweise polarisiert, da nach Bild 7.15 der Reflexionskoeffizient von der Polarisation des einfallenden Lichtes abhängt. Unter dem Brewster-Winkel Θ_p ist das reflektierte Licht vollständig polarisiert. Dieser Winkel berechnet sich nach der Gleichung

$$\tan \Theta_p = n. \qquad (8.2)$$

Für normales Glas beträgt der Brechungsindex ungefähr n = 1,5; folglich erhält man für den Brewster-Winkel $\Theta_p = 56°$. In dem Versuch 3 wird eine Glasplatte derart aufgestellt, daß die Polarisationsebene senkrecht zur Platte steht (Bild 8.2a). Danach dreht man die Glasscheibe ensprechend der Vorlage in Bild 8.2a und beobachtet die Intensität des reflektierten Lichtes, die durch den Reflexionsgrad der Komponente p in Bild 7.13 bestimmt wird. Unter dem Brewster-Winkel verschwindet der reflektierte Strahl.

Wird die Polarisation so eingestellt, daß sie parallel zur Plattenebene liegt, oder benutzt man unpolarisiertes Licht, so ist der reflektierte Strahl bei Einstellung des Brewster-Winkels vollständig polarisiert (Bild 8.2b). Dies läßt sich mit einem Polarisationsfilter nachweisen.

In der Holographie wirkt es sich günstig aus, die Hologrammfolien und Glasträger unter dem Brewster-Winkel aufzustellen, weil Refle-

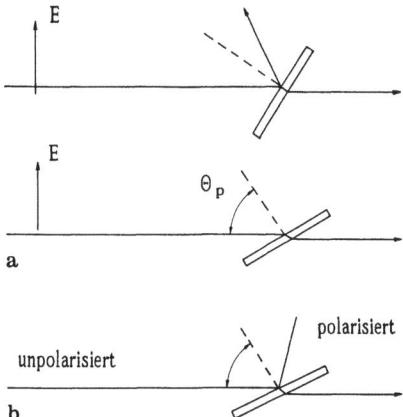

Bild 8.2. Versuche zum Brewster-Winkel Θ_p
    a) Unter dem Brewster-Winkel tritt für die gezeigte Polarisation (in Richtung der Einfallsebene) keine Reflexion auf (siehe auch Bild 7.13)
    b) Unter dem Brewster-Winkel ist das reflektierte Licht vollständig polarisiert (senkrecht zur Einfallsebene)

xe und dadurch verursachte Interferenzen (siehe Versuch 8) vermieden werden.

Versuch 4: Variabler Strahlteiler

Mit Hilfe eines Polarisationsprismas und einer $\lambda/2$-Platte kann ein variabler Strahlteiler nach Bild 7.15 aufgebaut werden. Das Teilungsverhältnis wird durch Drehen der $\lambda/2$-Platte beliebig eingestellt. Bei vollständiger Entspiegelung aller Oberflächen arbeitet der Strahlteiler verlustfrei. Durch eine weitere, nicht in Bild 7.15 gezeigte $\lambda/2$-Platte kann die Polarisation der geteilten Strahlen in gleiche Richtung gebracht werden.

8.2 Versuche mit Linsen

Versuch 5: Messung der Brennweite

Für das Experimentieren mit Linsen wird eine lange (2 m) optische Bank aufgebaut. Als Objekt dient ein beleuchtetes Blech mit einem Buchstaben aus Bohrlöchern. Mittels einer Linse wird der Gegenstand auf einen Schirm abgebildet (Bild 7.10). Das Messen von Gegenstands- und Bildweite (g und b) ermöglicht mit Hilfe von Gleichung 7.19 die Berechnung der Brennweite:

$$1/f = 1/b + 1/g. \tag{7.19}$$

Das Verfahren funktioniert nicht bei der Verwendung von Mikroskop-Objektiven mit Brennweiten im mm-Bereich, da die Abstände zu klein werden. In diesem Fall wird als Gegenstand ein beleuchteter Objektmikrometer benutzt. Dieser wird auf den Schirm projiziert, der sich im Abstand b von einigen 10 cm zum Objektiv befindet. Durch Bestimmmung der Bildgröße B kann bei bekannter Gegenstandsgröße G die Brennweite berechnet werden. Da sich der Gegenstand praktisch in der Brennebene des Objektives befindet ($g \approx f$), erhält man aus Gleichung 7.20 für die Brennweite:

$$f = b\, G/B. \tag{8.3}$$

Die Brennweite eines Objektivs läßt sich auch mit Hilfe eines Laserstrahls messen. Dabei schickt man den Strahl durch das Objektiv und beobachtet in einer bestimmten Entfernung den aufgeweiteten Strahlenkegel. In Gleichung 8.3 bedeutet G den Durchmesser des Laserstrahls und B den des Strahlenkegels in der Entfernung b. Das Ergebnis dieser Methode ist nicht besonders präzise, weil der Durchmesser des Strahlenkegels ohne photometrische Messung nur abgeschätzt werden kann.

Versuch 6: Justieren mit Linsen

Beim Justieren von Linsen müssen diese bisweilen gedreht oder parallel versetzt werden. Zum Verständnis der auftretenden Wirkungen dienen folgende Versuche, die mit einem Laserstrahl oder einem beleuchteten Objekt durchgeführt werden. Bei Verdrehung der Linse ändert sich nichts an der Bildlage (Bild 8.3), jedoch werden die Linsenfehler größer. Bei paralleler Versetzung der Linse wird das Bild ebenfalls seitlich versetzt. Dies gilt auch für den Fokus eines Laserstrahls. Die Kenntnis dieser Effekte erleichtert das Justieren der Raumfilter.

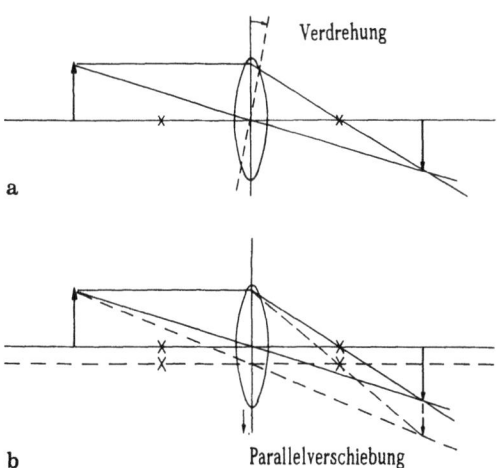

Bild 8.3. Wirkung der Bewegung von Linsen auf das Bild
    a) Bei Verdrehung der Linse ändert sich die Bildlage nicht
    b) Bei paralleler Verschiebung bewegt sich das Bild in gleicher Richtung

Versuch 7: Justieren eines Raumfilters

Ein typisches Raumfilter arbeitet mit einem Objektiv 40x mit einer Brennweite von f = 4 mm (= genormte Tubuslänge 160 mm/Vergrösserung 40). Aus Gleichung 7.21 ergibt sich für einen He-Ne-Laser mit einem Radius w = 0,4 mm im Fokus ein Durchmesser von

$$d = 2\,\frac{f\lambda}{\pi w} \approx 4\ \mu m.$$

Der Durchmesser der ersten Fresnelzone d beträgt nach Gleichung 7.22:

$$d = 2\sqrt{f\lambda} \approx 100\ \mu m.$$

Folglich ist eine Blende mit etwa 40 μm Durchmesser für den Einsatz im Raumfilter geeignet.

Beim Justieren des Raumfilters empfiehlt sich folgendes Vorgehen: Zunächst wird versucht, etwas Licht durch die Blende zu transmittieren. Sobald dies gelungen ist, wird die Blende quer zum Strahl so justiert, daß maximale Helligkeit eintritt. In der Regel werden kreisförmige Interferenzen sichtbar, die darauf hindeuten, daß der Strahldurchmesser zu groß ist. Man verschiebt nun die Blende parallel zum Strahl in der Richtung, in der die Helligkeit zunimmt, wobei jeweils quer zum Strahl nachjustiert wird. bis die optimale Lage der Blende erreicht ist. Verläuft der aufgeweitete Strahlenkegel nicht symmetrisch zur optischen Achse, muß der Raumfilter parallel versetzt werden; ein Verdrehen bringt keine Verbesserung.

Ist eine divergente Welle für holographische Zwecke ausreichend, so kann der Strahl aus dem Raumfilter direkt weiter verwendet werden. Benötigt man paralleles Licht, wird nach Bild 7.12 eine Sammellinse mit großem Durchmesser eingesetzt. Man beachte, daß für Pulslaser besondere Raumfilter erforderlich sind. Der Fokusdurchmesser darf nicht zu klein werden, damit es nicht zu einem funkenartigen Durchbruch kommt.

8.3 Beugungs- und Interferenzversuche

Versuch 8: Beugung an Kante und Spalt

Kante: Fällt Licht auf die Kante eines Schirms, entsteht kein scharfer Schatten. Durch Beugung bilden sich an der Schattengrenze Interferenzstreifen aus. Bild 8.4 veranschaulicht den Aufbau zur Beobachtung dieser Erscheinung, bei dem die Beugungsfigur durch eine Linse mit etwa f = 20 mm vergrößert wird [8.1]. Als Lichtquelle kann ein leicht aufgeweiteter Laserstrahl eingesetzt werden.

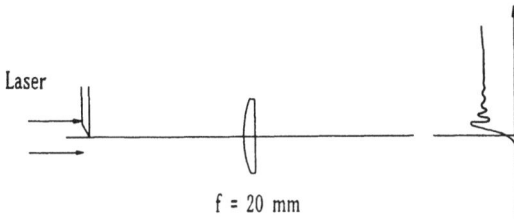

Bild 8.4. Beugung von Licht an einer Kante. Die Linse vergrößert das Beugungsbild

Spalt: Bei der Beleuchtung eines Spaltes mit kohärentem Licht tritt Beugung auf, und mehrere Intensitätsmaxima und -minima entstehen (Bild 8.5). Für ein Experiment zur Übung eignet sich ein Spalt von 0,2 bis 0,4 mm Breite. Zur Vergrößerung der Beugungswinkel dient ein aus zwei Linsen aufgebautes Fernrohr. Beispielsweise ergibt sich für Linsen nach Bild 8.5 mit f = 160 und 20 mm eine Winkelvergrößerung von 8. Wird der Spalt durch einen Draht gleicher Abmessung

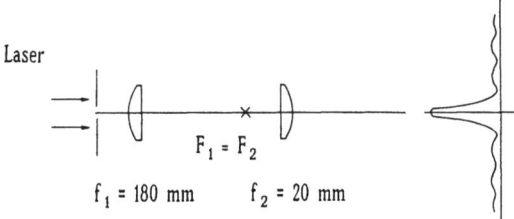

Bild 8.5. Beugung von Licht an einem Spalt. Beide Linsen bilden ein Fernrohr mit der Winkelvergrößerung $v = f_1/f_2$

ersetzt, erhält man eine identische Beugungsfigur. Der Versuch kann auch mit Kreisblenden von einigen 0,1 mm Durchmesser ausgeführt werden.

Versuch 9a: Interferenzen an einer Glasplatte

Mittels einer Linse wird ein divergenter Laserstrahl erzeugt; ein Teil des Lichtes wird durch Einbringen einer Glasplatte hinausgespiegelt (Bild 8.6). Das auf einen Schirm fallende Licht zeigt deutliche Interferenzstreifen, die schwächer auch im durchgehenden Licht zu beobachten sind. Die Entstehung der Streifen erklärt sich daraus, daß an der Vorder- und Rückseite der Scheibe jeweils etwa 4% der Strahlung reflektiert werden. Beide Wellen überlagern sich, und, je nach Phasendifferenz, entsteht ein Maximum oder Minimum der Intensität. Die unregelmäßige Struktur der Streifen spiegelt die Schwankungen der Dicke der Glasplatte wieder. Unter dem Brewster-Winkel verschwindet der hinausgespiegelte Strahl und damit auch die Interferenzen.

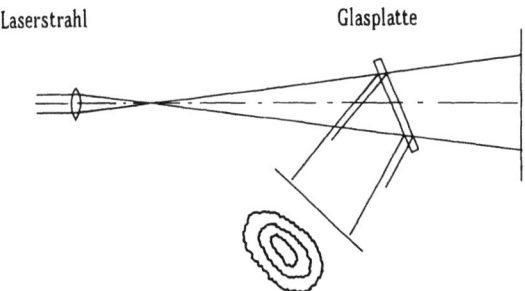

Bild 8.6. Interferenzen an einer Glasplatte. In Reflexion ist der Kontrast stärker als in Transmission

Versuch 9b: Newtonsche Ringe und 'Index-matching'

Ähnliche Interferenzen können mit einer Linse mit kleinem Krümmungsradius erzielt werden, die auf einer Glasplatte liegt (Bild 8.7). Durch Überlagerung der an Kugelfläche der Linse und der ebenen Scheibe reflektierten Wellen formieren sich ringförmige Interferenzstreifen, die ein Höhenprofil der Linsenfläche darstellen. Man nennt diese Strukturen 'Newtonsche Ringe'; in dem beschriebenen Versuch

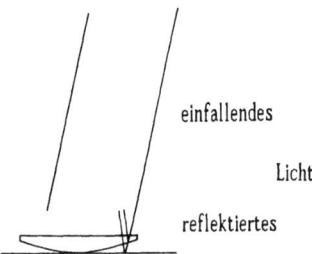

Bild 8.7. Erzeugung Newtonscher Ringe, welche die Dicke der Luftschicht angeben

sind sie deutlich zu beobachten. Die gleiche Erscheinung ist an der Luftschicht zwischen einer Hologrammfolie und einer Glasplatte beobachtbar. Newtonsche Ringe lassen sich durch Ausfüllen des Luftraumes mit einer Flüssigkeit vermeiden, die etwa die Brechzahl von Glas besitzt, z. B. Terpentin. In der Holographie nennt man dieses Verfahren zur Verhinderung unerwünschter Interferenzen 'Indexmatching' (Abschnitt 14.2).

Versuch 10: Beugung am Gitter

Mehrere nebeneinander angeordnete Spalte bilden ein Beugungsgitter. Wird ein Gitter in einen Laserstrahl gestellt, enstehen rechts und links des Strahls mehrere scharfe Maxima. Der Ablenkwinkel β der Beugungsordnungen ist durch den Gitterabstand d_g oder die Raumfrequenz $\sigma = 1/d_g$ nach Gleichung 2.24 bestimmt. Für senkrechten Einfall ($\sin \alpha = 0$) gilt:

$$\sin \beta = N\lambda/d_g.$$

Aus einem Gitterabstand von $d_g = 2\ \mu m$ resultiert für die Strahlung des He-Ne-Lasers ($\lambda = 0{,}633\ \mu m$) ein Winkel in den ersten Beugungsordnungen ($N = \pm 1$) von etwa $\beta = 18°$. Bei einem sinusförmigen Gitter existieren keine weitere Beugungsordnungen; bei nichtsinusförmigen Gittern erklärt sich das Auftreten von Ordnungen mit $|N| > 1$ dadurch, daß größere Beugungswinkel höheren Raumfrequenzen im Gitter entsprechen, die das doppelte, dreifache, vierfache usw. der Grundfrequenz ausmachen. (Mathematisch formuliert heißt dies: ein nicht-sinusförmiges Gitter wird durch eine Fourier-Zerlegung in eine Summe von Sinusgittern aufgespalten.) Mittels eines Gitters kann aus dem Beugungswinkel die Wellenlänge des Lasers vermessen werden. Für präzise Messungen eigenen sich Gitter-Spektralapparate.

Interessant ist die Untersuchung verschiedener Lichtquellen, z. B. Gasentladungs- oder Glühfadenlampen. Zur Beobachtung der Spektren beleuchtet man einen Spalt von einigen mm Breite. Der Spalt wird aus einer Entfernung von etwa 1 m oder mehr beobachtet, indem man das Gitter direkt vor das Auge hält (Bild 8.8). Verlaufen die Gitterstriche parallel zum Spalt, werden rechts und links Spektrallinien oder ein kontinuierliches Spektrum sichtbar. Wird in der Ebene der Lampe ein Maßstab quer zur Beobachtungsachse angeordnet, lassen sich die Beugungswinkel und Wellenlängen messen.

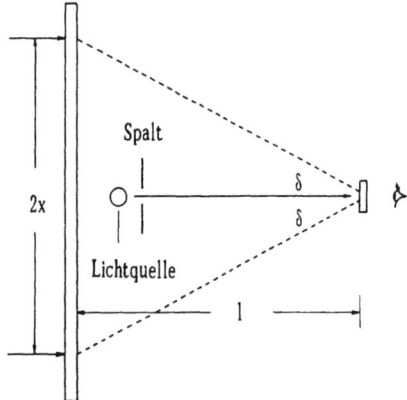

Bild 8.8. Einfacher Aufbau zur Beugung am Gitter. Das Beugungsspektrum liegt ungefähr in der Ebene des Maßstabes

Falls das Entladungsrohr eines He-Ne-Lasers zugänglich ist, lohnt es sich, dieses quer zur Entladung durch ein Gitter zu betrachten. Man erkennt zahlreiche Spektrallinien und Banden, die hauptsächlich vom Neon stammen. Es handelt sich um spontane Emission von Licht, die Verluste im Laservorgang darstellt. In achsialer Richtung ist die Strahlung monochromatisch.

Versuch 11: Divergenz der Laserstrahlung

Laserstrahlung breitet sich nach Gleichung 7.17 divergent aus. Bei handelsüblichen Lasern für die Holographie liegt der Divergenzwinkel im Bereich von mrad (= 10^{-3}), ein genauerer Wert für einen He-Ne-Laser mit einem Radius von w_0 = 0,4 mm errechnet sich zu

$$\Theta = \lambda/(\pi w_0) = 0{,}5 \cdot 10^{-3}.$$

Damit weitet sich der Strahl nach jedem Meter um 1 mm auf. Die Aufweitung kann sichtbar gemacht werden, indem man den Laserstrahl über mehrere 10 m laufen läßt. Falls der Raum nicht so groß ist, kann der Strahl durch Spiegel hin und zurück reflektiert werden. Die Messung der Divergenz wird aus dem Abstand l zum Laser und dem Strahlradius w an dieser Stelle vorgenommen (Θ = w/l). Sie fällt nicht sehr genau aus, da sich der Wert des Radius' auf die Stelle bei $1/e^2$ (= 13,5%) bezieht, die visuell schwer auszumachen ist.

Die Divergenz beeinflußt die Strahlaufweitung durch ein Objektiv oder eine Linse. Die Öffnung des aufgeweiteten Kegels wächst nach den Gesetzen der geometrischen Optik mit dem Strahldurchmesser an der Linse. Setzt man die Linse direkt an den Ausgang eines He-Ne-Lasers, mißt der Strahldurchmesser etwa 0,8 mm, und man erhält einen schmalen aufgeweiteten Kegel. Wird die Linse um 4 m entfernt, beträgt der Durchmesser 4,8 mm. Entsprechend groß ist der Kegel. Große Entfernungen zwischen Laser und Linse wirken sich daher bei der Aufweitung günstig aus, zumal der Strahl auch durch lange Wege "gereinigt" wird, ähnlich wie beim Raumfilter.

Versuch 12: Optisches Filtern

Bild 8.9 führt einen einfachen Versuch zur Demonstration der optischen Filterung (oder auch zur Bildentstehung in Mikroskopen) vor [8.1]. Als Objekt dient ein Gitter mit einem Spaltabstand von 0,1 mm oder etwas weniger, das mit einem parallelen Laserstrahl beleuchtet wird. Unter relativ kleinen Winkelabständen von $6 \cdot 10^{-3}$ treten mehrere Beugungsordnungen auf, die durch eine Linse mit etwa f = 10 cm fallen. In der Brennebene wird die Strahlung der Beugungsordnungen fokussiert; für jede Ordnung ensteht ein Fokus circa 0,6 mm seitlich der nullten Ordnung. In der Sprache der Mathematik formuliert, liegt in der Brennebene die 'Fourier-Transformierte' des Objekts vor, d. h. das Raumfrequenz-Spektrum. Die nullte Ordnung beschreibt den originalen Lasertrahl, die erste ein reines Sinusgitter mit fester Raumfrequenz. Höhere Ordnungen kennzeichnen die Abweichungen vom Sinusgitter, sie liegen bei der doppelten, dreifachen, vierfachen usw. Raumfrequenz.

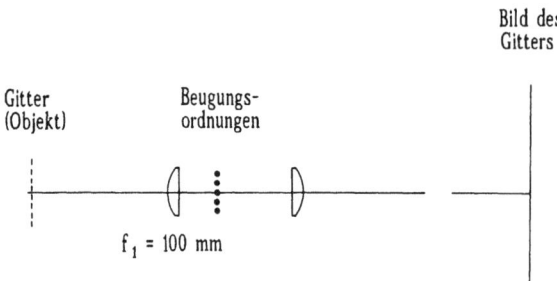

Bild 8.9. Versuch zur räumlichen Filterung. In der Brennebene der ersten Linse entstehen verschiedene Beugungsordnungen, die das Raumfrequenzspektrum darstellen. Durch Einbringen von Blenden lassen sich bestimmte Raumfrequenzen (Beugungsordnungen) unterdrücken. Dies macht sich im von der zweiten Linse entworfenen Bild bemerkbar

Unter Einsatz einer zweiten Linse wird das Beugungsgitter auf einen Schirm abgebildet. Läßt die erste Linse mehrere Beugungsordnungen hindurch, kann ein normales Bild entstehen. Im Experiment soll untersucht werden, wie sich das Bild verhält, wenn Beugungsordnungen entfallen, beispielsweise durch das Einfügen kleiner Blenden in die Brennbene der ersten Linse. Wird nur die nullte Ordnung zugelassen, entsteht als Bild kein Gitter, sondern der orginale Laserstrahl. Fügt man die beiden ersten Ordnungen hinzu, formiert sich ein Sinusgitter. Interessant wird es, werden nur die beiden zweiten Ordnungen abgebildet. Sie repräsentieren die doppelte Raumfrequenz und damit ein Gitter mit doppeltem Gitterabstand. Das Bild besteht also aus einem Gitter, das doppelt so eng ist wie das Orginal. Im beschriebenen Versuch wurden nach der Zerlegung des Objekts in Raumfrequenzen bestimmte Frequenzen hinausgefiltert.

Versuch 13: Granulation von Laserstrahlung

Laserstrahlung unterscheidet sich von normalem Licht dadurch, daß bei der Beobachtung eine Granulation sichtbar wird. Dieser Effekt, für den es zwei Quellen gibt, resultiert aus der Kohärenz der Strahlung. Eine Ursache bildet das Objekt, an dem das Licht gestreut wird. Bei der Streuung bilden sich an der Oberfläche Phasenunterschiede aus, die granulationsartige Interferenzen bedingen, man nennt sie 'speckles' (Abschnitt 5.4). Zweitens findet Beugung des Laserlichtes an der Pupille des Auges statt, die zur Granulation auf der

Netzhaut führt. Beide Einflüsse überlagern sich. Im folgenden werden einige einfache Versuche zum Verständnis der Granulation beschrieben.

Zur Untersuchung der Granulation weitet man den Strahl eines He-Ne-Lasers auf etwa 20 cm auf und richtet ihn auf eine Mattscheibe. In Reflexion und Transmission ist eine starke Granulation erkennbar. Sie bleibt scharf, unabhängig davon, ob man mit oder ohne Brille sieht - auch wenn das Auge sich der Scheibe stark annähert. Die Granulation verändert sich bei einer anderen Oberflächenstruktur.

Bei schneller Bewegung der Streukörper mittelt sich die Granulation heraus, da das Auge zu träge ist, der Bewegung des Musters zu folgen. Zu beobachten ist dies beispielsweise daran, daß bei Streuung an Milch keine Granulation zu erkennen ist, weil die thermische Bewegung der Streuteilchen zu schnell ist. Fügt man jedoch etwas Säure hinzu, so gerinnt die Milch, wobei sich die Streuzentren vergrößern. Damit verringert sich die Geschwindigkeit, und die Granulation wird sichtbar. Der gleiche Effekt tritt auf, wird eine Streuscheibe abwechselnd schnell und langsam bewegt.

Beim weitsichtigen Auge liegt der Brennpunkt hinter der Netzhaut. Aus diesem Grund verschiebt sich die Granulation bei einer Bewegung des Kopfes in gleicher Richtung. Beim kurzsichtigen Auge dagegen findet eine Richtungsumkehr statt, da der Brennpunkt vor der Netzhaut liegt. Beim normalen Auge erfolgt eine unregelmäße Bewegung ohne Vorzugsrichtung. Das Betrachten der Granulation bildet mithin eine einfache Möglichkeit, Augenfehler zu erkennen oder die richtige Auswahl einer Brille zu prüfen.

Der Einfluß der Augenpupille auf die Granulation läßt sich analysieren, indem eine kleine Lochblende vor das Auge gehalten wird. Bei Verkleinerung des Durchmessers vergrößert sich die Granulation, weil der Beugungswinkel steigt. Beobachtbar ist der Einfluß der Beugung an der Pupille auch bei normalen Lichtquellen in großer Entfernung. In diesem Fall strahlt das Licht nahezu parallel und teilweise kohärent, so daß im Licht weit entfernter Lampen bisweilen Granulation sichtbar wird.

8.4 Messungen zur Holographie mit Interferometern

Versuch 14: Aufbau eines Michelson-Interferometers

Bei Interferometern wird die zu analysierende Lichtwelle in zwei Teilwellen aufgespalten, die geometrisch gegeneinander verändert und danach wieder überlagert werden. Laserinterferometer nach Michelson werden in der Holographie zur Messung der Kohärenzlänge und Untersuchung der Stabilität des optischen Aufbaus eingesetzt. Der Laserstrahl (Bild 8.10) trifft auf einen Strahlteiler, so daß er in zwei Wellen gleicher Intensität zerlegt wird, die durchlaufende Welle 1 und eine senkrecht dazu verlaufende Welle 2. Letztere wird an einem ebenen Referenzspiegel und Welle 1 über einen Signalspiegel in sich selbst reflektiert. Vom Strahlteiler T wird ein Teil der reflektierten Wellen auf einen Schirm gelenkt. Da die beiden Teilwellen 1 und 2 in der Praxis immer leicht gegeneinander verkippt sind, entsteht auf dem Schirm durch Interferenz ein Streifensystem. Wird der Signalspiegel um die Strecke Δl versetzt, verschiebt sich das System um m Streifen, wobei folgender Zusammenhang gilt:

$$\Delta l = m \frac{\lambda}{2} . \qquad (8.4)$$

Durch Zählen der verschobenen Streifen kann mit hoher Präzision die Länge Δl vermessen werden.

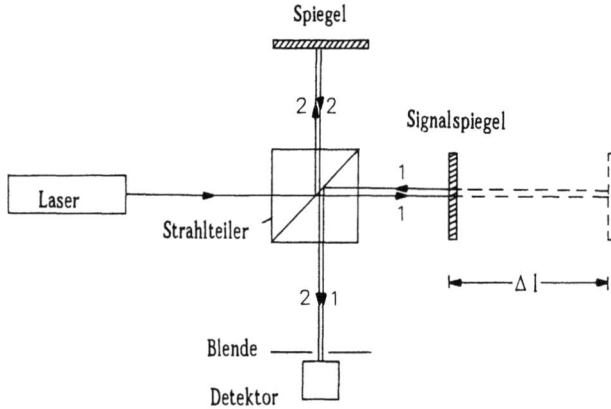

Bild 8.10. Aufbau eines Interferometers nach Michelson

Das Interferometer läßt sich aus Bauelementen zusammenstellen, wobei es sich empfiehlt, den Signalspiegel auf einer optischen Bank anzuordnen. Der Laserstrahl wird durch eine Linse oder ein Fernrohrsystem vor dem Interferometer aufgeweitet. Bei Verwendung einer Linse bilden sich Kugelwellen aus, so daß sich ein kreisförmiges Interferenzssystem formiert. Die Spiegel sollten mit einer Feinjustierung versehen sein. Die Einstellung des Systems erfolgt durch Überlagerung der Wellen auf dem Schirm, wobei kleine Defekte oder Staubkörner im Laserstrahl das Justieren erleichtern. Die Empfindlichkeit des Interferometers kann dadurch demonstriert werden, daß man mit der Hand oder einem Feuerzeug die Luft unter einem Teilstrahl erwärmt, was eine Verschiebung der Streifen bewirkt.

Versuch 15: Messung der Kohärenzlänge

In den Abschnitten 7.1 und 7.2 wurde festgestellt, daß Laserstrahlung aufgrund der Modenstruktur eine begrenzte Kohärenzlänge besitzt. Falls nur eine longitudinale Mode vorliegt, was durch ein Etalon im Resonator erreicht wird, beträgt die Kohärenzlänge mehrere Meter. Die Messung der Kohärenzlänge mit einem Michelson-Interferometer erweist sich für diesen Fall aus praktischen Gründen als schwierig. Man setzt stattdessen einen Spektrum-Analysator ein, der ein automatisches Fabry-Perot-Etalon darstellt. Aus der Messung der Linienbreite wird die Kohärenzlänge ermittelt. In der Holographie wird diese Methode zur Justierung von Rubin- und Argonlasern im longitudinalen Monomode-Betrieb eingesetzt.

Holographische Laser, die in mehreren longitudinalen Moden strahlen, haben wesentlich kürzere Kohärenzlängen im 10-cm-Bereich, die sich mit einem Michelson-Interferometer ermitteln lassen. Für die Messung, z. B. bei einem He-Ne-Laser, wird ein Michelson-Interferometer nach Bild 8.10 aufgebaut. Bei Verschiebung des Signalspiegels verringert sich allmählich der Kontrast der Interferenzstreifen. Man kann dies mit dem bloßen Auge beobachten oder auch mit einer Zeilenkamera messen, wobei der Kontrast nach Gleichung 3.38 definiert ist. Bei der Messung muß nach jeder Verschiebung der Signalspiegel nachjustiert werden. Für einen He-Ne-Laser von etwa 1 m Länge erhält man eine Meßkurve entsprechend Bild 8.11. Die Kohärenzlänge entspricht der Verschiebung, bei welcher der Kontrast auf $1/\sqrt{2} = 0,707$ sinkt. Die Periodizität in Bild 8.11 rührt daher, daß die einzelnen longitudinalen Moden zu periodischen Schwebungen führen.

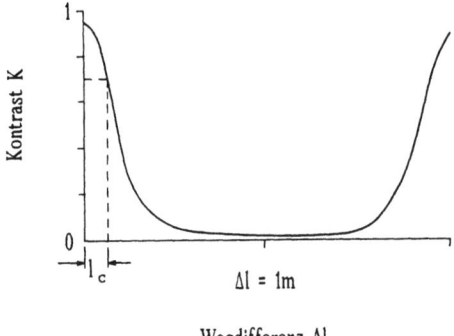

Bild 8.11. Messung der Kohärenzlänge (He-Ne-Laser) durch Verschieben eines Spiegels beim Michelson-Interferometer um Δl. Die Kohärenzlänge ist durch die Strecke $\Delta l = l_c$ gegeben, bei welcher der Kontrast K auf den Wert 0,7 sinkt

Versuch 16: Untersuchung der Stabilität

Während der holographischen Aufnahme muß gewährleistet ein, daß sich die Interferenzstreifen höchstens um wenige 10 nm verschieben, damit keine Reduzierung des Beugungswirkungsgrades eintritt. Die erforderliche Stabilität des holographischen Tisches läßt sich durch ein Michelson-Interferometer überprüfen. Um die Empfindlichkeit zu erhöhen, sollten die Abstände der Spiegel vom Strahlteiler groß sein. Man projiziert die Interferenzstreifen auf eine Wand und kann so die Stabilität der Streifen unter verschiedenen Bedingungen beobachten, z. B. beim Laufen von Personen, während des Einschaltens der Klimaanlage, bei Luftbewegungen im Raum, u.ä.. Ein interessanes Experiment ist es, den Laser neben den holographischen Tisch zu setzen. Man wird feststellen, daß Bewegungen am Laser keinen Einfluß auf die Interferenzen zeigen. da sie in beiden Teilwellen auftreten und sich so kompensieren.

8.5 Herstellung von Gittern und einfachen Hologrammen

Dieser Abschnitt enthält Vorschläge für Experimente mit einem einfachen Aufbau zur Einstrahl-Holograpie (single-beam-holography), die sich als einführende Praktikumsversuche eignen. An die Stabilität des Tisches werden keine besonders hohen Anforderungen gestellt, da die Bauelemente für Objekt- und Referenzwelle miteinander mechanisch verbunden sind. Im ersten Versuch wird ein holographisches Beugungsgitter erstellt, im zweiten ein einfaches Hologramm.

Versuch 17: Herstellung von Beugungsgittern

Aufbau: Transmissionsgitter

Ein Gitter kann durch Überlagerung zweier Wellen erzeugt werden. In einem einfachen Aufbau nach Bild 8.12 werden beide Wellen mittels zweier Spiegel aus einem aufgeweiteten Laserstrahl gewonnen. Der Strahl eines He-Ne-Lasers wird durch ein Mikroskop-Objektiv 40x aufgeweitet, das eine Brennweite von f = 4 mm besitzt. Das Objektiv ist Teil eines Raumfiltes. In etwa 40 cm Entfernung findet eine 100fache Aufweitung des Strahldurchmessers bis auf knapp 10 cm statt. Mit Hilfe einer Sammellinse läßt sich der Strahl wieder parallelisieren. Die Entfernung vom Objektiv (genauer vom Brennpunkt) wird so gewählt, daß sie gleich der Brennweite der Linse ist. Der Durchmesser der Linse muß relativ groß sein, so daß die aufgeweitete Welle hindurchlaufen kann.

In den Strahlengang wird unter 45° ein Spiegel gestellt, der den Strahl in die senkrechte Richtung umlenkt (Bild 8.12). Gegen diesen Spiegel wird ein zweiter gelehnt, der eine Hälfte des Strahls etwas flacher reflektiert. Die Strahlen überlagern sich und bilden ein ebenes Interferenzsystem in Form eines räumlichen Lichtgitters. Mittels

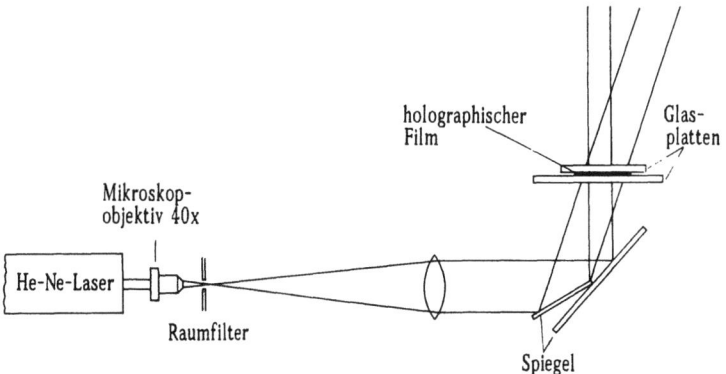

Bild 8.12. Versuchsaufbau zur Herstellung von Beugungsgittern

eines tischartigen Aufbaus wird eine Glasscheibe waagerecht positioniert. Sie dient als Träger für den holographischen Film, der durch eine zweite Scheibe in ebener Position fixiert wird.

Der Aufbau befindet sich auf einem schwingungsisolierten Tisch, der im einfachsten Fall aus einer 50 bis 100 kg schweren Betonplatte besteht, die auf einigen Fahrrad- oder Motorradschläuchen liegt. Der Luftdruck wird so eingestellt, daß das System mit 1 bis 2 Hz schwingen kann. Dies läßt sich durch Anstoßen leicht überprüfen. Ein einfacher optischer Strahlverschluß besteht aus einer Pappe, die an zwei Schnüren an der Decke hängt.

Aufbau: Reflexionsgitter

Die Interferenzstreifen liegen in der Winkelhalbierenden zwischen den Richtungen beider Strahlen. Im oben zitierten Fall zeigen die Streifen nahezu senkrecht zur Schichtebene, und es entsteht ein Transmissionsgitter (Kapitel 7). Zur Erzeugung eines Reflexionsgitters läßt sich das Experiment modifizieren. Man entfernt den zweiten Spiegel, und legt ihn stattdessen, eventuell leicht geneigt, auf den holographischen Film, wodurch ein zweiter Strahl von oben auf die Schicht gerichtet wird. Beide Strahlen laufen aufeinander zu; die Winkelhalbierende und damit die Gitterebenen liegen nun weitgehend parallel zur Schichtebene. Das Reflexionsgitter ähnelt in seiner Funktion einem selektiven Spiegel, der eine Wellenlänge unter dem Braggwinkel reflektiert. Der Versuch kann auch zur Herstellung eines holographischen Hohlspiegels dienen, indem statt des zweiten ebenen Spiegel ein Hohlspiegel direkt auf die Photoschicht gelegt wird (Kapitel 16).

Belichtung und Entwicklung

Zur Verwendung eignen sich die holographischen Filme 8 E 75 HD (Agfa-Gaevert) mit einer Auflösung von 5000 Linien/mm, Ilford SP 673 oder Ilford HOTEC R mit 7000 Linien/mm. Nach dem 8 E 75 HD-Datenblatt wird bei der Belichtung eine Energiedichte von mindestens 10 $\mu J/cm^2$ für den He-Ne-Laser empfohlen. In der Praxis lassen sich gute Resultate mit einem 5-mW-Laser bei einer Belichtungszeit von einigen Sekunden erzielen. Nach der Belichtung wird der Film entwickelt, gebleicht und getrocknet. Die einzelnen Schritte werden in einer Versuchsbeschreibung in Abschnitt 8.6 dargelegt.

Versuch 18: Weißlichthologramm

Das oben beschriebene Experiment läßt sich leicht abwandeln, so daß Hologramme angefertigt werden können. Der neue Aufbau ist in Bild 8.13 gezeigt. Da paralleles Licht nicht erforderlich ist, kann die große Sammellinse in Bild 8.12 weggelassen werden, wodurch sich der Strahldurchmesser auf dem holgraphischen Film etwas vergrößert. Das Objekt wird auf die Glasscheibe über dem Film gelegt. Das vom Objekt zurückgestreute Licht bildet die Objektwelle; die Referenzwelle ist das von unten eingestrahlte Licht. Da beide Wellen von verschiedenen Seiten kommen, entsteht in Reflexion ein Weißlichthologramm. Der Umlenkspiegel in Bild 8.13 erhöht die Stabilität der Anordnung, da das Objekt fest auf der holographischen Schicht liegt.

Zur Beobachtung des holographischen Bildes kann das Hologramm mit weißem Licht von einer möglichst punktförmigen Quelle beleuchtet werden, z. B. mit einer 12-V-Wolframlampe. Es ist günstig, die hintere Seite des Hologramms mit einem Farbspray zu schwärzen, um das ungebeugte Licht zu absorbieren. Da die Richtung der Beleuchtung mit der der Referenzwelle übereinstimmen soll, empfiehlt es sich, den Spiegel in Bild 8.13 so zu stellen, daß der Einfallswinkel zwischen 30 und 45° liegt. Mit einem 5-mW-Laser ist eine Belichtungszeit um 10 s notwendig. Zur Erzeugung einer intensiven Objektwelle sollten Gegenstände mit hoher Rückstreuung gewählt werden. Weiterhin ist anzuraten, die Schichtseite des Films dem Objekt zuzuwenden.

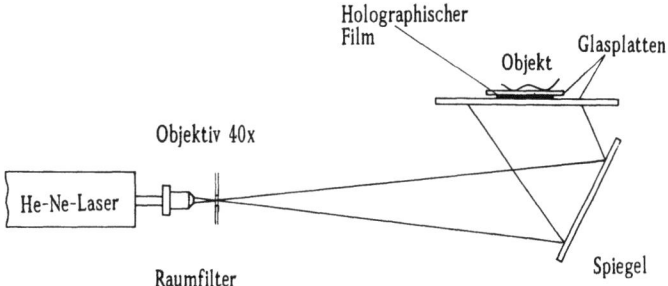

Bild 8.13. Aufbau zur Einstrahl-Holographie für die Erzeugung von Weißlichthologrammen

Versuch 19: Transmissionshologramm

Versuch 18 beschreibt die Herstellung von Weißlicht-Reflexionshologrammen; Referenz- und Objektwelle fallen von verschiedenen Seiten auf den Film. Treffen beide Wellen von der gleichen Seite auf die Schicht, entsteht ein Transmissionshologramm. Bei einem einfachen Versuchsaufbau werden das Objekt und der holographische Film so in dem aufgeweiteten Strahl angeordnet, daß der Film von der Objekt- und Referenzwelle von einer Seite her getroffen wird. Der Film wird in einem Halter zwischen zwei Glasplatten aufgestellt.

Nach Einlegen des Films sollte mit der Belichtung mindestens 10 min gewartet werden, da sich der Film noch leicht bewegt. Obwohl die Stabiltät des Aufbaus nach Bild 8.13 etwas höher ist, muß ebenfalls eine Wartezeit eingelegt werden. Eine erwünschte Bewegung des Films während der Belichtung erkennt man später an Stellen ohne Information, die bei der Rekonstruktion dunkel erscheinen. Die erzeugten Transmissionshologramme liefern nur bei Beleuchtung mit Laserstrahlung scharfe Bilder.

8.6 Experimentieren in der Dunkelkammer

Der folgende Abschnitt erläutert drei einfache Versuche zur Entwicklung und Bleichung holograhischer Filme. Nach der Belichtung entsteht auf dem holographischen Film ein sogenanntes 'latentes Bild', das bei der Entwicklung sichtbar wird; man erhält ein Amplitudenhologramm. Zur Erhöhung des Beugungswirkungsgrades wird es durch 'Bleichen' in ein Phasenhologramm transformiert. Dieser Vorgang kann mit einer Dickenänderung der holographischen Schicht verbunden sein, wodurch eine Verschiebung der Farbe der Bilder bei der Rekonstruktion möglich ist. Eine genauere Beschreibung über holographische Schichten und deren Behandlung liefert Kapitel 14.

Versuch 20: Entwicklung

Bei der Entwicklung werden AgBr-Kristalle, die von Lichtquanten getroffen wurden, zu Ag reduziert. Für Praktikumsversuche zur Holographie können handelsübliche Entwickler, wie Kodak D 19 oder Dukumol für Dokumentenfilm, benutzt werden (Abschnitt 14.2). Mit ei-

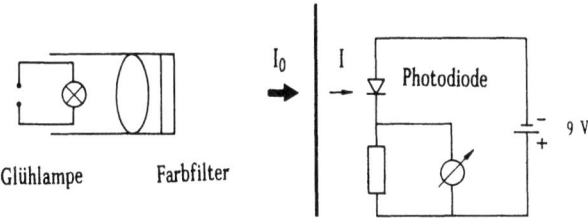

Bild 8.14. Einfache Anordnung zur Messung der optischen Dichte $D = \log I_0/I$ bei der Entwicklung von Hologrammen

ner einfachen Anordnung nach Bild 8.14 läßt sich die Schwärzung des Films nach der Entwicklung messen. Bei Reflexionshologrammen entwickelt man bis zu einer optischen Dichte $D \approx 2$, d. h. der entwickelte Film zeigt eine Transparenz von $10^{-D} = 10^{-2} = 1\%$. Bei Transmissionshologrammen sollte die Schwärzung etwas geringer sein ($D \approx 1$). Nach dem Entwickeln wird 5 min unter fließendem Wasser gewässert, danach 1 min in deionisiertem Wasser gespült. Das Ergebnis ist ein Amplitudenhologramm. Der Beugungswirkungsgrad dieses Hologrammtyps ist gering, so daß es meist durch Bleichen in ein Phasenhologramm umgewandelt wird. Zu Demonstrationszwecken kann jedoch das Amplitudenhologramm durch Fixieren oder längeres Wässern desensibilisiert werden.

Versuch 21: Lösendes Bleichbad

Zur Transformation von Amplituden- in Phasenhologramme kann das belichtete Ag durch eine sogenannte 'lösende Bleichung' aus der Gelantineschicht entfernt werden; ein Fixierschritt entfällt. Dazu eignet sich ein Dichromatbad nach folgendem Rezept: 1 l deionisiertes Wasser, 1 bis 7 g Kaliumdichromat und 1 bis 7 ml konzentrierte Schwefelsäure. Das Hologramm wird so lange in der Lösung belassen, bis alle schwarzen Bereiche klar sind. Nach dem Bleichen wird das Hologramm weitere 15 min in Wasser desensibilisiert und danach in entspanntem Wasser (Mirasol) oder Alkohol gewaschen. Das Hologramm wird erst nach der Trocknung (z. B. mit einem Föhn) sichtbar. Die gelbliche Färbung durch Dichromat läßt sich durch ein Klärbad nach dem Bleichen entfernen. (Rezept für die konzentrierte Lösung: 50 g Natriumsulfit, 1 g Natriumhydroxid, 1 l deionisiertes Wasser. Spätere Anwendung: ca. 20 ml auf 0,5 l Wasser.)

Durch die Bleichung verringert sich die Dicke der holographischen Schicht, weil Ag entfernt wird. Da bei Weißlichthologrammen die Interferenzebenen ungefähr parallel zur Schicht liegen, tritt Bragg-Reflexion bei kürzeren Wellenlängen auf. Bei Verwendung eines He-Ne-Lasers entstehen grüne Bilder. Bei Transmissionshologrammen liegen die Interferenzstreifen quer zur Schichtebene, so daß der Streifenabstand bei Schrumpfung der Schicht nicht verändert wird. Effekte der Farbverschiebung sind nicht beobachtbar.

Versuch 22: Rehalogenisierendes Bleichbad

Eine Schrumpfung der Schichtdicke ist durch sogenanntes 'rehalogenisierendes Bleichen' vermeidbar. Bei diesem Vorgang wird das Ag nicht herausgelöst, sondern in eine andere chemische Verbindung überführt. Dadurch kommt es bei Weißlichthologrammen zu keiner oder nur geringfügiger Veränderung der Farbe. Die nach dem oben beschriebenem Rezept angesetzte Lösung kann durch die Zugabe von 4 bis 16 g KBr in ein rehalogenisierendes Bleichbad umgewandelt werden. Zur Demonstration empfiehlt es sich, zwei gleiche Hologramme unterschiedlich zu bleichen, so daß ein grünes und rotes Bild enstehen. Beide Hologramme können in einem einzigen Belichtungsvorgang durch direktes Übereinanderlegen zweier Filme produziert werden.

Tabelle 8.1. Entwicklung und Bleichung von Hologrammen. (Das Klärbad ist nicht bei allen Bleichbädern erforderlich)

	Bäder	Prozeß	Minuten
1.	Entwickler	Enstehung e. Amplitudenhologr.	0,5 - 2
2.	Fließendes Wasser	Entfernen d. Entw. , Desensibilis.	5
3.	Dest. Wasser	Entfernen d. norm. Wassers	1
4.	Bleichbad	Umwandeln in e. Phasenhologr.	ca.1*
4a.	Dest. Wasser	Entfernen d. Bleichbades	0,1
4b.	Klärbad	Entfärben (falls erforderlich)	2
5.	Dest. Wasser	Desensibilisierung	15
6.	Entsp.Wasser	Waschen	1
7.	Trocknen	Hologramm wird sichtbar	10

*Bleichen bis zur vollständigen Transparenz

9 Experimentelle Anordnungen zur Einstrahl-Holographie

9.1 Aufbau für Reflexionshologramme

Mit Weißlicht rekonstruierbare Reflexionshologramme erfordern ein vertieftes theoretisches Verständnis der Holographie. Die Herstellung solcher Hologramme dagegen erweist sich als einfach, besonders im Einstrahlverfahren, bei dem auf eine Strahlteilung verzichtet wird.

Experimentelle Anordnungen

Bild 9.1 demonstriert einen einfachen Versuchsaufbau. Die photographische Platte wird unter einem Winkel von etwa 30° in den aufgeweiteten Strahlengang gestellt. Der Gegenstand befindet sich vom Laser aus gesehen hinter der Platte. Die Referenzwelle übernimmt nach dem Durchgang durch die Photoplatte auch die Aufgabe als Beleuchtungswelle. Die Wegdifferenz zwischen Referenz- und Objektwelle entspricht folglich dem doppelten Abstand des Gegenstandes zur Photoplatte. Um innerhalb der Kohärenzlänge für He-Ne Laser zu bleiben (ca. 20 cm bis 25 cm für Laser um 10 mW), sollte der Gegenstand nicht weiter als 10 cm entfernt von der Platte positioniert werden.

Diese Aufnahmetechnik mit schräg im Strahlengang stehender Photoplatte bezeichnet man als 'Off-axis-Holographie'. Das Verfahren geht auf Leith und Upatnieks zurück (Abschnitt 3.2). Gegenüber der von D. Gabor (Abschnitt 3.1) entwickelten 'Inline-Holographie' ergeben sich große Vorteile bei der Rekonstruktion des Bildes: die hierfür erforderliche Welle (identisch mit der Referenzwelle bei der Aufnahme) läuft nach der Reflexion am Hologramm in eine andere Richtung als die rekonstruierte Objektwelle. Ein Betrachter sieht das rekon-

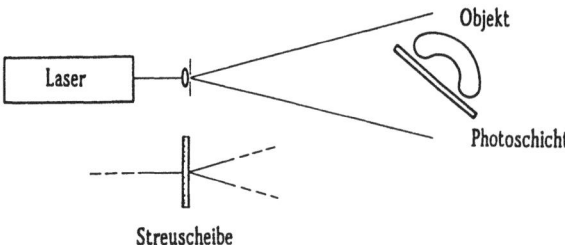

Bild 9.1. Einfacher Einstrahl-Aufbau für Weißlicht-Reflexionshologramme mit Aufweitungssystem oder Streuscheibe

struierte virtuelle Bild und wird von der Rekonstruktionswelle selbst nicht geblendet.

Index-Matching

Statt holographischer Platten werden aus Kostengründen meist Filme verwendet. Sie sind im Handel in verschiedenen Größen erhältlich, z.B die Emulsionen 8E75 von Agfa Gevaert oder SP673 von Ilford. Beide Emulsionen eignen sich für He-Ne-Laser. Die Filme werden mittels eines Plattenhalters zwischen zwei Glasplatten fixiert. Da das Licht mehrfach zwischen den Glasplatten reflektiert wird, registriert der Film unerwünschte Interferenzen, die durch Unebenheiten der Glasplatte hervorgerufen werden. Dieses mit bloßem Auge erkennbare Muster enthält keinerlei Bildinformation. Solche Reflexionen lassen sich durch sogenanntes 'Index-matching' unterdrücken, d.h. durch Anpassen des Brechungsindexes an den Grenzflächen Glas/Luft/Film (Abschnitt 14.2).

Die verwendete Flüssigkeit darf nicht zu leicht flüchtig sein (kein Alkohol), damit sich infolge Verdunsten der Film während der Belichtungszeit nicht von der Glasplatte abhebt. Der Brechungsindex muß dem von Glas entsprechen ($n \approx 1.5$), und die Lösung sollte wegen der Arbeit in geschlossenen Räumen nicht zu geruchsintensiv sein. Am besten eignen sich Lackverdünner oder Terpentinersatz. Beide Lösungen sind nicht geruchsfrei. Eine optimale Flüssigkeit muß noch gefunden werden.

Auf eine gut gesäuberte Glasplatte werden wenige Milliliter der Flüssigkeit aufgeträufelt. Die Folie wird vorsichtig mit der Photoemulsion so gegen die Glasplatte aufgelegt, daß sie die Flüssigkeit vor sich her treibt. Die überschüssige Flüssigkeit wird mit saugfähigem Papier abgetupft und die Anordnung danach mit einer Walze vorsichtig einmal überrollt; man kann die so präparierte Folie sofort in den Plattenhalter einbauen. Wegen der häufigen Änderung der Emulsionen und vor allem des Trägermaterials durch die Hersteller sind Vorversuche unabdingbar, um die richtige Flüssigkeit zu finden und das Verfahren zu optimieren.

Aufbauten ohne Index-matching

Es gibt einfache Anordnungen, die eine Anwendung des 'Index-matching' weitgehend überflüssig machen. Beispielhaft sollen hier zwei Aufbauten vorgestellt werden, die einfach zu realisieren und vielfach erprobt sind (Bild 9.1 und Bild 9.2). In beiden Fällen durchsetzt der Laserstrahl die Glasplatten unter dem Brewster-Winkel. Fällt Licht mit einer linearen Polarisation bestimmter Richtung unter dem Brewster-Winkel (für Glas ≈ 56°) auf eine Glasplatte, wird es vollständig durchgelassen und nicht reflektiert. Die Polarisationsrichtung muß so liegen, wie in Bild 8.2 angegeben. Liegt die elektrische Feldstärke in der Ebene der Glasoberfläche, wird das Licht teilweise reflektiert und an den Grenzflächen entstehen unerwünschte Reflexionen und Interferenzen.

Die Lage des Vektors der elektrischen Feldstärke und damit die Polarisationsrichtung läßt sich mittels einer Glasplatte bestimmen (Bild 8.2). Die Glasplatte wird in dem aufgeweiteten Laserstrahl langsam um eine senkrechte Achse in den Brewster-Winkel hinein gedreht. Ist die Polarisationsrichtung des Lasers 'richtig' eingestellt, ist mit bloßem Auge bei leicht abgedunkeltem Raum ein deutliches Minimum im reflektierten Licht erkennbar. Tritt eine Abnahme des reflektierten Lichtes nicht ein, ist die Polarisationsrichtung des Lasers meist

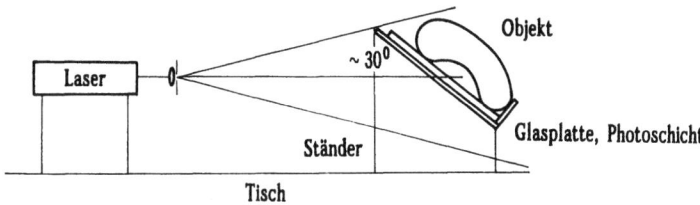

Bild 9.2. Einstrahl-Aufbau für Weißlicht-Reflexionshologramme unter Ausnutzung des Brewster-Winkels

um 90° gedreht. Dies läßt sich durch Drehen der Glasplatte um eine waagerechte Achse überprüfen. Soll der Aufbau (nach Bild 9.1) unverändert bleiben, muß entweder der Laser oder mit Hilfe einer $\lambda/2$-Platte die Polarisation um 90° gedreht werden. Letzteres ist jedoch mit einem geringen Intensitätsverlust verbunden.

Intensitätsverlust bei Brewster-Winkel-Einstellung

Bei dem Verfahren, mit Hilfe des Brewster-Winkels unerwünschte Mehrfachreflexionen auszuschalten, kann es zu einem Kontrastverlust im Hologramm kommen. Das Laserlicht, das bei der Aufnahme vom Objekt reflektiert wird, ist meist völlig depolarisiert, wie sich mit einem Polarisationsfilter nachprüfen läßt. Ist jedoch die Oberfläche des Objekts metallisch reflektierend, bleibt die Polarisationsrichtung erhalten. Die Einstellung unter dem Brewster-Winkel führt dazu, daß die Polarisationsrichtungen von Objekt- und Referenzwelle nicht parallel verlaufen, sondern ungefähr den Brewster-Winkel einschließen. Jetzt interferiert nur noch die Teilamplitude $A = R \cos \varphi$ der Referenzwelle mit der Objektwelle. In der Gleichung bezeichnet R die Amplitude der Referenzwelle und φ den Brewster-Winkel. Bei einem Winkel von annähernd 60° ist A nur noch halb so groß wie R.

Einfache Einstrahl-Aufbauten

Die einfachste Anordnung eines Einstrahl-Aufbaus erfordert nur eine Streuscheibe, die an die Stelle des Aufweitungssystems in Bild 9.1 gestellt wird, und den Strahl genügend aufweitet. Auf diese Weise läßt sich sehr schnell ein Hologramm anfertigen, das jedoch eine durch die Granulation der Laserstrahlung hervorgerufene etwas gekörnte Struktur hat (Speckles).

Bild 8.13 skizziert einen Aufbau, bei dem die Photoplatte oder der Film auf einer Glasplatte liegt. Der Spiegel wird so aufgestellt, daß Glasplatte und Film für die achsnahen Wellen unter dem Brewster-Winkel durchsetzt werden. Für diesen Aufbau wäre auch ein Indexmatching einfach durchzuführen, weil der Film waagerecht auf der Glasplatte liegt.

Einen sehr simplen Aufbau unter Ausnutzung des Brewster-Winkels zeigt Bild 9.2. Zur Halterung der Objekte wird ein schmaler Glas-

oder Holzstreifen auf die Glasplatte geklebt (z.B. unter Verwendung von leicht handhabbaren Heißklebern). Diese Brewster-Anordnung ist stabil und gut geeignet, etwas größere Gegenstände abzubilden.

Holographischer Tisch

Bei Einstrahl-Aufbauten zur Herstellung von Reflexionshologrammen werden an die Stabilität des Tisches geringere Anforderungen gestellt. Der gesamte Aufbau enthält nur wenige optische Bauelemente und ist in der Regel so kompakt, daß er nur insgesamt Vibrationen ausgesetzt ist. Diese beeinträchtigen den Beugungswirkungsgrad nicht. Problematisch sind Schwingungen einzelner Bauelemente gegeneinander. Sie führen zu zeitlich variablen Phasenverschiebungen der interferierenden Wellen und damit zur Auslöschung der bereits gespeicherten Information. Entsprechend gering ist der Beugungswirkungsgrad. Infolgedessen bleiben die Hologramme auch bei längerer Belichtung schwach oder sind überhaupt nicht herstellbar.

Vibrationen lassen sich durch schwingungssichere Tische vermeiden. Verschiedene Möglichkeiten, dieses Problem zu lösen, sind in Abschnitt 7.7 ausführlich vorgestellt.

Kontrast

Einstrahl-Reflexionsaufbauten haben einen gravierenden Nachteil. Das Intensitätsverhältnis Objektwelle/Referenzwelle läßt sich mit einfachen Mitteln nicht verändern. Der Kontrast kann bei schlecht reflektierenden Gegenständen schnell sehr gering werden. Die Grenze für die Erkennbarkeit von Interferenzstreifen liegt etwa bei K = 0.2 (zur Berechnung von K siehe Gleichung 3.38). Diese Erfahrungsgrenze sollte deutlich überschritten werden. Das Arbeiten mit einem Kontrast unter K = 0.50 ist nicht empfehlenswert. Dieser Wert entspricht einem Intensitätsverhältnis von Objektwelle zu Referenzwelle von etwa 1:15.

9.2. Aufbauten für Transmissionshologramme

Bild 9.3 stellt zwei Aufbauten für die Aufnahme von Transmissionshologrammen vor. Aus der Abbildung wird deutlich, daß Objekt- und Referenzwelle die Photoplatte von der gleichen Seite treffen. In gewissen Grenzen ist bei der Aufnahme das Intensitätsverhältnis einstellbar, indem der Teil, der die Referenzwelle darstellt, abgeschwächt wird, ohne die Beleuchtung des Objektes zu beeinflussen.

Die Einstrahl-Transmissionsaufbauten gestatten eine Anordnung unter dem Brewster-Winkel meist nicht, weil Objekt- und Referenzwelle aus sehr unterschiedlichen Richtungen die Photoplatte treffen.

Für erste Versuche zur Anfertigung von Transmissionshologrammen sind diese Aufbauten gut verwendbar, weil nur wenige optische Teile benötigt werden. Für Masterhologramme, die als Vorlagen für Hologramme von Hologrammen dienen, eignen sich 'Einstrahl-Aufbauten' kaum, allenfalls um einfache 'Holographisch-Optische-Elemente' (HOE) herzustellen (Kapitel 16) oder erste Doppelbelichtungsinterferenzversuche durchzuführen (Kapitel 15.2).

Ein Einstrahl-Aufbau hat den Vorteil, daß er keine allzu hohen Anforderungen an die Stabilität des Tisches stellt. Das Aufweitungssystem läßt sich auch bei Transmissionshologrammen durch einen Diffusor ersetzen. Die Vereinfachung im Aufbau führt jedoch durch die Granulation des Laserlichtes (Speckles) zu erhöhtem Rauschen im Hologramm.

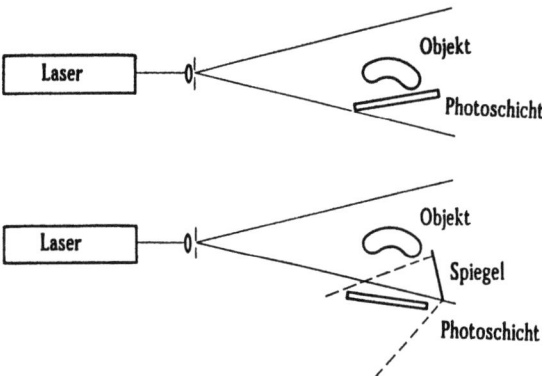

Bild 9.3. Einstrahl-Aufbau für Transmissionshologramme

Transmissionshologramme besitzen gegenüber Weißlichthologrammen eine größere Tiefe. Durch die Art des Aufbaus - Objekt- und Referenzwelle kommen von der gleichen Seite - kann der Wegunterschied zwischen den Wellen gering gehalten werden und die Kohärenzlänge wird nicht so schnell erreicht. Die Bilder der Hologramme werden mit der kohärenten Strahlung des Aufnahmelasers rekonstruiert.

Bei der Positionierung des Gegenstandes muß sichergestellt sein, daß kein Schatten auf die Photoplatte fällt. Zur Kontrolle stellt man in den Plattenhalter eine weiße Pappe, mit der auch die Ausleuchtung durch die Referenzwelle getestet wird. Vor der Aufnahme sollte man sich auch davon überzeugen, daß keine unerwünschten Reflexionen von den verschiedenen Bauelementen des Aufbaus die Photoplatte treffen. Durch geschicktes Aufstellen von Blenden (z.B. schwarze Pappe) läßt sich dieses Streulicht abblocken.

Zur Vorbereitung der Aufnahme wird der Laserstrahl durch ein Stück Pappe oder, falls vorhanden, einen Photoverschluß ausgeschaltet. Bei nicht zu hellem grünen Dunkelkammerlicht wird die Photoplatte (8E75 Agfa oder Ilford SP673) in den Plattenhalter gestellt. Aus Kostengründen werden meist Folien verwendet, die zwischen zwei möglichst dünne (Dicke ca. 1 mm) Glasscheiben gelegt werden. Die photoempfindliche Seite der transparenten Folie kann mit Hilfe einer Kerbe festgestellt werden, die an einer der Schmalseiten des Films angebracht ist. (Im Gegensatz zum Trägermaterial klebt die Emulsion an leicht angefeuchteten Lippen). Die Anordnung preßt man zunächst auf einer ebenen Unterlage leicht mit einem Tuch, damit die Luft zwischen den verschiedenen Schichten entweicht. Mit Klammern werden danach die Glasplatten an drei Seiten fest zusammengehalten. Anschließend wird diese Anordnung mit der Schichtseite des Films zum Objekt in den Filmhalter eingespannt.

Die Belichtungszeit hängt jeweils von dem verwendeten Laser, der Geometrie und dem Entwickler ab, so daß Hinweise sehr allgemeiner Art nur gemacht werden können. Entwickelt werden sollte bis zu einer optischen Dichte von knapp 1. Optische Dichte 1 bedeutet, daß die Transmission der Photofolie nach der Entwicklung 10% des Anfangswertes entspricht. Ist dieser Wert beim Entwicklungsprozess nicht quantitativ meßbar, entwickelt man, bis belichtete und unbelichtete Bereiche (z.B. an Kanten) erkennbar unterschiedlich geschwärzt sind. Der belichtete Bereich ist jedoch weiterhin deutlich durchscheinend.

Zur Festlegung der optimalen Belichtungszeit sind Testaufnahmen mit schmalen Streifen des Photomaterials sinnvoll. Es empfiehlt sich eine Testreihe mit 2 s, 4, s, 8 s, (16 s). Eine Verdoppelung der Belichtungszeit pro Schritt ist notwendig, um deutlich sichtbare Effekte bei der Entwicklung zu erzielen. Die angegebene Testreihe eignet sich für einen Aufbau mit einem 10 mW Laser, 40x Aufweitungssystem, 4 inch x 5 inch Photofolien und etwa 1 m Gesamtlänge des Aufbaus. Entscheidend für die optimale Belichtungszeit ist die Helligkeit des rekonstruierten Bildes, sein Beugungswirkungsgrad.

9.3 Versuche zur Rekonstruktion

Rekonstruktionswinkel

Zur Rekonstruktion des Bildes wird das Hologramm an die gleiche Stelle mit der gleichen Orientierung wie bei der Aufnahme gestellt. Bild 9.4 zeigt die Bildwiedergabe bei einem Transmissionshologramm. Es muß Licht verwendet werden, das aus der gleichen Richtung kommt wie die Referenzwelle, die gleiche Krümmung hat (ebene Welle, sphärische Welle) und die gleiche Wellenlänge (Kapitel 6). Die Richtung zur Rekonstruktionswelle zu verändern, empfiehlt sich nicht, da sich der Beugungswirkungsgrad schnell bei verändertem Winkel verringert. In diesem Punkt ergeben sich keine großen Variationsmöglichkeiten.

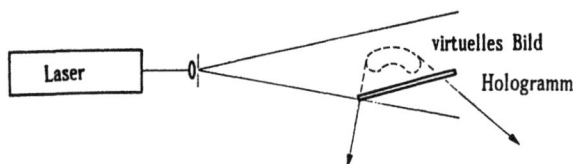

Bild 9.4. Rekonstruktion des Bildes bei einem Transmisssionshologramm

Rekonstruktionslichtquelle bei Transmissionshologrammen

Bei der Verwendung von weißem Licht zur Rekonstruktion, wird statt eines scharfen Bildes ein kontinuierliches Spektrum wiedergegeben, in dem die Konturen des Gegenstandes nur noch undeutlich erkennnbar sind. Das Transmissionshologramm wirkt dann wie ein Beugungsgitter und rekonstruiert das Objekt nach der Beugungstheorie für die unterschiedlichen Farben unter verschiedenen Winkeln, die bei einer Lichtquelle mit kontinuierlichen Spektrum dicht nebeneinanderliegen.

Ein zusätzlicher Verschmierungseffekt kann dadurch entstehen, daß die Lichtquelle (z.B. Mattglas-Glühbirne) nicht punktförmig ist. Das rekonstruierte Bild bleibt unscharf, auch wenn beim Einsatz eines schmalbandigen Filters das zur Rekonstruktion verwendete Licht annähernd dem des Lasers entspricht. Mit dem zur Aufnahme benutzten Laser wird es möglich, ein gestochen scharfes Bild zu rekonstruieren. Zerschneidet man das Hologramm, zeigen alle Einzelteile den gesamten Gegenstand, allerdings nur unter der Perspektive, die durch das Teilstück im ursprünglichen Hologramm zu sehen war. Insofern enthält jedes kleine Hologrammstück die Information über das Objekt, nicht jedoch über alle Perspektiven.

Zur Rekonstruktion können auch andere monochromatische Punktlichtquellen herangezogen werden. Mit einem Argonlaser statt eines He-Ne-Lasers läßt sich das Objektbild ebenfalls scharf rekonstruieren, jedoch unter einem anderen Winkel und geometrisch etwas kleiner bzw. größer, je nachdem ob die Wellenlänge kleiner oder größer ist als bei der Aufnahme (Gleichung 5.5 b).

Rekonstruktion des reellen Bildes

Nach den Ausführungen in Kapitel 6 bewirkt die Rekonstruktion mit dem konjugierten Strahl die Wiedergabe des reellen Bildes. Dazu wird das Hologramm um 180° gedreht und von der entgegengesetzten Seite mit der gleichen Referenzwelle beleuchtet. Falls es sich bei der Referenzwelle um eine Planwelle handelt, wird das reelle, pseudoskopische Bild des Gegenstandes maßstabgetreu rekonstruiert.

Beim Einstrahl-Aufbau in Bild 9.4 ist der Referenzstrahl eine sphärische Welle. Die konjugierte Welle muß nach Kapitel 6 aber nicht nur aus der entgegengesetzten Richtung kommen sondern auch die Krümmung einer konvergenten Welle aufweisen. Bei der Drehung des Hologramms wird aber allein die Laufrichtung des Lichtes umgekehrt, die Welle bleibt divergent. Deswegen wird das Bild in etwas weiterem Abstand von der Platte vergrößert rekonstruiert. Die vergrößerte Rekonstruktion ist gelegentlich erwünscht, um kleine Objekte bei der Wiedergabe vergrößert abzubilden (z.B. bei der Herstellung von Masterhologrammen, siehe Kapitel 11 und Kapitel 5.1).

Rekonstruktion bei Reflexionshologrammen

Bei sogenannten 'Weißlichthologrammen', hier Weißlicht-Reflexionshologrammen, lassen sich die eben diskutierten Experimente nicht immer mit dem gleichen Erfolg durchführen. Die Rekonstruktion von Bildern bei Weißlichthologrammen kann mit einer normalen Glühlampe mit klarem Glaskörper erfolgen (Punktlichtquelle). Das Hologramm rekonstruiert das Bild in der Farbe, die durch den Abstand der Ebenen entwickelten Silbers in der Photofolie gegeben ist (Bragg-Bedingung). Je nach verwendetem Bleichbad und damit verbundener Schrumpfung der Emulsion liegt die Wellenlänge des rekonstruierten Lichtes für He-Ne-Laser im grünen bis roten Spektralbereich. Wenn das Hologramm mit momochromatischem Licht einer Wellenlänge beleuchtet wird, die nicht dem Abstand der eben erwähnten Ebenen entwickelten Silbers entspricht, nimmt der Beugungswirkungsgrad ab.

Zerschneidet man ein Reflexionshologramm, ist durch die Einzelteile oft der ganze Gegenstand nicht rekonstruierbar. Die Ursache dafür liegt in dem Aufbau selbst. Da der Gegenstand bei der Aufnahme auf der Folie aufliegt, erreicht das reflektierte Licht des Gegenstandes nicht alle Teile des Hologramms. Deshalb kann auch nicht durch alle Teile das gesamte Bild rekonstruiert werden.

Wellenlängenverschiebung

Bei einem lösenden Bleichbad, bei dem das entwickelte Silber aus der Schicht entfernt wird und dadurch ein Phasenhologramm ensteht, schrumpft die Schicht etwas. Hierdurch verschiebt sich die Wellenlänge zur Bildrekonstruktion bei Reflexionshologrammen, da der Gitterabstand kleiner geworden ist. Der Umfang der Verschiebung hängt auch vom verwendeten Entwickler ab.

Es besteht die einfache Möglichkeit, die Dicke der photoempfindlichen Schicht durch Quellen zu verändern. Hält man das Hologramm über Wasserdampf, quillt die photoempfindliche Schicht durch Einlagerung von Wasser und die Farbe wird zu längeren Wellenlängen verschoben. Durch Trocknen der Filme z.B. in einem Wärmeofen, wird durch Schrumpfung der Photoschicht die Rekonstruktionswellenlänge kürzer, die Farbe ändert sich z.B., von gelbgrün zu blaugrün. Eine permanente Farbänderung kann auf diese Weise jedoch nicht erzielt werden. Dauerhafte Farbänderungen durch Quellen der photoempfindlichen Schicht kann man mittels Triäthanolaminbäder unterschiedlicher Konzentrationen erreichen. Auf diesen Aspekt wird in Kapitel 12 eingegangen.

Rekonstruktion des reellen Bildes

Die Rekonstruktion mit dem konjugierten Referenzstrahl (durch Drehen des Hologramms um 180^0) zeigt das reelle, pseudoskopische Bild, das nun vor der Photoschicht liegt. Dieser Effekt läßt sich einsetzen, um in einem Schritt ein Weißlicht-Reflexionshologramm herzustellen, bei dem das rekonstruierte Bild vor der Platte liegt. Zunächst wird von dem Gegenstand ein pseudoskopisches Abbild hergestellt, z.B. ein gut reflektierender Gipsabdruck. Davon wird ein Weißlicht-Reflexionshologramm gefertigt, wie oben beschrieben. Das mit dem konjugierten Strahl rekonstruierte reelle Bild ist dann wieder orthoskopisch und liegt vor der Photoplatte.

10 Anordnungen zur Zweistrahl-Holographie

Bei der Herstellung von Hologrammen werden zwei Wellen, Objekt- und Referenzwelle, verwendet. Man spricht von 'Einstrahl-Holographie' (engl. 'single-beam-holography'), wenn der aufgeweitete Laserstrahl zugleich Beleuchtungs- und Referenzwelle bildet. Bei den in diesem Kapitel vorgestellten Anordnungen werden durch Verwendung eines Strahlteilers getrennt geführte Referenz- und Beleuchtungswellen eingesetzt. Diese im englischen Sprachraum als 'split-beam-holography' bezeichneten Versuchsaufbauten sind im folgenden unter dem Begriff 'Zweistrahl-Holographie' zusammengefaßt.

10.1 Aufbau für Transmissionshologramme

Experimenteller Aufbau

Bild 10.1 zeigt einen typischen Aufbau für ein Transmissionshologramm [10.1]. Der erste Strahlteiler zerlegt den Laserstrahl in Referenz- und Beleuchtungswelle. Diese werden über verschiedene Spiegel und Raumfilteranordnungen (Raumfilter und Aufweitungslinse) zur Photoplatte bzw. zum Objekt geführt. Das Streulicht des Objekts gelangt dann als Objektwelle auf die Photoplatte. Zur besseren Ausleuchtung ist es günstig, eine zweite Beleuchtungswelle zu verwenden, die in der Abbildung spiegelsymmetrisch zur ersten eingezeichnet ist. Durch die verbesserte Ausleuchtung lassen sich unerwünschte Abschattungen von Teilen des Objekts vermeiden.

Alle Strahlen sollen parallel zur Oberfläche des Tisches laufen, um die optischen Bauelemente möglichst einfach installieren zu können. Das Objekt sowie die Photoplatte sollten zur optimalen Ausleuchtung möglichst zentral getroffen werden. Deswegen wird die

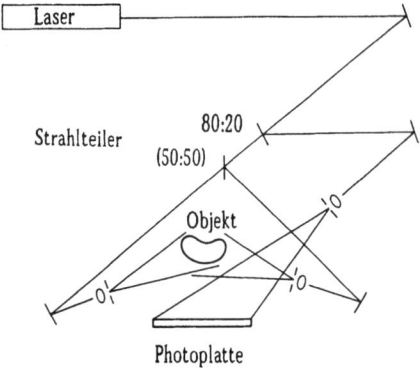

Bild 10.1. Aufbau zur Herstellung eines Transmissionshologramms. Die Referenzwelle wird vom Strahlteiler über den Spiegel und das Aufweitungssystem zur Photoplatte geführt. Die Beleuchtungswelle wird in zwei Wellen aufgeteilt, um den Gegenstand gut auszuleuchten

Strahlführung zunächst mit nicht aufgeweiteten Laserstrahlen realisiert. An die Stelle der Photoplatte wird während der Aufbauphase zur Kontrolle der Ausleuchtung eine weiße Pappe gestellt.

Die Aufweitungsoptik für die Referenzwelle enthält ein Raumfilter, um unerwünschte Interferenzen auszuschalten. Bei den beiden Beleuchtungswellen kann auf Raumfilter verzichtet werden, falls keine zu groben Interferenzstrukturen (z.B. durch Staubteilchen auf Linsen) vorhanden sind.

Vibration

Kritischer als bei den Einstrahl-Aufbauten wirkt sich bei der Zweistrahl-Holographie der Einfluß von Vibration aus. Ein schwingungsisolierter Tisch ist deshalb unverzichtbar. Die einzelnen optischen Komponenten müssen fest mit der Tischplatte verbunden sein. Verbreitet sind Systeme, bei denen alle optischen Bauteile auf der Stahloberfläche des Tisches durch Magnetkraft gehalten werden. Weniger aufwendig ist die Verwendung von Heißklebern, mit denen Teile des Aufbaus auf dem Tisch festgeklebt werden können.

Objekt

Anders als bei der Einstrahl-Holographie kann der Abstand des Gegenstandes zur Photofolie bzw. Photoplatte groß sein, ohne daß dabei die Kohärenzlänge überschritten wird. Da Referenz- und Beleuchtungswelle getrennt geführt werden, läßt sich die Wegdifferenz problemlos kleiner als die Kohärenzlänge halten. Deswegen sind weder dem Abstand des Gegenstandes von der Photoplatte noch seiner Größe prinzipielle Beschränkungen auferlegt. Allerdings muß die Tiefe des Objekts kleiner als die halbe Kohärenzlänge sein. Das hologramm wirkt bei der Rekonstruktion für den Betrachter wie ein Fenster, durch das er das Bild des Gegenstandes sieht.

Der Abstand des Objekts von der Photoplatte wird so gering wie möglich gewählt, um für den Betrachter einen großen Winkelbereich zu erhalten, in dem das Bild rekonstruiert wird. Aus demselben Grunde ist auch der Gegenstand immer deutlich kleiner als die Fläche der Photoplatte. Die kleinsten und häufig benutzten Folien von Agfa (8E75) oder Ilford (SP673) haben eine Größe von 9 x 12 cm^2. Für einfache Transmissionshologramme sollte die Objektdistanz in einer Größenordnung von 10 cm liegen, der Objektdurchmesser bei etwa 5 cm.

Vermeiden von Streulicht

Bevor die Aufnahme endgültig durchgeführt wird, müssen unerwünschte Reflexionen verhindert werden. Der Einfluß der Glasplatten zur Halterung der Photofolie ist bereits in Kapitel 9 beschrieben worden. Weiteres Streulicht entsteht aber an jeder beleuchteten Fläche in Form von Kugelwellen. Sie verursachen in Kombination mit der Beleuchtungs- oder Referenzwelle unerwünschte Interferenzmuster. Streulicht läßt sich durch Blenden (z.B. aus schwarzer Pappe) vermeiden. Auch sollte die Referenzwelle nicht das Objekt und die Beleuchtungswelle nur das Objekt treffen und nicht die Halterung. Diese kann mit schwarzem Tuch (z.B. Samt) umwickelt werden. Möglichst lose angebracht, wird ein solches Tuch das Streulicht der Halterung unterdrücken, ohne daß es selbst holographisch dargestellt wird.

Index-Matching

Die Photofolie wird, mit Hilfe von Glasplatten stabilisiert, aufgestellt. Um Mehrfachreflexionen an den Grenzflächen zu vermeiden, empfiehlt es sich, für den Winkel zwischen Referenzwelle und Folie den Brewster-Winkel zu wählen. Es ist bei manchen Aufbauten hinderlich, daß dieser Winkel mit etwa 56° sehr groß ist. In Kapitel 8 und 9 ist ausführlich dargestellt, wie man mit Hilfe einer Flüssigkeit den Brechzahlsprung Glas/Luft/Folie und damit Mehrfachreflexionen unterdrückt.

Kontrast

Durch die getrennte Führung von Beleuchtungs- und Referenzwelle ist es möglich, deren Intensitätsverhältnis einzustellen. Der erste Strahlteiler sollte den Laserstrahl so aufspalten, daß nicht mehr als 20% des Lichtes für die Referenzwelle verwendet werden. Da sie nach der Aufweitung direkt auf die Photofolie fällt, ist ihre Intensität sehr viel höher als die vom Objekt gestreute. Unter Umständen muß die Referenzwelle zusätzlich abgeschwächt werden, um einen akzeptablen Kontrast zu erzielen. Man bestimmt den Kontrast mit der Gleichung 2.38a aus den gemessenen Intensitäten für die Referenzwelle (I_r) und die Objektwelle (I_o).

Die Intensität der Ojektwelle wird mit einem Photometer (Belichtungsmesser) in den am Plattenort hellsten Reflexen ermittelt. Mit der Anordnung in Bild 10.1 ist es durchaus möglich, einen Kontrast K = 1 einzustellen. Daß die Werte in der holographischen Praxis deutlich unter K = 1 liegen, hängt mit der Schwärzungskurve von Filmen zusammen. (Bild 13.1 c) Sehr geringe und sehr hohe Intensitäten bewirken starke Abweichungen von einer linearen Beziehung. Die Differenz zwischen I_{max} und I_{min} darf nicht größer als der lineare Bereich der Schwärzungskurve sein. Deshalb empfiehlt es sich, die Intensität der Referenzwelle höher als die der Objektwelle zu wählen. Ein typischer Wert ist $I_r \approx 10 \times I_o$. Daraus resultiert ein Kontrast K = 0.57. Nähert sich K dem Maximalwert 1, entstehen durch Nichtlinearitäten neben den Bildern 1. Ordnung u. U. zusätzliche störende Bilder.

Rekonstruktion der Objektwellen

Die in Kapitel 9 dargestellten Versuche zur Rekonstruktion lassen sich auch für die Zweistrahl-Holographie durchführen. Die Rekonstruktion mit der Referenzwelle zeigt das orthoskopische, virtuelle Bild des Gegenstandes. Um einen Eindruck vom Beugungswirkungsgrad zu gewinnen, wird das fertige Hologramm in den Originalaufbau eingesetzt. Durch Ab- und Aufblenden der Beleuchtungswelle kann das holographische Bild mit dem Original verglichen werden.

Die Rekonstruktion mit der konjugierten Welle erzeugt ein reelles, pseudoskopisches Bild, das unter Umständen vergrößert ist. Im Experiment wird dazu das Hologramm um eine Achse senkrecht zur Tischoberfläche um 180^0 gedreht. Dabei dreht sich bezüglich des Hologramms die Richtung der Rekonstruktionswelle bei unveränderter Krümmung der Wellenflächen; es handelt sich also nur bei ebenen Wellen um die konjugierte Welle. Bei Kugelwellen ergibt sich ein vergrößertes reelles Bild. Eine Rekonstruktion mit weißem Licht liefert ein spektral verschmiertes Bild (Kapitel 9).

Rekonstruktion der Referenzwelle

Um die Inhalte der Holographiegleichung 2.11a zu überprüfen, wird das Hologramm mit der Objektwelle beleuchtet. Dazu wird das Objekt wie bei der Aufnahme beleuchtet und die Referenzwelle ausgeblendet. Mit diesem Verfahren läßt sich, nicht sehr leuchtstark, die Referenzwelle rekonstruieren. Deckt man Teile des Gegenstandes ab, werden diese vom restlichen, beleuchteten Teil des Gegenstandes - ebenfalls meist sehr schwach - rekonstruiert. Folglich können Teile eines ausgedehnten Gegenstandes immer dann auch als unerwünschter Ursprung einer Referenzwelle wirken, wenn der Kontrast stark ist. Geisterbilder, die auf diese Weise entstehen, führen zu störenden Überlagerungen mit der eigentlichen Bildinformation. Ist die Intensität der Referenzwelle bei der Aufnahme deutlich höher als die der Objektwelle, spielen diese Effekte keine Rolle. Deswegen sollte der Kontrast nicht zu hoch gewählt werden (z.B. K = 0.57).

10.2 Aufbau für Reflexionshologramme

Experimenteller Aufbau

Viele Zusammenhänge, die für Transmissionshologramme diskutiert wurden, wie Kontrast, unerwünschte Reflexionen und Fragen der Kohärenzlänge, gelten entsprechend auch für Reflexionshologramme. Der in Bild 10.1 angegebene Aufbau läßt sich mit geringen Änderungen für Reflexionshologramme verwenden. Dazu müssen Objekt- und Referenzwelle die Platte von verschiedenen Seiten treffen. Der Gegenstand wird, wie in Bild 10.2 gezeigt, auf die andere Seite der Photoplatte gestellt. Die Beleuchtungswellen werden durch Veränderung der Spiegel und Aufweitungsoptiken neu justiert. Die anderen Komponenten bleiben in ihrer Position.

Die Wegdifferenz zwischen Objekt- und Referenzwelle wird zum Vergleich mit der Kohärenzlänge von der ersten Strahlteilung bis zur Photoplatte neu bestimmt. Für die meisten He-Ne-Laser, die in Labors verwendet werden und Lichtleistungen zwischen 5 mW und 25 mW erbringen, ist eine Wegdifferenz um 10 cm unkritisch, da die Kohärenzlänge bei 20 bis 25 cm liegt. Oberhalb dieses Grenzwertes verliert das Licht seine Interferenzfähigkeit, und es wird kein Hologramm erzeugt.

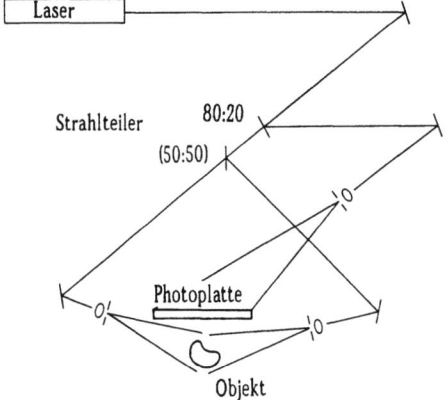

Bild 10.2. Aufbau zur Herstellung eines Reflexionshologramms. Die Lage des Gegenstandes ist spiegelbildlich zur Photoschicht in Bild 10.1. Die Beleuchtungswellen wurden entsprechend neu orientiert

N.J. Phillips [10.2] hat darauf hingewiesen, daß sich vibrationsbedingte Störungen bei Aufbauten für Reflexionshologramme stärker auswirken als bei Transmissionshologrammen. Eine wesentliche Störquelle ist in Bewegungen der Photoplatte zu sehen. Bild 10.3 macht dies deutlich. Schwingungen senkrecht zur Ebene der Photoschicht bewirken beim Transmissionshologramm kaum Veränderungen im Interferenzmuster; beim Reflexionshologramm wird die Lage der Interferenzebenen gegeneinander verschoben und dadurch die gespeicherte Information auch dann teilweise zerstört, wenn die Bewegungsamplitude unter $\lambda/2$ liegt.

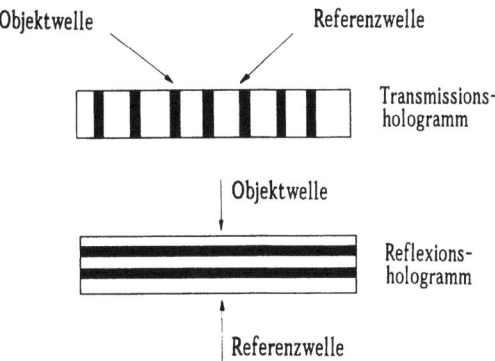

Bild 10.3. Bewegung der Photoplatte während der Aufnahme. Eine Bewegung senkrecht zur Photoplatte zerstört das Interferenzmuster durch Überlagerung der Interferenzebenen nur im Falle des Reflexionshologramms

Objekt

Die Größe und die Positionierung des Objekts hängt davon ab, wie das Hologramm rekonstruiert werden soll. In den meisten Fällen wird das Hologramm unter einem Winkel von ca. 45° von einer Lichtquelle beleuchtet, die in einiger Entfernung über dem Betrachter angebracht ist. So stört weder die Lichtquelle noch das direkt vom Hologramm reflektierte Licht die Betrachtung des rekonstruierten Bildes. Bei der Aufnahme mit aufrecht stehendem Gegenstand muß die Referenzwelle deswegen von oben kommen.

Aus Gründen der Stabilität wird bei den meisten Aufbauten die Referenzwelle parallel zur Tischoberfläche geführt und beleuchtet seitlich die Photoplatte. Entsprechend dieser Anordnung wird der Gegenstand um 90° gedreht, um die beschriebene Betrachtung des Hologramms zu ermöglichen. Die Ausführungen zeigen, daß die spätere Rekonstruktion Details des Aufbaus für die holographische Aufnahme bestimmt.

Rekonstruktion

Bei einem Reflexionshologramm wird die Rekonstruktion im allgemeinen mit Weißlicht vorgenommen. Die Farbe des Bildes liegt, je nach Entwicklungsprozeß und verwendetem Bleichbad, zwischen rot und grün. Sie ist bestimmt durch den Abstand der Gitterebenen in der Emulsion. Die Bilderzeugung ist nur in einem sehr engen Wellenlängenbereich möglich. Der Beugungswirkungsgrad wird theoretisch gleich null, wenn die Wellenlänge um mehr als 5% von der durch den Laser sowie den Entwicklungsprozeß festgelegten Bragg-Bedingung abweicht. Erst diese Wellenlängenselektivität macht eine Beleuchtung mit Weißlicht möglich. Dagegen sind Transmissionshologramme nur mit monochromatischem Licht, allerdings mit beliebiger Wellenlänge, rekonstruierbar.

11 Zweistufige Verfahren - Hologramme von Bildern

Die Auswahl von Objekten, die holographisch abgebildet werden können, ist nicht auf Gegenstände beschränkt. Auch das rekonstruierte reelle Bild eines Gegenstandes kann als holographisches Objekt dienen. Damit lassen sich zusätzliche Effekte erzielen. Komplexere Verfahren, die in diesem Kapitel vorgestellt werden, ermöglichen es, rekonstruierte Bilder vor der Platte schweben oder aus ihr herauszuragen zu lassen.

Je nach Blickrichtung lassen sich mit Regenbogenhologrammen Bilder in verschiedenen Spektralfarben erzeugen. Dieser Hologrammtyp wurde von S. Benton Ende der 60er Jahre entwickelt. Inzwischen gibt es eine Vielzahl von Varianten, mit denen neben den Farbeffekten auch Bewegungen im Hologramm vorgetäuscht werden (Kapitel 12).

Das allgemeine Prinzip derartiger zweistufiger Verfahren wurde in Kapitel 4 dargelegt, in diesem Kapitel werden spezielle technische Hinweise zur Anfertigung entsprechender Hologramme gegeben.

11.1 Herstellung eines Masterhologramms (H1)

Ein Masterhologramm, oft auch 'H1' genannt, das als Objektvorlage für ein Folgehologramm (H2) benutzt wird, ist meist ein Transmissionshologramm (Bilder 4.2, 4.3 und 11.1). Je nach Typ des Folgehologramms gelten für das H1 einige zusätzliche Randbedingungen.

Größe und Lage des Objekts

Bei zweistufigen Hologrammen dient als Ausgangsobjekt für die Herstellung des H2 das vom H1 rekonstruierte reelle, pseudoskopische Bild des Objekts. Das Objekt selbst sollte bei 9 x 12-cm^2-Folien nicht größer als 5 cm im Durchmesser sein und muß die Laserstrahlung gut streuen. Die Referenzwelle wird so ausgerichtet, daß für den Betrachter des vom H2 wiedergegebenen reellen Bildes die Rekonstruktionswelle 'von oben' auf das Bild fällt. Aus Stabilitätsgründen wird der Referenzwelle bei der Aufnahme jedoch nicht 'von oben', sondern aus einer einfacher zu realisierenden seitlichen Lage eingestrahlt. Deshalb muß auch der Gegenstand bei der Aufnahme um 90^0 in eine seitliche Position gedreht werden. Bei der Wahl der Richtung der Referenzwelle ist zu berücksichtigen, daß sowohl beim H1 als auch beim H2 das reelle Bild rekonstruiert wird. Zur Rekonstruktion von H1 und H2 dient folglich jeweils die konjugierte Referenzwelle.

Objektabstand und Lage der Referenzwelle

Der Abstand des Objekts zum Masterhologramm ist durch zwei gegenläufige Erfordernisse bestimmt. Befindet sich das Objekt sehr nahe an der Platte, wird der Beobachtungswinkel, gegeben durch Objektlage und Ausdehnung der Platte, sehr groß, und viele Beobachter können später gleichzeitig das H2 beobachten, denn dieser Winkel wird bei der Übertragung vom H1 auf das H2 mit gespeichert.

Andererseits soll bei der Rekonstruktion der Strahl 0. Beugungsordnung nicht den Bereich des reellen Bildes überlagern. Entsprechend flach muß bei der oben beschriebenen Aufnahme der Referenzstrahl die Photofolie treffen. Das kann zu einer deutlichen Abnahme des Beugungswirkungsgrades führen (Kapitel 6). Außerdem nimmt die von der photoempfindlichen Schicht registrierte Intensität ab. Der Abstand Objekt/Folie darf deswegen nicht zu gering sein. Man erkennt, daß es günstig ist, für Masteraufnahmen möglichst große Folien zu verwenden, damit der Betrachtungswinkel bei der Rekonstruktion auch bei größerem Abstand des Gegenstandes nicht zu klein wird. Der Abstand zwischen Gegenstand und Photofolie sollte 10 cm betragen, bei Regenbogenmastern etwa die doppelte Entfernung [11.1].

Bild 11.1 zeigt einen Aufbau, der dem in Bild 10.1 sehr ähnlich ist. Der Abstand Gegenstand/Platte ist größer, die Referenzwelle ist eben, um Vergrößerungseffekte im reellen Bild zu vermeiden. Verwendet man eine Kugelwelle und rekonstruiert das reelle Bild nur durch Drehen der Masterplatte, wird das Bild vergrößert wiederge-

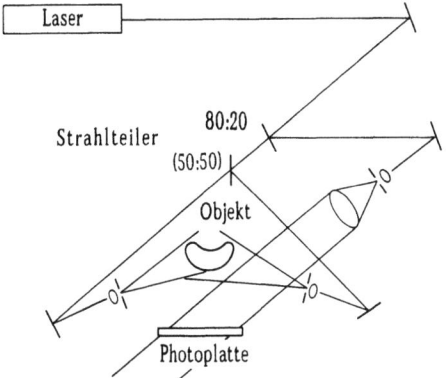

Bild 11.1. Aufbau für ein Masterhologramm (H1). Der erste Strahlteiler hat ein geringes Reflexionsvermögen, damit viel Licht zur Ausleuchtung des Objekts genutzt werden kann. Die Referenzwelle ist eine ebene Welle. Die Aufweitungsoptik besteht aus einem Mikroskopobjektiv (40fach) und einer Lochblende (30 μm)

geben. Dieser Effekt läßt sich gezielt bei der Aufnahme des H2 nutzen.

Vorbereitung der Aufnahme

Vor der Aufnahme wird, wie in Kapitel 10 ausgeführt, die Wegdifferenz gemessen; unerwünschte Reflexionen an Teilen des Aufbaus werden durch Blenden ausschaltet. Zusätzlich muß vermieden werden, daß von den Kanten der Glasplatten, zwischen denen die Folie liegt, Licht durch Mehrfachreflexion auf den Film gelangt. Dieses Streulicht führt zu einem sehr groben Interferenzmuster im Hologramm. Schließlich wird der Kontrast bestimmt und gegebenenfalls die Referenzwelle etwas abgeschwächt, falls der Kontrast zu gering ist.

Je nach Stabilität des Tisches beträgt die Wartezeit nach Laden der Platte bis zur Belichtung zwischen 15 min und 30 min. Für Masterhologramme werden oft Platten, bei größeren Mastern aus Kostengründen Folien verwendet. Beim Einsatz von 'Index-matching' empfiehlt es sich, die Folie zusätzlich an den Rändern mit Klebestreifen zu befestigen.

Es ist von Vorteil, die Belichtung außerhalb des Labors auszulösen und sich während der Belichtung nicht im Labor aufzuhalten, um störende Luftbewegungen zu vermeiden. In manchen Holographielabors wird um den fertigen Aufbau ein Kasten gebaut oder Vorhänge um den Tisch gezogen, um Luftbewegungen vom Aufnahmebereich fernzuhalten.

Kopierverfahren

Prinzipiell ist es möglich, von einem Masterhologramm eine Kontaktkopie anzufertigen. In dem Aufbau Bild 11.1 wird eine Folie in Kontakt mit dem belichteten und entwickelten Master gebracht und nur mit der Referenzwelle belichtet. Durch diese Belichtung wird die Objektwelle rekonstruiert und verläßt mit der Rest-Referenzwelle das Masterhologramm. In der Kopie interferieren die Wellen wieder miteinander. Auf diese Weise ist eine Kopie des Masterhologramms entstanden, das anstelle der Originalaufnahme für die weiteren Arbeiten verwendet werden kann. Außerdem lassen sich jederzeit neue Kopien des Masterhologramms erstellen.

11.2 Weißlicht-Reflexionshologramme (H2)

Einstrahl-Verfahren

In Erweiterung des Kopierverfahrens hat H. Bjelkhagen [11.2] ein Einstrahlverfahren zur Herstellung von Weißlicht-Reflexionskopien vorgeschlagen (Bild 11.2). Er verwendet als Master (H1) ebenfalls ein Weißlicht-Reflexionshologramm, wie es in Kapitel 9 für Einstrahl-

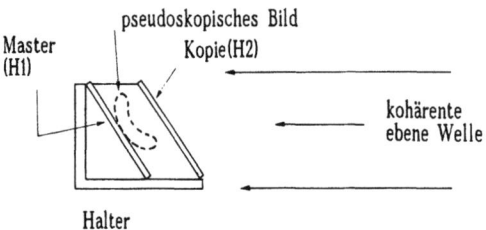

Bild 11.2. Einstrahl-Verfahren für eine Weißlicht-Reflexionskopie (H2) nach H. Bjelkhagen [11.2]

Aufbauten beschrieben wurde. Bei dieser Methode muß das Reflexions-Masterhologramm in einem rehalogenisierenden Bad gebleicht werden, damit das H1 mit dem Aufnahmelaser rekonstruiert werden kann. Als Neigungswinkel der Referenzwelle wird der Brewster-Winkel gewählt, um Mehrfachreflexionen zu vermeiden.

Zweistrahl-Verfahren

Bild 11.3 zeigt einen Aufbau für die Anfertigung eines Weißlicht-Reflexionshologramms (H2), das Prinzip ist in Bild 4.3 dargelegt. Das Masterhologramm wird so aufgestellt, daß das reelle, pseudoskopische Bild vor der Platte erscheint. (Es wäre auch möglich, das virtuelle, orthoskopische Bild als Ausgangspunkt für die Herstellung eines H2 zu wählen. Dies jedoch läge hinter der Platte, und auch das Weißlicht-Reflexionshologramm (H2) ergäbe wieder ein Bild hinter der Platte, weil nur dieses auch orthoskopisch ist.) Das reelle Bild erlaubt bei der Aufstellung Manipulationen, die bei einem realen Gegenstand nicht möglich sind. So kann die Lage der Weißlichtkopie so gewählt werden, daß der Gegenstand partiell hinter der Platte (virtuell), partiell vor der Platte (reell) liegt oder aber ganz vor oder ganz hinter der Platte.

Nach der Belichtung und Entwicklung des H2-Hologramms kann das pseudoskopische, reelle Bild des verwendeten H1-Bildes rekonstruiert werden. Da dieses aber auch pseudoskopisch war, ist das betrachtete reelle Bild des H2 orthoskopisch.

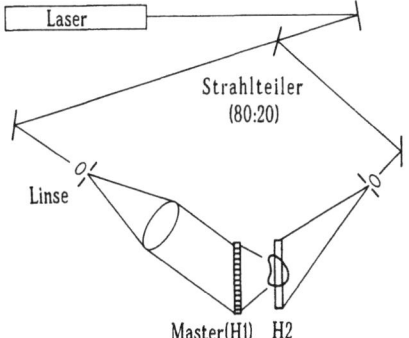

Bild 11.3. Weißlicht-Reflexionshologramm (H2) von einem Master nach Bild 11.1. Die Referenzwelle ist so orientiert, daß die Rekonstruktionswelle für das reelle Bild des H2 von oben einfällt

Nach Fertigstellung des Aufbaus für das H2 werden die Wegdifferenz und der Kontrast bestimmt. Die Intensität der Objektwelle wird in den hellsten Partien des rekonstruierten Bildes (H1) am Ort der H2-Aufnahme gemessen. Intensitätsprobleme sind bei der H2-Aufnahme hinsichtlich der Objektwelle geringer, da die gesamte Intensität des rekonstruierten Bildes zur Verfügung steht und es keine Einschränkungen durch geringes Reflexionsvermögen eines Gegenstandes gibt.

Prinzipieller Nachteil eines H2-Hologramms ist, daß es nur in dem durch die Größe des H1 und den Objektabstand bestimmten Winkelbereich betrachtet werden kann. Nur noch die von den rekonstruierten Bildwellen des H1 direkt getroffene Fläche des H2 enthält Bildinformationen. Der Rest des H2 trägt bei der Rekonstruktion zum Bildaufbau nicht bei. Deswegen sollte beim Entwurf solcher Aufnahmen die Fläche des H1 möglichst groß gewählt werden, während das H2 nicht größer als das Bild des Gegenstandes am Aufnahmeort zu sein braucht.

Bildfehler

Das Hologramm H1 wirkt wie eine komplizierte Fresnellinse. Deshalb ist die Rekonstruktion mit den aus der Optik bekannten Bildfehlern behaftet: sphärische Aberration, Coma, Astigmatismus und chromatische Aberration, um die wichtigsten Bildfehler zu nennen.

S. A. Benton [11.3] hat Grundgleichungen zur Berechnung von Bildfehlern zusammengestellt und sie für die Regenbogenholographie ausführlich behandelt. Hariharan [11.4] hat diese Formeln in allgemeiner Form angegeben. Im Ergebnis bewirken die Bildfehler, daß die Wiedergabe des im H1 gespeicherten Bildes unscharf wird. Die sphärische Aberration ist meistens der größte und schwerwiegendste geometrische Fehler. Er nimmt bei einer Linse stark mit dem Abstand von der Mitte zum Rand zu. Deswegen schaltet man bei optischen Abbildungen durch Linsen die Randbereiche durch konzentrische Blenden aus. Beim H1, würde durch eine solche Maßnahme der Sichtwinkel zur Beobachtung des Bildes im H2 weiter eingeschränkt.

Coma und Astigmatismus wachsen mit den Winkeln der einzelnen Wellen zur optischen Achse. Sie treten folglich dann nicht auf, wenn wir mit einem achsenparallelen Strahlenbündel rekonstruieren und parallele Referenzwellen verwenden. Dies läßt sich oft nicht bewerkstelligen, weil die Verwendung großer optischer Bauteile notwendig ist, um größere Hologrammplatten mit einer ebenen Welle auszuleuchten. Bei verschiedenen Aufbauten dient als Referenzwelle und zur Rekonstruktion des reellen Bildes ein divergentes Strahlenbündel, obwohl die benötigte konjugierte Welle konvergent sein sollte. Dadurch werden der Abstand zwischen Hologramm und reellem Bild und auch die zu erwartenden Bildfehler vergrößert. Daher ist bei vielen Aufnahmen, vor allem, wenn die rekonstruierten Bilder sehr weit vor der Platte liegen, mit Unschärfen durch Bildfehler zu rechnen. Sofern Aufnahme- und Wiedergabegeometrie sich nicht unterscheiden, treten keine Bildfehler auf.

11.3 Weißlicht-Transmissionshologramme

Bildebenenhologramm

Transmissionshologramme besitzen gegenüber Reflexionshologrammen den Vorteil größerer Helligkeit. Die Realisierung eines sogenannten 'Bildebenenhologramms' zeigt Bild 11.4. Die Rekonstruktionswelle für das Masterhologramm (H1) wird hier divergent zum H1 geführt. Je nach Aufnahmetechnik bei der Herstellung des Masters (H1) kann die Rekonstruktionswelle u.U. auch kollimiert sein. Die Referenzwelle

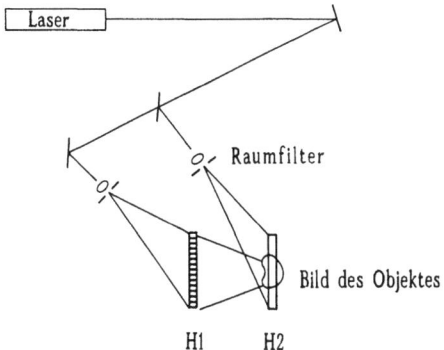

Bild 11.4. Aufbau für ein Weißlicht-Transmissionshologramm. Bei einem Bildebenenhologramm wird die Photoplatte für das H2 in die Bildebene des reellen Bildes vom Masterhologramm (H1) gestellt. In diesem Fall ist die lineare Dispersion minimal

trifft die Photofolie für das H2 von der gleichen Seite wie die Rekonstruktionswelle: es entsteht demzufolge ein Transmissionshologramm. Die Platte H2 steht in der Bildebene des rekonstruierten Objekts, es entsteht ein 'Bildebenenhologramm' (Kapitel 4.3).

Obwohl es sich bei dem H2 um ein Transmissionshologramm handelt, für dessen Rekonstruktion das kohärente Licht des Aufnahmelasers verwendet werden müßte, kann dieses Hologramm auch mit inkohärentem weißem Licht rekonstruiert werden. Da das Bild in der Ebene des Hologramms rekonstruiert wird, ist trotz vorhandener Winkel-Dispersion die lineare Dispersion noch sehr gering; die einzelnen Spektralfarben sind räumlich noch nicht merklich getrennt. Wird bei der Herstellung des H2 nicht die Bildebene des H1 benutzt, zeigt sich bei Rekonstruktion mit einer Weißlichtquelle erneut, daß jedes Hologramm eine Art Beugungsgitter ist. Das Bild erscheint in allen Farben gleichzeitig, aber räumlich nebeneinander, wie in einem kontinuierlichen Spektrum.

Regenbogenhologramm

Regenbogenhologramme sind eine Variante der eben besprochenen Anordnung. Sie wurden von S.A. Benton 1969 erfunden und zeichnen sich durch besonderen Farbenreichtum aus. Der Effekt, den vom H2 rekonstruierten Gegenstand in den Farben des Spektrums ('Regenbogen') getrennt betrachten zu können, wird dadurch erzielt, daß nur ein Streifen des H1 und nicht das ganze Masterhologramm für die Herstellung des H2 benutzt wird. Die Grundlagen dieser Technik sind in Abschnitt 4.3 dargelegt.

Zunächst wird ein Masterhologramm angefertigt, wie in Bild 11.1 beschrieben. Zur Rekonstruktion wird nur ein Teil des Masterhologrammes benutzt, der durch einen schmalen Spalt von ca. 5 mm Breite ausgespart wird (Bild 4.4). Sollen von dem Master nur Regenbogenhologramme hergestellt werden, kann für das Masterhologramm auch ein Filmstreifen in der Spaltdimension verwendet werden. Optisch läßt sich mit Hilfe einer Zylinderlinse ein schmaler Streifen des H1 zur Rekonstruktion ausleuchten. Der Vorteil dieses Verfahrens gegenüber einem geometrischen Spalt liegt in der größeren Intensität der Objektwelle. Der Spalt ist in Bild 11.5 senkrecht zur Papierebene gedacht. Die geometrische Begrenzung des Spaltes wird im H2 bei der Aufnahme mit gespeichert.

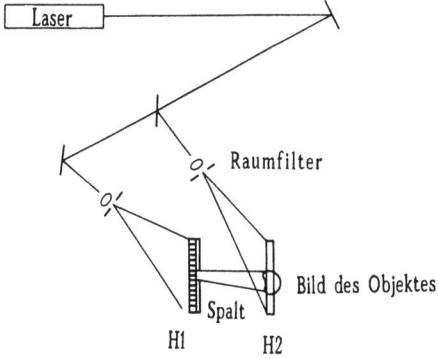

Bild 11.5. Aufbau für ein Regenbogenhologramm. Auf dem H2 wird neben dem rekonstruierten Bild des Gegenstandes auch ein Bild der Spaltblende, senkrecht zur Papierebene gedacht, aufgenommen

Das Spaltbild liegt bei der Rekonstruktion mit dem konjugierten Strahl zwischen dem H2 und dem Beobachter und ist horizontal, wie die menschlichen Augen, orientiert (Bild 11.6). Durch die Einengung auf einen Spalt sind für den Betrachter die Perspektiven und die Dreidimensionalität in der Horizontalen nicht beeinträchtigt; in der Vertikalen ist dagegen keine Dreidimensionalität mehr vorhanden. Vom Betrachter wird dies aber nicht wahrgenommen.

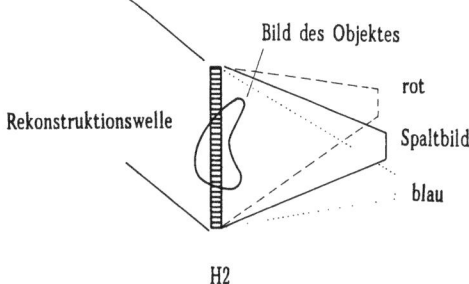

Bild 11.6. Bildwiedergabe bei Regenbogenhologrammen. Rekonstruiert werden das Bild des Gegenstandes und des Spaltes. Das Bild des Gegenstandes wird wie beim Bildebenenhologramm nahe der Bildebene, der Spalt in allen Farben übereinander und in größerem Abstand zur Hologrammebene rekonstruiert

Rekonstruktion

Bei der Bildwiedergabe, z. B. mit dem Licht des verwendeten Lasers, wird das Bild des Gegenstandes rekonstruiert (Bild 11.6). Nur durch den Spalt kann man, wie auch schon in Abschnitt 4.3 kurz erläutert, das Bild betrachten. Das Bild liegt wie beim Bildebenenhologramm in der Nähe der Hologrammebene; der Spalt befindet sich im Abstand des H1 vom H2. Zunächst ist kein Vorteil gegenüber der zuvor erwähnten Aufnahmetechnik erkennbar. Verwendet man statt der Aufnahmewellenlänge λ_0 zur Rekonstruktion eine andere, λ_1, so wird der Gegenstand ebenfalls rekonstruiert. Das entsprechende Spaltbild liegt jedoch höher als das für λ_0, falls $\lambda_1 > \lambda_0$; es liegt tiefer, wenn $\lambda_1 < \lambda_0$. Das Hologramm ist ein Beugungsgitter und liefert für kurze Wellenlängen ('blau') einen kleinen, für große Wellenlängen ('rot') einen großen Beugungswinkel.

Mit weißem, inkohärentem Licht wird der Gegenstand wie bei jedem Bildebenenhologramm relativ scharf wiedergegeben. Der Spalt, der nicht in der Bildebene liegt, wird in den verschiedenen Farben rekonstruiert, und zwar je nach Farbe unter leicht verschiedenen Beugungswinkeln. Die Spaltbilder liegen somit nach Farben geordnet übereinander im Raum vor dem Hologramm.

Die Größe des Spaltes läßt sich aus der Beugungstheorie berechnen. Er sollte nicht zu groß sein, sonst sind die Spektralfarben nicht mehr zu trennen. Ist er zu klein, wird die Speckle-Struktur des Laserlichtes zum Störfaktor. Eine Spaltbreite um 5 mm ist für viele Zwecke akzeptabel.

Ein besonderer Effekt bildet sich aus, wenn das Hologramm unter verschiedenen Winkeln gleichzeitig so beleuchtet wird, daß große Teile des Spektrums den Spalt an der gleichen Stelle rekonstruieren. Dann wird ein mehr oder weniger achromatisches Bild sichtbar. Dazu wird eine in der Senkrechten ausgedehnte Rekonstruktionslichtquelle benötigt, wie sie zum Beispiel eine Leuchtstoffröhre darstellt. Mit einer derart räumlich verteilten Lichtquelle erscheint das Hologramm schwarz-weiß (achromatisch).

Berechnung eines Regenbogenhologramms

Die Herstellung eines Regenbogenhologramms ist nicht komplizierter als die anderer Transmissionshologramme. Durch vorherige Berechnung kann festgelegt werden, unter welchem Winkel und in welcher Entfernung das Spektrum angeordnet sein soll. Gerade bei der Anwendung der Regenbogenholographie in der Kunst spielen solche Fragen eine große Rolle.

Optische Grundlagen

Wird ein Hologramm mit dem Gitterabstand d_g unter dem Winkel α beleuchtet und wird die 1. Beugungsordnung unter dem Winkel β beobachtet, gilt:

$$d_g = \lambda / (\sin \alpha + \sin \beta) \qquad (2.24)$$

Der Zusammenhang zwischen Bildweite b, Gegenstandsweite g und Brennweite f einer Linse ist durch die Abbildungsgleichung gegeben:

$$1/g + 1/b = 1/f \qquad (11.1)$$

Diese Abbildungsgleichung wird etwas anders als in der geometrischen Optik üblich interpretiert. Vor allem muß in Rechnung gestellt werden, daß die chromatische Aberration bei Hologrammen sehr groß ist. Die Brennweite ist von der Wellenlänge abhängig. Man überträgt Gleichung 11.1 auf das Problem der 'Abbildung' eines Objekts durch die Rekonstruktionslichtquelle, die ein Hologramm beleuchtet, und bezeichnet den Abstand der Rekonstruktionslichtquelle (Punktlichtquelle) vom Hologramm mit g_L und den Abstand des reellen Bildes mit b_s:

$$1/g_L + 1/b_s = \mu / f \qquad (11.2)$$

In dieser Formel bedeutet μ das Verhältnis der Wellenlängen bei der Wiedergabe und der Aufnahme, f ist die Brennweite des Hologramms für das reelle Bild. Gleichung 11.2 ist nicht direkt vergleichbar mit Gleichung 5.3, in der die z-Komponenten des reellen und des virtuellen Bildes mit der Brennweite in Zusammenhang gebracht wird. Mit Hilfe von Gleichung 11.2 können die nach Wellenlängen unterschiedlichen Abstände der Spaltbilder vom Hologramm berechnet werden, die bei einem Regenbogenhologramm im Roten, Grünen und Blauen entstehen. In der Literatur wird die Aufnahmewellenlänge λ_r und die Brennweite zu einem Produkt f^* zusammengefaßt, das mit der Aufnahme bestimmt wird. Überschaubarer ist es, die Größe μ aus dem 5. Kapitel zu verwenden.

Berechnungsbeispiel

In einem Beispiel wird angenommen, daß das grüne Licht ($\lambda = 550$ nm) eines kontinuierlichen Spektrums einer unendlich weit entfernten Lichtquelle (z.B. die Sonne) das Spaltbild in 45 cm Abstand vom Hologramm rekonstruieren soll. Dabei fällt das Licht unter einem Winkel von $45°$ ein. Nach Gleichung 11.2 entspricht f dem angegebenen Abstand des Spaltbildes und mit dem jeweiligen µ liegt das rote Spaltbild ($\lambda = 630$ nm) bei 39 cm, das blaue ($\lambda = 450$ nm) bei 55 cm.

Gleichung 2.24 wird zur Berechnung der Winkel verwendet, unter denen die Spaltbilder in den verschiedenen Farben beobachtet werden. Dabei ist durch die Vorgabe, das grüne Spaltbild solle senkrecht aus der Platte austreten (ß = 0), wenn die Hologrammplatte unter $45°$ beleuchtet wird, die Gitterkonstante festgelegt. Es ergibt sich $d_g = 780$ nm. Für die oben angegebenen Wellenlängen errechnet man einen Beugungswinkel von $5.8°$ (rot) bzw. $-7.4°$ (blau). Vorgaben für die Betrachtung des fertigen Regenbogenhologramms (Abstände und Blickwinkel) legen die Versuchsbedingungen fest, die bei der Herstellung des H2 und des H1 beachtet werden müssen.

Entwurf eines Regenbogenhologramms

Für den Entwurf des Regenbogenhologramms werden die Gitterformel 2.24 und die Abbildungsgleichung 11.2 benutzt. Dieser Weg ist nur für dünne Hologramme korrekt. Die Ergebnisse sind aber auch für Volumenhologramme näherungsweise richtig. Der Entwurf wird vom Endresultat aus geplant, in dem festgelegt wird, welche Farben unter welchem Winkel bei vorgegebener Richtung der Rekonstruktionswelle beobachtet werden sollen. Dadurch werden die Parameter des Regenbogenhologramms (H2) bestimmt, die wiederum die Aufnahmegeometrie des Masterhologramms bedingen (H1).

Die Gitterkonstante für das H2 ergibt sich aus der Richtung der Rekonstruktionswelle und der gewünschten Betrachtungsrichtung (Lage des Spaltbilds) für das rekonstruierte Bild des Objektes aus Gleichung 2.24. Die Brennweite f wird festgelegt durch Angabe der Abstände zwischen Spaltbild und H2 b_s **bei der Rekonstruktion** und dem Abstand der verwendeten Lichtquelle g_L, sowie der Größe µ. Alle Parameter sind durch die Vorgabe bestimmt. Zur Berechnung wird Gleichung 11.2 herangezogen. Mit dem so berechneten f ergibt sich der Abstand des Spaltes $b_{s,o}$ vom H2 **bei der Aufnahme** des H2 aus Gleichung 11.2 in der Form ($\mu = 1$)

$$1/b_{s,o} - 1/g_L = 1/f. \tag{11.2a}$$

Der Abstand der Referenzlichtquelle sollte möglichst groß sein, wenn nicht mit einer ebenen Referenzwelle gearbeitet werden kann.

Die Brennweite des Masterhologramms wird mit dem eben gewonnenen Wert für $b_{s,o}$ und einem möglichst großen Abstand der Referenzlichtquelle für $\mu = 1$ aus Gleichung 11.2 abgeleitet. Der Abstand $b_{s,o}$ entspricht der Entfernung des Objektbildes vom Masterhologramm **bei der Rekonstruktion** (das H2 ist ein Bildebenenhologramm). Der Abstand des Gegenstandes **bei der Aufnahme** des H1 resultiert aus Gleichung 11.2a. Die Gleichungen 11.2 und 11.2a unterscheiden sich durch ein Vorzeichen, weil im ersten Fall die Strecken g_L und b_s auf getrennten Seiten des Hologramms liegen, im Falle der Gleichung 11.2a nicht.

Abschließend sei erwähnt, daß es auch graphische Methoden zur Bestimmung der einzelnen Größen gibt. Ein solches Verfahren wurde beispielsweise von McGrew [11.6] entwickelt.

12 Weitere Verfahren der Holographie

Die bisher beschriebenen grundlegenden Verfahren zur Herstellung von Transmissions- und Reflexionshologrammen sind durch Anwendung zusätzlicher Effekte erweitert worden. Aus der Fülle dieser Vorschläge werden in diesem Kapitel einige wichtige vorgestellt.

12.1 Schattenwurfhologramm

Eine holographische Darstellung transparenter Objekte mit den bisher beschriebenen Verfahren ist schwierig, weil das Reflexionsvermögen solcher Gegenstände niedrig ist. Der Kontrast wird entweder sehr gering, oder die Referenzwelle muß stark abgeschwächt werden. Diese Maßnahmen erhöhen jedoch die Belichtungszeit und damit den Einfluß von Störeffekten, beispielsweise der Vibration.

Im Schattenwurfhologramm (engl. 'Shadowgram') wird das hohe Transmissionsvermögen des Objekts ausgenutzt. Die Objektwelle wird

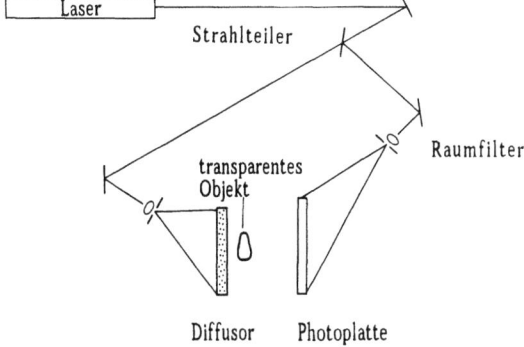

Bild 12.1. Aufbau für ein Schattenwurfhologramm. Der transparente Gegenstand wird diffus durchstrahlt. So entsteht ein Schattenwurf des Gegenstandes

über einen Diffusor (Milchglasscheibe) geleitet, der vibrationssicher aufgestellt werden muß und den transparenten Gegenstand durchstrahlt. Bild 12.1 führt einen Aufbau für ein Weißlicht-Reflexionshologramm vor. Handelt es sich bei dem transparenten Gegenstand um ein Diapositiv oder einen anderen flachen Körper, bei dem es allein auf die Silhouette ankommt, kann sowohl das reelle wie auch das virtuelle Bild zur Rekonstruktion verwendet werden, weil die Pseudoskopie des reellen Bildes nicht zum Tragen kommt.

12.2 Einstufiges Regenbogenhologramm

In der Literatur sind viele Techniken angegeben, wie sich ohne Masterhologramm ein Regenbogenhologramm in einem Ein-Schritt-Verfahren herstellen läßt [12.1, 12.2]. Dabei wird das Objekt mit einer Linse 1:1 in die Filmebene abgebildet. Zwischen Gegenstand und Linse ist der Spalt positioniert. Als Rekonstruktionswelle dient die konjugierte Referenzwelle. Wegen der Abbildung durch die Linse ist das so rekonstruierte Bild des Gegenstandes orthoskopisch. Neben dem Objekt werden die verschiedenen Spaltbilder rekonstruiert, durch die man das Objekt in den einzelnen Farben des Spektrums betrachten kann. Nachteil dieser Anordnung ist, daß eine Linse mit großem Durchmesser verwendet werden muß, die außerdem das Gesichtsfeld begrenzt.

In einem einfach zu praktizierenden Verfahren zur Anfertigung eines Regenbogenhologramms wird das eben besprochene Schattenwurfhologramm als Ausgangsmaterial verwendet. Bei einem Dan-Schweizer-Hologramm [12.3, 12.4, 12.5] wird die Objektwelle wie beim Schattenwurfhologramm über einen Diffusor geleitet, mit dem ein Spalt beleuchtet wird. Die diffuse Spaltlichtquelle durchstrahlt ein transparentes Objekt, das nahe der Photoplatte steht. Der geringe Abstand ist bei Regenbogenhologrammen notwendig, um die lineare Dispersion gering zu halten. Befindet sich der Gegenstand bei der Aufnahme in zu großem Abstand von der Platte, wird das rekonstruierte Bild unscharf (Kapitel 11).

Bild 12.2 zeigt einen Aufbau zur Herstellung eines Dan-Schweizer-Hologramms. Rekonstruiert wird mit der konjugierten Referenzwelle. Statt den Gegenstand vor die Platte zu stellen, kann man auch einen ebenen Gegenstand (Dia, Silhouette) direkt in Kontakt mit der Pho-

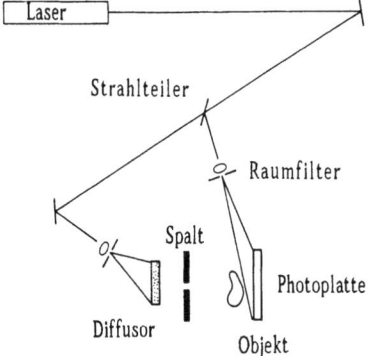

Bild 12.2. Anfertigung eines Regenbogenhologramms ohne Master (Dan-Schweizer-Hologramm). Zur Herstellung des Schattenwurfs wird eine Spaltlichtquelle verwendet

toplatte bringen. Das Bild ist zwar, wie auch der Gegenstand, nicht dreidimensional, es erscheint aber auf einem farbig wechselnden Untergrund. Vielfach wird dieses Verfahren mit anderen Effekten kombiniert, z.B. mit Mehrfachbelichtungen, deren Wirkungen im nächsten Abschnitt beschrieben werden.

12.3 Mehrfachbelichtungen

Nach der holographischen Aufnahme eines Objekts und deren Speicherung auf der Photofolie sind immer noch genügend unbelichtete Silberbromidkörner für ein weiteres Hologramm in der Emulsion vorhanden. Die Interferenzmuster zweier Aufnahmen sind völlig unabhängig voneinander. Mehrfachbelichtungen desselben Gegenstandes spielen in der Interferometrie eine Rolle (Kapitel 15).

In diesem Abschnitt werden Verfahren behandelt, die in der Photographie nicht realisierbar oder nicht sinnvoll sind. Zunächst wird beschrieben, wie sich durch mehrfache Belichtung unterschiedliche Szenen oder Objekte auf einer Photoplatte holographisch registrieren lassen. Bei einer anderen Technik wird das Objekt mehrfach nebeneinander auf jeweils einem Teil der Platte aufgenommen, wobei der restliche, unbelichtete Teil abgedeckt wird. Auf diese Weise könnte man zwar auch eine photographische Aufnahme herstellen, jedoch würde sich kein Vorteil gegenüber mehreren Aufnahmen ergeben, die auf übliche Weise nacheinander durchgeführt werden. Bei den unten beschriebenen Mehrfachbelichtungen wird die Platte zwischen den jeweiligen Aufnahmen nicht entwickelt.

Sollen die Bilder zweier Objekte sich durchdringend an der gleichen Stelle im Raum rekonstruiert werden, muß das Objekt nach der ersten Aufnahme im abgedunkelten Raum gewechselt werden. Die zweite Aufnahme wird mit dem gleichen Aufbau durchgeführt. Statt zweier Gegenstände kann man auch zwei Masterhologramme nehmen; sind beide Master mit der gleichen Geometrie rekonstruierbar, reduziert sich das Verfahren auf einen Schritt, in dem beide rekonstruierten Bilder gleichzeitig aufgenommen werden.

Mit Mehrfachbelichtungen lassen sich auch Bewegungen im Hologramm vortäuschen, oder ein abrupter Szenenwechsel suggerieren. Mehrere Szenen werden auf ein Hologramm, z.B. durch Verwendung verschiedener Referenzstrahlrichtungen, gespeichert. Beim Drehen des fertigen Hologramms in der Rekonstruktionswelle sind dann alle Bilder nacheinander sichtbar.

Umgekehrt kann man bei fester Referenzwelle mehrere Objekte oder den Gegenstand in verschiedenen Lagen auf einem Hologramm aufnehmen. Dabei wird, z.B. bei zwei Aufnahmen, zunächst die eine Hälfte der Platte abgedeckt und die erste Einstellung belichtet. Danach wird die andere Hälfte abgedeckt und die zweite Aufnahme mit veränderter Anordnung holographiert. Wird das entwickelte Hologramm mit der Referenzlichtquelle beleuchtet, sieht der Betrachter, wie sich im Vorbeigehen das Bild verändert. Man erhält den Eindruck einer Bewegung.

Mehrfachbelichtungen auf ein und dieselbe Photofolie lassen sich nicht beliebig häufig durchführen, weil die Schwärzungskurve nichtlinear wird. Es sind nicht mehr genügend unbelichtete AgBr-Körner vorhanden; das führt zu einer Abnahme der Modulation und damit des Beugungswirkungsgrades.

12.4 Multiplex-Hologramme

Bei Multiplex-Hologrammen wird das Verfahren der Belichtung einzelner Partien der Photofolie und Abdeckung des Restes konsequent angewendet, um eine Bewegung im Bild zu vermitteln. Ein Multiplexhologramm basiert auf dem bekannten stereoskopischen Prinzip. Bei einem solchen Verfahren werden zwei photographische Aufnahmen einer Szene aus zwei verschiedenen Perspektiven hergestellt. Durch ein Stereoskop betrachtet sieht der Beobachter die abgebildeten Objekte dreidimensional.

Auf die Holographie übertragen, kann man z.B. eine sich verändernde Anordnung von Objekten mit einer normalen Filmkamera aufnehmen und dann, wie in Bild 12.3 gezeigt, Bild für Bild auf einem holographischen Filmstreifen festhalten. Bei der Rekonstruktion, treffen das rechte und das linke Auge des Beobachters jeweils unterschiedliche zweidimensionale Bildinformationen. Ohne jedes weitere Hilfsmittel werden vom Betrachter die Bilder wie bei einem Stereogramm dreidimensional wahrgenommen. Im Vorbeigehen erlebt er die Abfolge der einzelnen Aufnahmen als Bewegung.

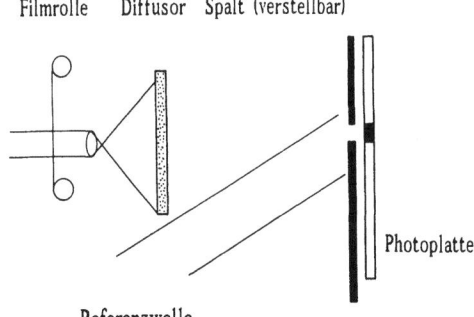

Bild 12.3. Aufbau zur Aufnahme eines Multiplex-Hologramms. Eine inkohärent in vielen Filmbildern aufgenommene Szene wird Bild für Bild als Streifenhologramm abgebildet

12.5 360° - Holographie

Die 360°-Holographie soll die gesamte Geometrie des Objekts beobachtbar machen. In Bild 12.4 ist der Aufbau für ein Einstrahl-Transmissionshologramm angegeben. Bei Beleuchtung des fertigen Hologramms mit einem Laser werden alle Perspektiven des Gegenstandes bei einem Rundgang um das Hologramm erfaßt.

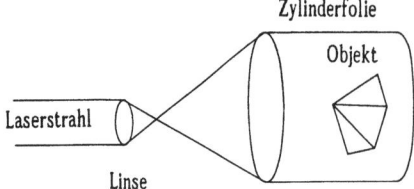

Bild 12.4. Anordnung für eine Einstrahl-Aufnahme für ein 360° - Transmissionshologramm

Multiplex-Hologramme (deren Aufnahmetechnik zuvor besprochen wurde) werden oft auch in dieser 360°-Geometrie rekonstruiert. Mit einer Beleuchtung von oben können so alle Aufnahmen des Multiplex-Hologramms gleichzeitig rekonstruiert und bei Umlaufen des gesamten Kreises die aufgezeichneten, sich verändernden Bilder beobachtet werden. Hier dient die 360° Darstellung nur der besseren Präsentation. Außerdem ist die Rekonstruktion auf diese Weise einfacher. Bei einer längeren Bildfolge, die aus sehr vielen, verschiedenen Einzelaufnahmen besteht, wäre bei linearer Anordnung die Ausleuchtung unter Einhaltung der notwendigen Rekonstruktionswinkel mit lediglich einer Lichtquelle kaum möglich.

12.6 Farbholographie

Alle Hologramme liefern farbige, meist allerdings einfarbige Bilder. Eine Ausnahme bildet die achromatische Wiedergabe, die auf ein Schwarz-Weiß-Bild führt. Es gibt verschiedene Möglichkeiten, die durch die Wellenlänge des verwendeten Lasers festgelegte Farbe zu verändern oder mit Hilfe der Regenbogenhologramme das ganze Spektrum bei Rekonstruktion mit weißem Licht zu verwenden. Diese Pseudofarben, die die Farbe des Objekts nicht wiedergeben, sind in der Holographie wie in der Photographie bekannt. In der Photographie beispielsweise dienen Fehlfarben bei Satellitenaufnahmen zur Darstellung des unterschiedlichen Reflexionsvermögens von Landformationen im Infaroten. In diesem Abschnitt werden holographische Techniken zur echten Farbwiedergabe angegeben.

Mehr-Laser-Verfahren für Transmissionshologramme

Für farbgetreue holographische Bilder werden drei Farben, blau, grün und rot, benötigt, um das von einem Objekt reflektierte Spektrum

realistisch darzustellen. Dafür kann man neben der roten Linie des
He-Ne-Lasers eine blaue und eine grüne Linie des Argon-Ionenlasers
verwenden. Einen prinzipiellen Aufbau zeigt Bild 12.5 für ein Transmissionshologramm. Der erste Strahlteiler reflektiert kurzwelliges
Licht und läßt langwelliges Licht hindurch.

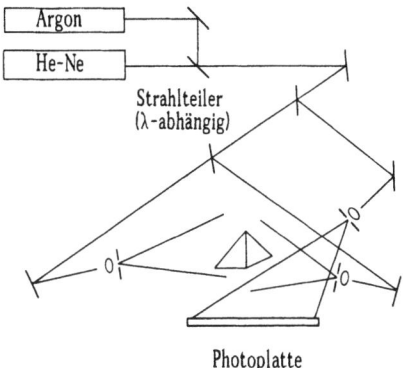

Bild 12.5. Prinzip eines Aufbaus für ein Echtfarbenhologramm. Der erste Strahlteiler reflektiert kurzwelliges Licht und läßt langwelliges Licht durch. Die Anordnung ermöglicht, das Echtfarben-Hologramm in einer Aufnahme herzustellen

Das Problem bei Transmissionshologrammen besteht in ihrer geringen Wellenlängenselektivität. Jede der drei holographischen Aufnahmen ist in der Lage, alle drei Farben zu rekonstruieren; deshalb werden nicht drei, sondern neun Bilder rekonstruiert, wenn auch nicht alle mit der gleicher Intensität. Diese überlagern teilweise das farbechte Bild und führen zu einer Abnahme des Beugungswirkungsgrades und zu unerwünschter Unschärfe. Dieses Problem wird bei Volumenhologrammen vermieden. Die Bragg-Bedingung läßt jeweils nur die Rekonstruktion mit der Aufnahmewellenlänge zu. Alle anderen Richtungen oder Wellenlängen verletzen diese Bedingung und werden stark unterdrückt. Bei Rekonstruktion mit den Aufnahmelasern wird der Gegenstand farbecht abgebildet. Die Wiedergabe solcher Hologramme wird aber sehr aufwendig.

Mehr-Laser-Verfahren für Reflexionshologramme

Eine große Wellenlängenselektivität haben Volumen-Reflexionshologramme. Sie geben jedes, in den drei verschiedenen Farben gespeicherte Bild in nur einer Farbe wieder, und es ist möglich, als Rekonstruktionslichtquelle Weißlicht zu verwenden. Ein Einstrahl-Aufbau [12.6] ist in Bild 12.6 angegeben. Das Problem der farbechten Holographie wird in zwei Schritte aufgeteilt, weil die Holographieemulsionen von Agfa und Ilford nicht panchromatisch sind wie einige russische Fabrikate (PRG-02), sondern optimiert sind für den blau/grünen oder roten Spektralbereich.

Mit dem Aufbau in Bild 12.6 werden zwei Aufnahmen nacheinander auf zwei spektral verschieden empfindliche Folien belichtet; deswegen ist der erste Spiegel in Richtung des Pfeils verschiebbar. Beide Folien werden nach der Entwicklung fest miteinander verbunden. Handelt es sich um Platten, muß schon bei der Aufnahme darauf geachtet werden, daß Photoschicht auf Photoschicht gelegt werden kann, weil nur dann die verschiedenen monochromatischen Bilder am gleichen Ort entstehen.

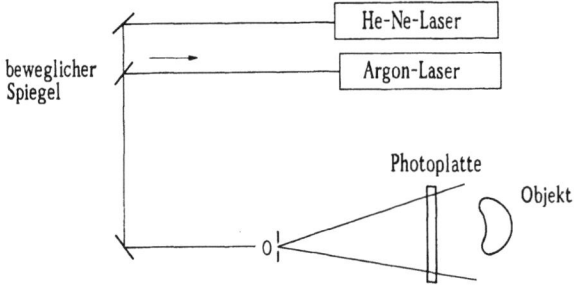

Bild 12.6. Einstrahl-Aufbau für ein Echtfarben-Reflexionshologramm. Der erste Spiegel ist zur sequentiellen Belichtung mit He-Ne- und Ar-Lasern verschiebbar

Obwohl Reflexionshologramme bei der Rekonstruktion mit Weißlicht wegen der Bragg-Bedingung sehr farbselektiv sind, handelt es sich nicht um eine Überlagerung der monochromatischen Bilder, die bei den Aufnahmen mit Lasern registriert wurden. T.H. Jeong und E. Wesly [12.7] haben eine Definition für ein Echtfarbenhologramm angeboten. Danach kann man nur dann von einem Echtfarbhologramm sprechen, wenn es die gleichen Wellenlängen mit den gleichen relativen Intensitäten rekonstruiert, die vom Objekt während der Aufnahme reflektiert wurden. Diese Bedingung läßt sich mit dem oben dargestellten Verfahren nicht erfüllen.

Die Bildwiedergabe von Reflexionshologrammen geschieht häufig nicht mit der Wellenlänge, die für die Aufnahme verwendet wurde. Beim Bleichen mit Kaliumdichromat wird aus der Emulsion das entwickelte Silber herausgelöst, die photoempfindliche Schicht schrumpft, und die Rekonstruktionswellenlänge wird kürzer. Die Farben können von 'Rot' bis 'Grün' für die rote Wellenlänge und von 'Grün' bis 'Blau/Violett' für die grüne Wellenlänge verschoben werden. Damit ist ein Farbhologramm mit echten Farben kaum herstellbar. Mit rehalogenisierenden Bleichbädern und Entwicklern, die nur eine geringe Schrumpfung bewirken, läßt sich die Verschiebung stark einschränken.

Triäthanolamin unterschiedlicher Konzentration ist geeignet, die Photoschicht aufzuquellen und damit eine gezielte Verschiebung der Wellenlänge nach der Belichtung und Entwicklung zu erreichen. Abgesehen von dem Problem, wirkliche Farbechtheit auf diesem Wege zu erzielen, dunkeln die Hologramme nach durch Bildung von photolytischem Silber. P. Hariharan [12.8] schlägt vor, statt Triäthanolamin D-Sorbitol zu verwenden ($CH_2OH(CHOH)_4CHOH$). Die gezielte Wellenlängenverschiebung durch chemische Vorbehandlung wird meist eingesetzt, um Falschfarbenhologramme zu produzieren.

Farbhologramme mit Regenbogentechnik

Eine andere Methode für Echtfarbenhologramme geht von der Regenbogenhologramm-Technik aus. Farbverschiebungen durch Schrumpfung können nicht entstehen, weil es sich um Transmissionshologramme handelt. In den verschiedenen Farben rot, grün und blau werden drei Masterhologramme hergestellt. Die Master sind so dimensioniert, daß bei der Wiedergabe der roten Aufnahme das rote Spaltbild, bei der grünen Aufnahme das grüne Spaltbild usw. in dieselbe Richtung zur Plattenebene des H2 fällt. Bei der Rekonstruktion des H2 mit weißem Licht (Bild 12.7) entstehen drei verschiedene Anordnungen von Spaltbildern. In einer bestimmten Blickrichtung zum H2 überlagern sich die drei gewünschten Farben zu einem echten Farbhologramm. Wird von weiter oben oder unten beobachtet, wird ein Falschfarbenhologramm rekonstruiert, schließlich nur noch ein einfarbiges Hologramm entweder rot bei Beobachtung von oben oder blau bei Beobachtung von unten.

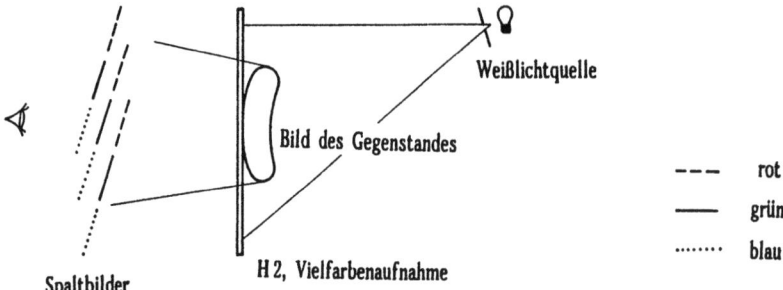

Bild 12.7. Echtfarbenhologramm mit der Technik eines Regenbogenhologramms. Dargestellt ist die Rekonstruktion von Bildern eines Hologramms, das durch Überlagerung dreier Masterhologramme im Roten, Grünen und Blauen entstanden ist. In einem engen Bereich überlagern sich Spaltbilder aller drei Farben; der Betrachter sieht das Objekt in seinen natürlichen Farben.

Achromatische Bilder

Im Abschnitt 11.3 wurde die achromatische Rekonstruktion bei Regenbogenhologrammen erwähnt. Nach der dort angegebenen Methode lassen sich für drei Spalte, die z.B. mit einem He—Ne-Laser aufgenommen wurden, die Spaltbilder so berechnen, daß sich im rekonstruierten H2 der Rot-, Grün- und Blauanteil aus jeweils einem Spalt teilweise überlappt. In diesem Fall erscheint bei der Beleuchtung mit Weißlicht in dem Bereich der Überlappung das Bild des Gegenstandes schwarz-weiß, d.h. achromatisch.

Eine andere Technik für achromatische Bilder wurde von P.G. Boj et al. [12.10] entwickelt. Die Autoren gehen von ganz normalen Transmissionshologrammen aus, die mit weißem Licht betrachtet werden. Mit Hilfe eines Gitters wird die Dispersion rückgängig gemacht. Da hierbei die Rekonstruktionswelle vollständig zur Bildwiedergabe verwendet wird, sind die Bilder sehr lichtstark.

13 Eigenschaften holographischer Schichten

Für die Holographie stehen unterschiedliche Aufzeichnungsmedien zur Verfügung; dieses Kapitel enthält eine allgemeine Charakterisierung holographischer Schichten. Spezielle holographische Medien sind Gegenstand des nachfolgenden Kapitels.

13.1 Transmissions- und Phasenkurven

Holographische Materialien müssen lichtempfindlich sein: nach der Belichtung und der anschließenden Behandlung (z. B. Entwicklung) ändern sich die optischen Eigenschaften. Dadurch werden Amplitude und Phase einer durch die Schicht hindurchlaufenden Lichtwelle beeinflußt. Die Formel für die Veränderung der komplexen Amplituden-Transmission durch die Belichtung lautet:

$$\mathbf{t} = \exp(-\Delta\alpha d)\exp(i\Delta\Phi) = t\exp(i\Delta\Phi). \tag{13.1a}$$

Die durch die Belichtung bedingte Modifikation des Absorptionskoeffizienten ist durch $\Delta\alpha$ gegeben. Der Brechungsindex n und die Schichtdicke d ändern sich um Δn und Δd. Die Phase wird um

$$\Delta\Phi = 2\pi\Delta(nd)/\lambda = 2\pi(\Delta n\, d + n\,\Delta d)/\lambda \tag{13.1b}$$

verschoben, wobei λ die Wellenlänge angibt. Je nach Schicht und Entwicklungsprozeß können Amplitudenhologramme entstehen, wenn sich durch die Belichtung nur der Absorptionskoeffizient α ändert, oder Phasenhologramme, wenn sich entweder der Brechungsindex n oder die Schichtdicke d verändert (Abschnitt 6.2). Die Empfindlichkeit des holographischen Materials wird in diesen beiden Grenzfällen durch die Amplituden- oder Phasenkurven in den Bildern 13.1a und b beschrieben, welche die Abhängigkeit dieser Größen von der Belichtung E wiedergeben. Die Belichtung E berechnet sich aus der Laserleistung P · Belichtungszeit τ; bei Pulslasern entspricht E der Pulsenergie.

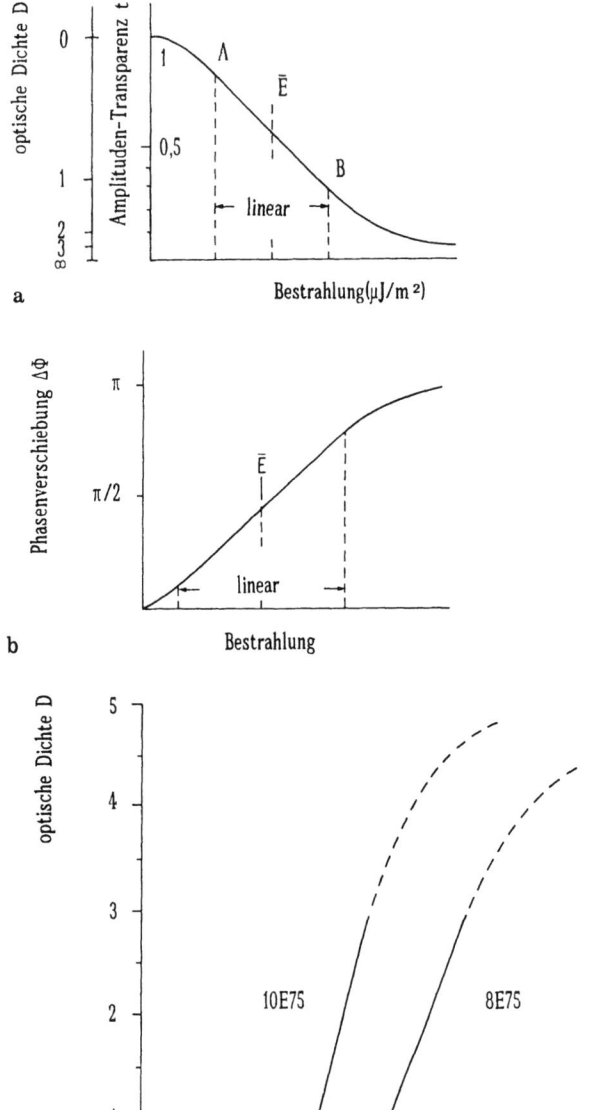

Optische Dichte D

Insbesondere bei photographischen Schichten wird anstelle der Amplituden-Transmission t der Begriff 'optische Dichte' benutzt. Sie errechnet sich aus der Intensitäts-Transmission $T = t^2$ nach der Beziehung:

$$D = \log 1/T = \log 1/t^2. \tag{13.2}$$

In der Photographie ist es üblich, D in Abhängigkeit von log E darzustellen (Bild 13.1c).

Modulation

In der Holographie ist in der Regel eine lineare Aufzeichnung erwünscht. Die bedeutet, daß sich die Transmission t der Schicht proportional zur eingestrahlten Lichtenergie E $(= I\tau)$ verhält (Gleichung 2.10). In diesem Fall entstehen sinusförmige Gitterstrukturen, und es treten nur die 0. und ±1. Beugungsordnung auf.

Zur Untersuchung, ob eine lineare Aufzeichnung möglich ist, wird beispielsweise ein Lichtgitter mit der Helligkeitsverteilung E ~ sinx betrachtet (genauer: $E = \bar{E} + \bar{E}$ sinkx, x = Ortskoordinate, k = 2πσ, σ = Raumfrequenz = 1/Gitterabstand, $\bar{E}$ = mittlere Lichtenergie). Dieses Gitter soll in der holographischen Schicht gespeichert, d. h. photographiert werden. Aus Bild 13.2a ist ersichtlich, daß die resultierende Transparenz t der Schicht keineswegs eine lineare Funktion von E ist. Das aufgezeichnete Gitter zeigt starke Abweichungen von einer sinx-Funktion; es treten Verzerrungen, d. h. Oberwellen, auf, die zu höheren Beugungsordnungen führen. In der Holographie wirkt sich dies ungünstig aus, da bei der Rekonstruktion mehrere Bilder unter verschiedenen Winkeln entstehen können.

◀ **Bild 13.1.** Transparenz- und Phasenkurven holographischer Materialien [13.1], [13.2]
        a) Amplituden-Transparenz t einer holographischen Schicht in Abhängigkeit von der Lichtenergie E
        b) Verschiebung der Phase ΔΦ in Abhängigkeit von der Lichtenergie E
        c) Optische Dichte $D = \log 1/t^2$ in Anhängigkeit von E

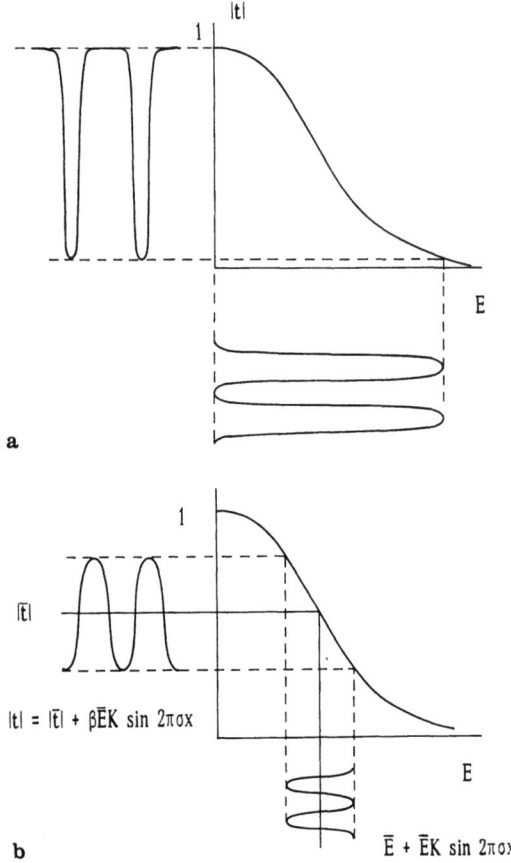

Bild 13.2. Aufzeichnung von Gittern in holographischen Schichten [13.3]
a) Bei starker Änderung der Intensität ist die Aufzeichnung nichtlinear. Ein sin x-Gitter wird verzerrt gespeichert
b) Lineare Aufzeichnung gelingt bei kleinen Gitteramplituden, wenn ein konstanter Lichtuntergrund $\overline{E}$ überlagert wird, d. h. der Kontrast muß kleiner als 1 sein

Bild 13.2b verdeutlicht, daß es jedoch möglich ist, den nahezu linearen Teil der t-E-Kurve auszunutzen. Dazu wird zu der gitterförmigen Lichtstruktur ein konstanter Untergrund, d.h. eine gleichmäßige Beleuchtung addiert: $E = \overline{E} + \overline{E} K \sin kx$. Der Kontrast K (siehe Gleichung 2.38) des Gitters ist kleiner als 1, so daß die Intensitätsminima nicht mehr Null sind. Dadurch wird das Lichtgitter in den linearen Teil der Kurve verschoben, und die Transparenz wird bis auf einen konstanten Untergrund ebenfalls eine sinx-Funktion. Der Untergrund nimmt keinen Einfluß auf die Beugung, so daß man durch diese Methode der linearen Aufzeichnung nur Beugungen der 0. und ±1. Ordnung erhält.

Bleichung

Für Amplitudenhologramme ist eine annähernd lineare Aufzeichnung mit hoher Amplitude nach Bild 13.2b relativ einfach zu erzielen. Komplizierter gestaltet sich der Vorgang bei Phasenhologrammen, die durch Bleichung der Schichten erzeugt werden. In Abschnitt 6.2 wurde erklärt, daß bei dünnen Phasenhologrammen stets mehrere Beugungsordnungen auftreten. Dies gilt auch, wenn die Phasenverschiebung $\Delta\Phi$ linear mit der Belichtung E anwächst. Erst bei dicken Phasenhologrammen bildet sich durch den Bragg-Effekt nur eine Ordnung aus.

13.2 Auflösung und Beugungswirkungsgrad

Kontrastübertragungsfunktion

Die Kurven zur Transmission und Phase in den Bildern 13.1 und 13.2 spiegeln das makroskopische Verhalten von Aufzeichnungsmaterialien wieder. Informationen über das Auflösungsvermögen enthält die Kontrastübertragungsfunktion M, die von der Raumfrequenz σ bei der Aufzeichnung abhängt. Sie ist durch den Kontrast K' nach der Aufzeichnung eines Gitters mit dem Kontrast K definiert (Gleichung 2.38):

$$M = K'/K. \qquad (13.3)$$

Aufzeichnung

Im folgenden wird mit Hilfe von Bild 13.2b die Aufzeichnung eines Gitters in einer holographischen Schicht durchgerechnet. Die Verteilung der Helligkeit ist durch

$$E = \bar{E} + \bar{E} K \sin kx \qquad (13.4)$$

gegeben. Dabei steht für $\overline{E}$ die mittlere Lichtenergie und für x die Ortskoordinate; $k = 2\pi\sigma$ ist durch die Raumfrequenz σ bestimmt. Dieses Lichtgitter führt zu einer Transmission der Schicht:

$$t = \overline{t} + \beta \overline{E} M K \sin kx, \qquad (13.5)$$

wobei die Kontrastübertragungsfunktion M berücksichtigt wurde. Der Anstieg der t-E-Kurve im linearen Teil wird mit ß (= dt/dE) bezeichnet. Die Gleichung gilt nur im linearen Bereich der Aufzeichnung; selbstverständlich ist $t < 1$ und $\beta < 0$.

Wirkungsgrad

Die Amplitude der am Gitter gebeugten Welle ist aus Gleichung 13.5 ablesbar, wenn die Gitteramplitude $\beta \overline{E} M K$ mit der Beleuchtungswelle, die identisch mit der Referenzwelle r ist, multipliziert wird. Für die Amplitude u_3 des holographischen Bildes gilt unter Beachtung des Faktors 0,25 (Abschnitt 6.2):

$$u_3 = 0{,}25\, r \beta \overline{E} M K. \qquad (13.6)$$

Der Beugungswirkungsgrad ε gibt das Verhältnis der Leistung im holographischen Bild u_3^2 zu der der Beleuchtung r^2 an:

$$\varepsilon = 0{,}25^2 (\beta \overline{E} M K)^2. \qquad (13.7)$$

Da $\beta = dt/dE$ ist, erhält man für $\beta E = dt/d\ln E = \log_{10} e \cdot dt/d\lg E = 0{,}43\,\Gamma$. Damit wird der Wirkungsgrad

$$\varepsilon = (1/16) \cdot (0{,}43\,\Gamma M K)^2. \qquad (13.8)$$

Die Größe Γ bezeichnet den Anstieg in der t-logE-Kurve (Bild 13.1). Die Gleichung besagt, daß der Beugungswirkungsgrad proportional ist zur Empfindlichkeit der Schicht, die durch β oder Γ festgelegt wird, zum Kontrast des Gitters K und zur Kontrastübertragungsfunktion M. Dabei ist zu erinnern, daß die Gleichung für dünne Amplitudengitter abgeleitet wurde, deren maximaler Wirkungsgrad $\varepsilon = 1/16 = 6{,}25\ \%$ beträgt (Kapitel 6). Dieser theoretische Grenzwert ist nicht erreichbar, da die Transmission $t < 1$ ist.

13.3 Rauschen von Schichten

Durch die Körnigkeit der photoempfindlichen Schichten kommt es zu Streuung und Beugung von Licht, die in der Holographie zum sogenannten 'Rauschen' führen. Diese Störungen sind insbesondere bei Hologrammen mit geringem Beugungswirkungsgrad und bei Aufzeichnung mehrerer Hologramme übereinander von Bedeutung. Die unregelmäßigen Strukturen im Film können unter dem Gesichtspunkt der Fourier-Analyse als eine Summe von Beugungsgittern aufgefaßt werden und somit ein Spektrum verschiedener Raumfrequenzen in der Schicht darstellen. Man spricht daher von einem 'Rauschspektrum' der Schicht.

Zur Messung des Rauschspektrums kann eine Anordnung nach Bild 13.3 dienen. Vor der Untersuchung wird die holographische Schicht mit einer gleichmäßigen Lichtenergie $\overline{E}$ bestrahlt, so daß nach der Entwicklung eine bestimmte Schwärzung - oder bei Schichten für Phasenhologramme eine Phasenänderung - eintritt. Die Lichtenergie $\overline{E}$ entspricht etwa dem Wert, der üblicherweise bei der holographischen Aufnahme eingestellt wird. Die so behandelte Schicht wird untersucht, indem man sie mit einer gleichmäßigen Lichtwelle senkrecht beleuchtet. Ist die Schicht vollständig homogen, d. h. ohne Körnigkeit, so würde in der Brennebene der Linse in Bild 13.3 ein zentraler (beugungsbegrenzter) Lichtfleck entstehen. Wird das Licht jedoch an den Strukturen der Schicht gebeugt, tritt Licht auch seitlich vom Brennfleck auf. Die Intensitätsverteilung des Lichtes in der Brennebene ist folglich ein Maß für die Körnigkeit oder das Rauschen des holographischen Materials.

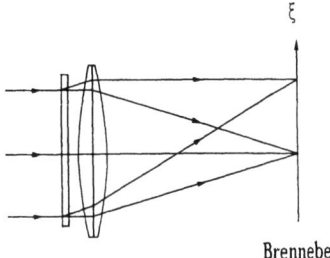

Brennebene

Bild 13.3. Anordnung zur Messung des Rauschens holographischer Schichten. Das Rauschspektrum wird in der Brennebene der Linse gemessen

Fourier-Analyse

In der Brennebene der Linse nach Bild 13.3 entsteht das Raumfrequenzspektrum der Photoschicht. Dies wird wie folgt verständlich: Befindet sich auf der Photoschicht ein Gitter mit der Raumfrequenz $\sigma = 1/d_g$ (d_g = Gitterabstand), so wird paralleles Licht unter dem Winkel $\sin \delta = \lambda/d_g = \lambda\sigma$ gebeugt. In der Brennebene der Linse erscheint ein Bildpunkt an der Stelle $\xi = f \tan \delta$, wobei f die Brennweite angibt. Für nicht zu große Winkel gilt: $\tan \delta \approx \delta$. Damit wird $\xi = f\lambda\sigma$, d. h. die Lage des Bildpunktes ξ in der Brennebene entspricht bis auf den konstanten Faktor $f\lambda$ der Raumfrequenz σ. Somit gibt die Intensitätsverteilung in der Brennebene das Spektrum der Raumfrequenzen der Schicht an.

Meßvorgang

Das Rauschen, d. h. das Spektrum der Raumfrequenzen einer holgraphischen Schicht wird, nach Bild 13.3 untersucht. Hierzu wird mit einem Photodetektor die Lichtintensität in der Brennebene der Linse gemessen. Die Koordinaten in dieser Ebene tragen die Bezeichnungen ξ und η. Die Fläche des Detektors mißt $\Delta\xi$ mal $\Delta\eta$; dem entsprechen die Raumfrequenzintervalle $\Delta\sigma_\xi = \Delta\xi/\lambda f$ und $\Delta\sigma_\eta = \Delta\eta/\lambda f$. Das Rauschspektrum $\Phi(\xi,\eta)$ ist definiert als die in der Brennebene gemessene Rauschleistung P_R dividiert durch die Raumfrequenzintervalle $\Delta\xi$

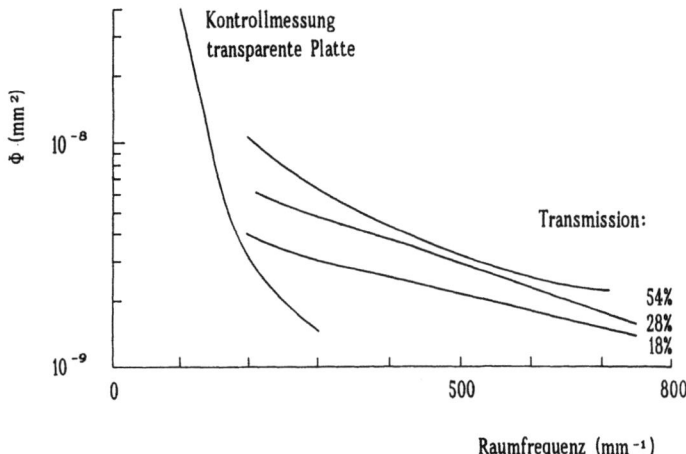

Bild 13.4. Rauschspektrum einer holographischen Schicht (Kodak 649F-Platten)

und $\Delta\eta$; zusätzlich wird durch die einfallende Lichtleistung P_e geteilt [13.1]:

$$\Phi(\xi,\eta) = P_R / (P_e \Delta\xi \Delta\eta / (\lambda f)^2). \tag{13.9}$$

Die Fläche der Detektoren $\Delta\xi \cdot \Delta\eta$ wird so groß gewählt, daß sich Speckles herausmitteln. Der Wert Φ wird in Abhängigkeit vom Radius $\rho = (\xi^2 + \eta^2)^{1/2}$ bestimmt und als Funktion von $\sigma_\rho = \rho/\lambda f$, d.h. der Raumfrequenz in radialer Richtung, aufgetragen. Man nennt die Größe Φ auch 'Wiener Spektrum' oder 'power spectrum'. Das Rauschspektrum Φ einer holographischen Schicht zeigt Bild 13.4.

13.4 Nichtlineare Effekte

Bei linearer Aufzeichnung von Hologrammen entstehen nach der Rekonstruktion 4 Lichtwellen (u_1 bis u_4, siehe Abschnitt 2.2): u_1 stellt die durch das Hologramm geschwächte Beleuchtungswelle dar, die von einem Halo (u_2) umgeben ist; u_3 beschreibt das normale holographische, u_4 das konjugierte Bild.

In Abschnitt 13.1 wurde ausgeführt, daß eine lineare Aufzeichnung bei Amplitudenhologrammen näherungsweise möglich ist. Phasenhologramme sind vom Prinzip her nichtlinear, da die Phase im Exponenten einer e-Funktion steht.

Nichtlinearität hat zur Folge, daß bei Aufzeichnung eines sin x- oder cos x-Gitters zusätzlich Oberwellen, d. h. Raumfrequenzen mit dem doppelten, dreifachen usw. Wert, auftreten. Die Amplituden dieser Oberwellen nehmen mit zunehmender Frequenz ab, so daß hauptsächlich die erste Oberwelle Einfluß auf das holographische Bild gewinnt.

Einfluß von Oberwellen

Durch die Verdopplung der Raumfrequenz eines Gitters, tritt Beugung bei näherungsweise dem doppelten Winkel auf. Daraus läßt sich folgern, wie die einzelnen Wellen u_1 bis u_4 durch Oberwellen beeinflußt werden. Die geschwächte Beleuchtungswelle u_1 erfährt keine Änderung; jedoch bildet sich neben dem Halo u_2 ein weiteres Halo unter dem doppelten Winkel aus. Außerdem erscheinen zusätzlich zu den normalen und konjugierten Bildern u_3 und u_4 Bilder unter dem doppelten Winkel, deren Krümmung ebenfalls verdoppelt ist. Auch entstehen neue Halos um die Bilder u_3 und u_4. Sie besitzen eine ähnliche Wirkung wie das Rauschen der Schichten und werden dadurch erzeugt, daß die Raumfrequenzen des Objektes σ_0 (nach Bild 2.4) ebenfalls verdoppelt werden. Details über den Einfluß einer nichtlinearen Aufzeichnung finden sich in den Referenzen [13.1] und [13.2].

Dicke Hologramme

Das Aufkommen von Oberwellen durch Nichtlinearitäten mindert die Qualität der Aufzeichnung, insbesondere bei dünnen Hologrammen. Bei dicken Hologrammen ist ihr Einfluß nicht so gravierend, da Beugung höherer Ordnung durch die Bragg-Bedingung an den Gitterebenen weitgehend verhindert wird [13.2].

14 Aufzeichnungsmedien für Hologramme

Geeignete Medien für eine holographische Aufzeichnung sollten sich auszeichnen durch eine starke Empfindlichkeit gegenüber den verwendeten Laserwellenlängen, ein hohes Auflösungsvermögen, ein lineares Übertragungsverhalten, geringes Rauschen, die Möglichkeit, eine Aufnahme eventuell zu löschen und wiederholt zu beschreiben, sowie einen günstigen Preis. Je nach Einsatzbereich stehen verschiedene Aufzeichnungsmedien zur Verfügung, die in Tabelle 14.1 zusammengestellt sind [14.1].

Tabelle 14.1. Übersicht über holographische Speichermedien [13.2]

Material	Behandlung	Hologr.	Spektrum nm	Belichtg. $\mu J/cm^2$	Auflösung Linien/mm	Wirk.-grad
nicht löschbar						
Silberhalog.	Entwicklung	Ampl.	400-700	1 - 100	3000-7000	0,05
Silberhalog.	Bleichung	Phase	400-700	1 - 100	3000-7000	0,60
Dichromat	Entwicklung	Phase	350-580	10^4	>10000	0,90
Photoresist	Entwicklung	Phase	UV-500	10^4	3000	0,30
Photopolym.	Belichtung	Phase	UV-650	10^3-10^6	200-1500	0,90
löschbar						
Photochrom.	keine	Ampl.	300-700	10^4-10^5	>5000	0,02
Thermoplast.	Lad.,Wärme	Phase	400-650	10	500-1200	0,30
Photorefrakt.	keine	Phase	350-500	10^4-10^5	>1500	0,20
" +Photol.*	keine	Phase	350-500	10^2	>10000	0,25

* siehe Tabelle 14.6

14.1 Silberhalogenidschichten

Silberhalogenidschichten werden seit Jahrzehnten als photographisches Filmmaterial verwendet; auch in der Holographie sind sie das am häufigsten eingesetzte Speichermedium. Sie weisen eine hohe Empfindlichkeit auf und können durch Einlagerung von Farbstoffen für die jeweilige Laserwellenlänge sensibilisiert werden. Diese Schichten werden in vielen Laboren verwendet, die künstlerische und graphischen Arbeiten ausführen. Im Handel sind sie problemlos erhältlich. Im Vergleich zur Photographie sind bei holographischen Schichten die Silberhalogenid-Kristalle wesentlich kleiner (30 bis 90 nm Durchmesser), so daß die Auflösung von etwa 100 auf über 5000 Linien/ mm gesteigert wird.

Wirkungsweise

Silberhalogenidschichten für die Holographie bestehen in der Regel aus einer 5 bis 7 μm dicken neutralen Gelatine, die auf eine Glas- oder Filmunterlage aufgetragen ist. Darin wird eine Suspension kleiner Kristallkörner aus Silberhalogenid, meist AgBr, eingelagert. Durch den Zusatz von Schwermetallionen und eine schwache Reaktion mit Sulfidionen wird die Schicht sensibilisiert, d. h. lichtempfindlich gemacht. Mittels spezieller Farbzusatzstoffe kann eine Sensibilisierung für verschiedene Wellenlängenbereiche erzielt werden (Tabelle 14.2 und Bild 14.1). Bei der Belichtung der Schicht bildet sich Silber nach folgender Photoreaktion:

$$AgBr + hf = Ag + Br.$$

Während des Prozesses werden in den AgBr-Körnern nur einzelne Ag-Keime produziert, die als katalytisches Zentrum wirken. Es entsteht ein sogenanntes 'latentes Bild'. Bei der Entwicklung wird das belichtete Korn vollständig zu Silber reduziert, wobei eine 'Verstärkung' um den Faktor 10^6 auftritt. Dadurch sind diese Schichten wesentlich empfindlicher als andere (Tabelle 14.1). Das reduzierte Silber absorbiert Licht, und die Schicht wirkt schwarz. Auf diese Weise entstehen Amplitudenhologramme; durch Bleichen können sie in Phasenhologramme überführt werden.

Tabelle 14.2. Eigenschaften verschiedener holographischer Silberbromid-Filme

Typ	Dicke µm Film	Platte	Spektrum nm	Farbe	Belichtung µJ/cm^2	Korn nm	Auflösung Linien/mm
Agfa							
8 E 75	5	7	630–730	rot	10	35	5000
10 E 75	5	7	630–730	rot	3	90	3000
8 E 56	5	7	400–550	blau-gr.	30	35	5000
10 E 56	5	7	400–550	blau-gr.	2	90	3000
Kodak							
649 F	6	17	400–680	panchr.	50	60	>3000
Ilford							
SP 673	7		600–700	rot	100		7000
SP 672	7		400–550	blau-gr.	100		7000

Auflösung

Für Volumenhologramme läßt sich der Gitterabstand d_g in der holographischen Schicht aus der Bragg-Bedingung errechnen:

$$d_g = \frac{\lambda_n}{2\sin(\delta/2)} . \tag{14.1}$$

δ bezeichnet den Winkel zwischen Objekt- und Referenzwelle in der Schicht und $\lambda_n = \lambda/n$ die Wellenlänge in der Emulsion mit dem Brechungsindex n. Beispielsweise erhält man für typische Transmissionshologramme mit $\delta = 60°$, $\lambda = 633$ nm und $n = 1,64$ eine Raumfrequenz von $\sigma = 1/\lambda_n = 2590$ Linien/mm. Für Weißlicht-Reflexionshologramme mit $\delta = 180°$ liegt die Raumfrequenz mit $\sigma = 5180$ Linien/mm doppelt so hoch. Normale photographische Schichten sind wegen ihrer geringen Auflösung ($\sigma = 40$ bis 600 Linien/mm) nicht in der Holographie einsetzbar. Die Trägerfrequenz für spezielle holographische Schichten liegt um 5000 Linien/mm (Tabelle 14.1). Die relativ neuen Materialien von Ilford besitzen ein höheres Auflösungsvermögen, weil die Silberhalogenid-Körner kleiner sind. Damit wird das Rauschen geringer, die Belichtungszeit jedoch wesentlich länger. Für holographische Aufnahmen mit He-Ne-Lasern von einigen mW hat sich auch der AGFA-Film 8 E 75 gut bewährt.

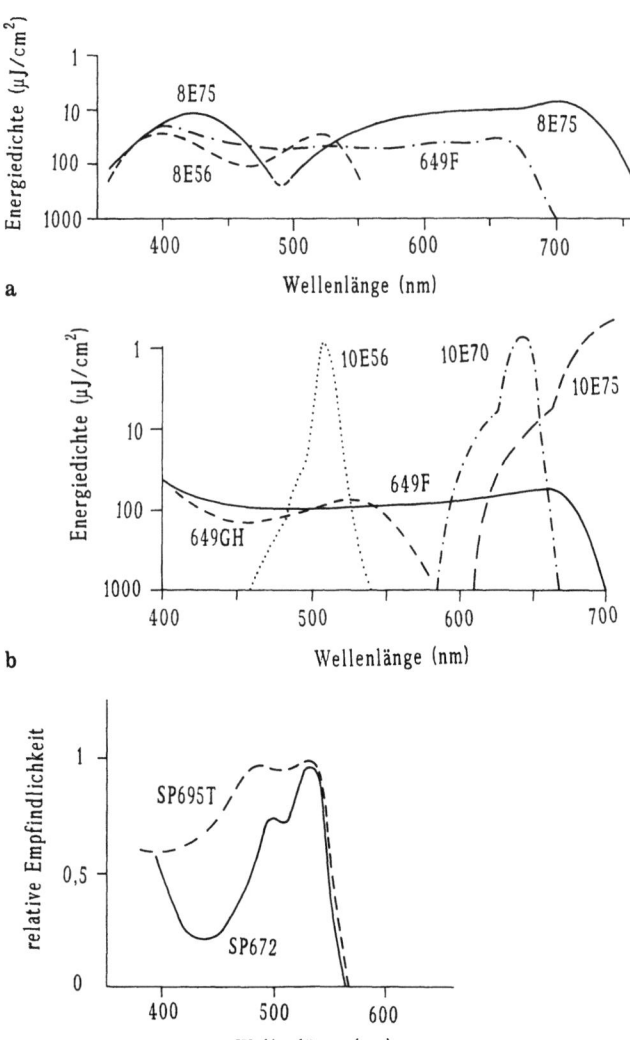

Bild 14.1. Spektrale Empfindlichkeit verschiedener holographischer Silberbromidfilme

a) Es ist die Energie aufgetragen, die eine Transparenz von $t = 0,5$ erzeugt (bei einem speziellen Entwicklungsprozeß), Filme: 8 E 75, 8 E 56, 649 F

b) Energiedichte für die Filme 10 E 56, 10 E 70, 10 E 76, 649 F und 649 GH

c) Relative Empfindlichkeit für SP 672 und SP 695 T

Spektrale Empfindlichkeit

Die Empfindlichkeit von AgBr-Schichten hängt mit der Größe der lichtempfindlichen Kristalle zusammen, die den Grad der Auflösung bestimmt. Dies bedeutet, daß hoch auflösende Filme eine geringe Empfindlichkeit besitzen (Tabelle 14.2); sie variiert stark mit der Laserwellenlänge. Je nach Lasertyp empfiehlt sich folglich die Verwendung unterschiedlicher Schichten. Für den roten (He-Ne- und Rubinlaser) und den blauen (Argon- und frequenzverdoppelter Neodymlaser) Bereich ist spezielles Filmmaterial erhältlich. Die spektrale Empfindlichkeit ist in Bild 14.1 dargestellt, das die für typische Hologramme erforderliche Energiedichte bei verschiedenen Wellenlängen aufzeigt.

Man erkennt, daß rot empfindliche Filme eine Grünlücke besitzen und blau/grün empfindliche gegenüber rotem Licht unempfindlich sind. Dies ermöglicht das Arbeiten in der Dunkelkammer bei Beleuchtung mit der jeweils komplementären Farbe.

Transmissionskurven

Bild 14.2a veranschaulicht die Amplituden-Transparenz t in Abhängigkeit von der Belichtung E, welche die Lichtenergie pro Fläche (in J/m^2 oder $\mu J/cm^2$) angibt (Abschnitt 13.1). Die Daten beziehen sich auf einen speziellen Entwicklungsvorgang; es handelt sich daher nur um relative Richtwerte. Die Abszisse E überstreicht mehrere Zehnerpotenzen, so daß eine logarithmische Darstellung gewählt wurde. Da diese Abbildung nicht direkt mit der linearen Auftragung in Bild 13.1a vergleichbar ist, wurde in Bild 14.2b eine lineare Darstellung gewählt. Erst in diesem System läßt sich die Linearität der Schichten beurteilen.

Kontrastübertragungsfunktion

Der Beugungswirkungsgrad für holographische Schichten nimmt mit steigender Raumfrequenz σ ab; dieser Umstand ist in Bild 14.3 an einigen Beispielen verdeutlicht. Der Kurvenverlauf wird durch die Kontrastübertragungsfunktion beschrieben.

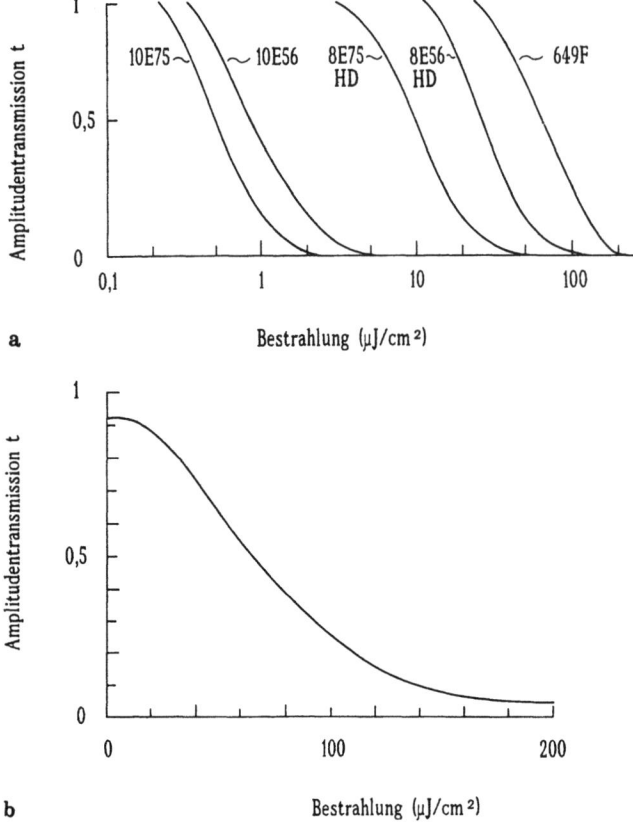

Bild 14.2. Amplitudentransparenz t verschiedener holographischer Silberbromidfilme in Abhängigkeit von der Belichtung E (= Lichtenergie/Fläche)
a) halblogarithmische Darstellung
b) lineare Darstellung (649 F)

Streulicht

In Abschnitt 13.3 (Rauschen) wurde festgestellt, daß durch die Körnigkeit der AgBr-Kristalle Streulicht entsteht. Feinkörnige Filme streuen weniger als grobkörnige; die Streuung tritt hauptsächlich unter kleinen Winkeln auf, d. h. bei niedrigen Raumfrequenzen (Bild 13.4). Im allgemeinen nimmt die Streuung mit steigender Lichtwellenlänge ab: blaues Licht streut intensiver als rotes. Bei der Bleichung von Amplitudenhologrammen zur Umwandlung in Phasenhologramme steigt der Beugungswirkungsgrad, aber auch das Rauschen.

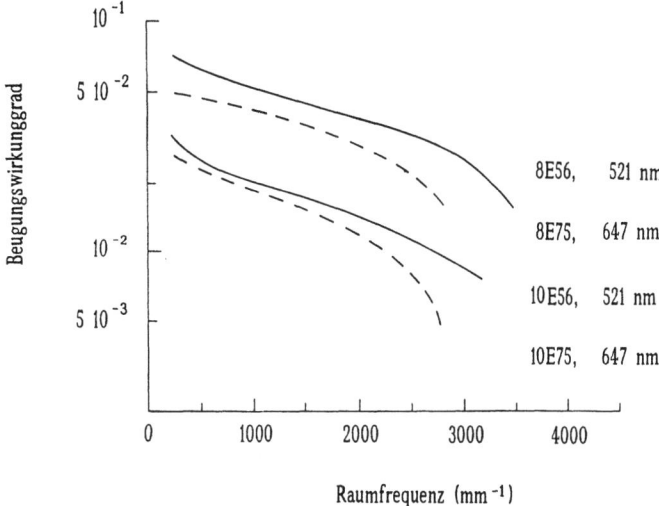

Bild 14.3. Zur Kontrastübertragungsfunktion: der Beugungswirkungsgrad (Amplitudengitter) fällt mit steigender Raumfrequenz

14.2 Belichtung, Entwicklung und Bleichung

Dieser Abschnitt erklärt das Arbeiten mit Silberhalogenidfilmen, d. h. Vorgänge der Belichtung, Entwicklung und Bleichung. Die Filme werden belichtet und entwickelt, wobei im ersten Schritt ein Amplitudenhologramm erzeugt wird. Amplitudengitter weisen nur einen geringen Beugungswirkungsgrad auf (7% für Volumen-Reflexionshologramme), so daß im zweiten Schritt eine Überführung in ein Phasenhologramm erfolgt. Der Beugungswirkungsgrad beträgt in diesem Fall bis zu 100%; es können sehr brillante Bilder entstehen. Im folgenden werden verschiedene Prozesse bei der Umwandlung von Amplituden- in Phasenhologramme näher erläutert.

Belichtung

Die Angaben zum optimalen Intensitätsverhältnis von Referenz- und Objektwelle sind uneinheitlich und schwanken zwischen I_r/I_o = 1:1 und 10:1 [14.3]. Bei der Einstrahl-Holographie hängt das Verhältnis nur vom Reflexionsvermögen des Objekts ab und ist nicht einstellbar. Bei der Wahl des Intensitätsverhältnisses bei anderen Hologrammen ist zwischen dünnen und Volumen-Hologrammen zu unterscheiden. Bei dünnen Hologrammen muß darauf geachtet werden, daß die Variation der Intensität nur so groß ist, daß der lineare Teil der Schwärzungskurve nicht verlassen wird. Empfehlenswert ist ein Intensitätverhältnis von I_r/I_0 = 4 bis 10. Nach Bild 13.2b läßt sich der lineare Teil der Belichtungskurve durch einen konstanten Lichtuntergrund erreichen. Der Kontrast K der Interferenzstreifen berechnet sich bei I_r/I_0 = 10 nach

$$K = 2 \frac{\sqrt{I_r/I_0}}{1 + I_r/I_0} \qquad (14.1)$$

zu K = 0,57. Dieser Wert stellt nach Bild 13.2b ein gutes Ergebnis dar, weil das Lichtgitter um ±57% vom Mittelwert abweicht. Schwankungen der Intensität der Objektwelle, die aufgrund der Geometrie und des Reflexionsvermögens sehr groß sein können, beeinflussen die Gesamtintensität in diesem Fall nicht sehr stark. Würde man in die nicht-linearen Teile der Schwärzungskurve gelangen, wären ein stärkeres Rauschen, Haloeffekte und Geisterbilder durch Beugung höherer Ordnung zu erwarten.

Bemerkenswert ist, daß nach Gleichung 14.1 der Kontrast nicht sehr stark von I_r/I_0 abhängt, weil sich bei der Interferenz die Amplituden und nicht die Intensitäten überlagern. Durch die Reduzierung des Kontrastes vom Maximalwert 1 auf 0,57 verringert sich nach Gleichung 13.8 der Beugungswirkungsgrad um den Faktor $0,57^2$ = 0,32. Für dünne Phasengitter gilt Ähnliches, weil sich der beim Bleichen entstehende Phasenunterschied proportional zur Schwärzung verhält. Anzumerken ist jedoch, daß Phasengitter prinzipiell ein nichtlineares Verhalten zeigen (Abschnitt 13.4).

Für Volumenhologramme gelten andere Relationen für die Intensitäten von Referenz- und Objektwelle, da wegen der Bragg-Bedingung höhere Beugungsordnungen nicht auftreten. Deshalb werden in diesem Fall deutlich kleinere Intensitätsverhältnisse, etwa 3:1 bis 1:1, gewählt. Durch die Nichtlinearität der Photoschicht können nach der Theorie der gekoppelten Wellen Haloeffekte auftreten (Abschnitt 6.3).

Phasenhologramme

Zur Beschreibung dicker Phasenholograme wird der Modulationsparameter Φ eingeführt (Abschnitt 6.3):

$$\Phi = \pi n_1 d / \lambda \cos\delta. \qquad (14.2)$$

Dabei entsprechen d der Dicke der Emulsion, δ dem Einfallswinkel der Rekonstruktionswelle gegen die Gitterebene in der Schicht und n_1 dem Brechungsindexunterschied zwischen belichteten und nicht belichteten Stellen des Phasengitters.

Die Theorie zeigt, daß für Transmissionshologramme der Modulationsparameter $\Phi \approx \pi/2$ betragen soll, um den höchsten Beugungwirkungsgrad zu erzielen. Für Werte über $\pi/2$ nimmt er wieder ab. Bei Reflexionshologrammen wird der Beugungswirkunggrad nahezu 1, wenn $\Phi \approx \pi$, sofern man unter dem Braggwinkel beleuchtet. (Oberhalb dieses Wertes steigt der Beugungswirkungsgrad auch außerhalb des Braggwinkels an.) Daraus ergibt sich, daß die durch die Belichtung und Entwicklung beeinflußbare Größe n_1 bei Reflexionshologrammen größer sein muß als bei Transmissionshologrammen. Diese theoretischen Erkenntnisse über Phasenhologramme enthalten nur sehr indirekte Hinweise für die Praxis, so daß sich die optimalen Parameter für Belichtung, Entwicklung und Bleichung nur durch Experimente ermitteln lassen.

Optische Dichte

In der Holographie werden Belichtungs- und Entwicklungszeit so gewählt, daß die Hologramme einen maximalen Beugungswirkungsgrad erreichen. Bei Amplitudenhologrammen kann die entsprechende optische Dichte D nach der Entwicklung angegeben werden. Bei Modulationen um das Zentrum der t-E-Kurve erhält man als Mittelwert t = 0,5. Da nicht voll durchmoduliert werden kann, liegt ein realer optimaler Wert bei t = 0,45. Für Transmissionshologramme folgt daraus: $D = \log 1/t^2 = 0{,}7$.

Bei Phasenhologrammen ist die nach der Entwicklung erwünschte optische Dichte nur experimentell bestimmbar. Allerdings läßt sich die optimale Phasendifferenz im holographischen Gitter angeben.

Für Reflexionshologramme wird man wegen des notwendigen hohen Modulationsparameters und der damit erforderlichen großen Brechzahlunterschiede D so groß wie möglich wählen. Bei Dichten über D = 2 nimmt der Rauschanteil zu. Daher sollte dieser Wert nicht überschritten werden. Eine genaue Bestimmung der optimalen Dichte kann nur im Versuch erfolgen.

Phasenhologramme durch Bleichung

Zur Erhöhung des Beugungswirkungsgrades werden die Amplitudenhologramme nach der Entwicklung in Phasenhologramme umgewandelt. Dazu existieren zwei Verfahren:
1) Das Phasenhologramm entsteht durch eine Variation der Dicke der Emulsion. Diese Technik wird in der Holographie mit Silberhalogenidschichten wenig eingesetzt, weil der maximale Beugungswirkungsgrad nur 33.9% erreicht. Sie findet jedoch Anwendung bei thermoplastischen Filmen für holographische Sofortbildkameras und bei Photoresistschichten, z. B. zur Erzeugung von Prägehologrammen.
2) Durch Bleichen werden in der Schicht Phasenunterschiede erzeugt, in denen die Information gespeichert ist. Dabei kommen drei Methoden zum Einsatz, die auf unterschiedlichen chemischen Reaktionen basieren (Bild 14.4).

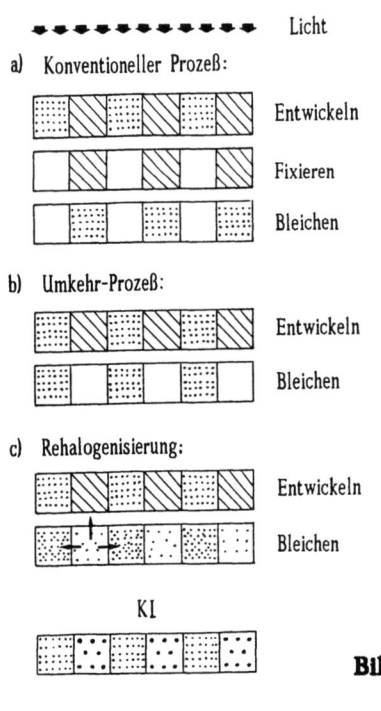

Bild 14.4. Schematische Übersicht über verschiedene Bleichprozesse
a) Konventioneller Prozeß
b) Umkehr-Prozeß
c) Rehalogenisierung

Beim *konventionellen* Bleichvorgang wird die Hologrammschicht entwickelt und fixiert. 'Fixieren' bedeutet, daß unbelichtetes Silberhalogenid aus der Gelatine gelöst wird. Damit entsteht ein Amplitudenhologramm aus Bereichen mit und ohne Silber (Bild 14.4a). Beim Bleichen wird das kolloidale Silber in transparentes Silberhalogenid zurückverwandelt. Dadurch ist der Brechungsindex an diesen Stellen größer als in der Gelatine, und es entsteht ein Phasenhologramm. Die Struktur des zurückgeführten Silberhalogenids ist weitgehend unempfindlich gegen die photochemische Reaktion nach Gleichnung 14.1, da es nicht sensibilisiert ist.

Das *Umkehrbleichen* (reversal bleaching oder *lösendes* Bleichbad) verzichtet auf den Fixiervorgang (Bild 14.4b). Nach der Entwicklung entstehen Streifen mit Ag und AgBr. Das Bleichbad löst das belichtete Ag aus der Schicht. Das entstehende Phasenhologramm ähnelt Bild 14.4a, wobei jedoch belichtete und unbelichtete Stellen vertauscht sind. Für die holographische Rekonstruktion ist diese Tatsache ohne Belang. Bei beiden Bleichverfahren wird Material aus der Schicht entfernt, so daß sie schrumpft.

Dieses Schrumpfen wird beim *rehalogenisierenden* Bleichen weitgehend vermieden [14.4]. Nach der Entwicklung wird das belichtete Silber im Bleichbad in AgBr zurückverwandelt (Bild 14.4c). Zu erwarten wäre zunächst eine Zerstörung der Information, da nun die gesamte Schicht AgBr enthält. Bei den Prozessen diffundiert jedoch das rehalogenisierte AgBr in die unbelichteten Bereiche, wo sich bereits AgBr-Keime befinden. Damit variiert die Konzentration des AgBr, und ein Phasengitter entsteht. Wie in Bild 14.4c gezeigt, kann das belichtete Ag auch in AgI (statt in AgBr) überführt werden. Zum Verständnis der Stabilität der Schichten gegenüber Lichteinstrahlung nach dem Bleichen muß erwähnt werden, daß unbelichtetes AgBr durch Wässern desensibilisiert werden wird.

Schrumpfung der Schichten

Durch das Lösen von Substanzen beim konventionellen und Umkehrbleichen tritt eine Schrumpfung der Photoschicht um etwa 15% ein. Liegen die Gitterlinien quer zur Schicht, wie in Bild 14.4, so tritt hauptsächlich eine Oberflächenstruktur auf. Derartige Strukturen werden auch durch die Trocknung hervorgerufen (Bild 14.5).

Bild 14.5. Entstehung von Oberflächenstrukturen beim Trocknen der Gelatineschicht

Während des Entwicklungsprozesses vergrößert sich die Schichtdicke durch Wasseraufnahme um das Fünffache. Dabei saugen die Bereiche um die entwickelten Ag-Körnchen weniger Wasser auf. Durch mechanische Spannungen bei der Trocknung wird Gelatine in den Bereich der Ag-Körnchen gedrückt, so daß dort die Dicke größer bleibt. Bei Transmissionshologrammen zeigen diese Reliefstrukturen nur sekundäre Wirkung, da ihre Raumfrequenz sehr hoch ist. Es entsteht ein Rauschspektrum unter kleinen Beugungswinkeln.

Die Schrumpfung führt bei Weißlicht-Reflexionshologrammen, bei denen die Gitterebenen nahezu parallel zur Photoschicht liegen, zu einem anderen Ergebnis: sie verursacht eine Verkleinerung des Gitterabstandes. Damit tritt Bragg-Reflexion an diesen Ebenen bei einer kürzeren Wellenlänge λ' auf. λ' läßt sich aus der Wellenlänge λ bei der Aufnahme aus den Gitterabständen d_g und d_g' vor und nach der Schrumpfung berechnen:

$$\lambda' = \lambda \frac{d_g}{d_g'} . \qquad (14.3)$$

Wegen der Schrumpfung sind mit roten Lasern gespeicherte Bilder bei der Rekonstruktion grün. Im rehalogenisierenden Bleichbad wird dieser Effekt vermieden. Man kann folglich durch die Wahl der Bleichbäder die Farbe von Weißlichthologrammen beeinflussen.

Falschfarben, Preswelling

Die Schrumpfung der Schichten kann zur Erzeugung spezieller Farbeffekte in der Holographie genutzt werden. Beim sogenannten 'Preswelling' wird die Schicht vor der Belichtung mit Wasser oder einer anderen Flüssigkeit befeuchtet, so daß sie aufquillt. Durch Benetzen des Films mit Petroleum, Verdünner oder einer ähnlichen Füssigkeiten wird die Feuchtigkeit in der Schicht gehalten. Danach bringt man den Film zwischen zwei Glasplatten, wobei die Luft völlig entzogen wird. Das Aufquellen vor der Belichtung hat zur Folge, daß die Gitterkonstante im getrockneten Hologramm verkleinert ist. Weißlichthologramme ändern somit die Farbe ihrer Bilder zum blauen Teil des Spektrums hin.

Folgende Rezeptur beschreibt die Erzeugung definierter Farbverschiebungen [14.10]. Der Film wird vor der Belichtung in Triäthanolamin gebadet und danach getrocknet, wobei nur das Wasser aus der Gelantineschicht entweicht. Bei Verwendung eines EDTA-Bleichbades (Tabelle 14.4a) erhält man bei Belichtung mit einem He-Ne-Laser Reflexionshologramme in orange bis violett, indem die Konzentration des Triäthanolamins in Wasser zwischen 1,2 und 17 % eingestellt wird.

Farbverschiebungen ins Rote können bewirkt werden, indem man die Gelatineschicht vor der Belichtung trocknet, beispielsweise mit warmer Luft. Die Schichten sind somit vor der Entwicklung und Bleichung dünner als danach, weil sie stets Feuchtigkeit aus der Luft aufnehmen. Auch hier muß der getrocknete Film sofort in Verdünner oder eine ähnliche Flüssigkeit gebracht werden, da sie sonst wieder ihren Normalzustand einnimmt.

Auch bei fertigen Reflexionshologrammen kann eine Veränderung der Schichtdicke und der Gitterabstände bewirkt werden. Durch Anhauchen entsteht eine Farbverschiebung ins Rote, beim Trocknen mit einem Föhn ins Blaue. Eine andere Möglichkeit besteht im Baden der fertigen Hologramme in wässrigem Triäthanolamin mit anschließender Trocknung. Da das Triäthanolamin in der Schicht verbleibt und diese vergrößert, erhält man Verschiebungen ins Rote. Man nennt dieses Verfahren 'Postswelling'.

Index-matching

Beim Einlegen des holographischen Filmes zwischen zwei Glasplatten entstehen normalerweise Luftschichten zwischen Film und Glas. Die Unterschiede der Brechungsindizes an den Grenzflächen führen zu einer Reflexion von jeweils etwa 4%. Die reflektierten Wellen bilden durch Interferenz sogenannte 'Newtonsche Ringe', die sich störend auf dem Hologramm bemerkbar machen. Zur Vermeidung dieses Effektes wird der Film zwischen den Glasplatten in eine Flüssigkeiten eingebettet. Durch dieses Verfahren, 'Index-matching' genannt, werden die Brechungsindizes ausgeglichen, und die Newtonschen Ringe verschwinden weitgehend. Die verwendeten Flüssigkeiten sollen etwa die Brechzahl von Glas oder der Trägerfolie besitzten, nicht zu flüchtig und möglichst geruchlos sein. Infrage kommen Terpentinersatz, Verdünner, Alkohol oder Glyzerin. Alkohol verdampft etwas schnell, Glyzerin ist etwas dickflüssig und und die Ränder der Folie oder Glasplatten müssen zusammengehalten werden [14.5].

Entwickler

Entwickler für holographische Schichten enthalten ein Reduktionsmittel, wie z. B. Hydrochinon (Kodak D-19), Metol, Pyrogallol oder Brenzkatechin mit Zusätzen von Natriumkarbonat, Natriumsulfid und Chemikalien zur Konservierung der instabilen Lösung. Das Alkali dient zum Binden des Broms (zum Beispiel NaBr). Hariharan und Chidley [14.6] haben fünf Rezepturen im Hinblick auf den erzielten Beugungswirkungsgrad untersucht. Ein effektiver Entwickler besteht aus Metol und Zusätzen (Tabelle 14.3a). Einen weiteren wirksamen

Tabelle 14.3. Rezepturen für Entwickler

a)	Metol	2g	
	Ascorbinsäure (Vit. C)	20g	1 l dest. Wasser
	Natriumkarbonat	50g	
b)	Brenzkatechin	10g	
	Ascorbinsäure (Vit.C)	5g	1 l dest. Wasser
	Natriumsulfid	5g	
	Harnsäure	50g	
	Natriumkarbonat	30g	
c)	Teil 1: Pyrogallol	5g	0,5 l dest. Wasser
	Teil 2: Soda (Na_2CO_3)	60g	0,5 l dest. Wasser
	Reagiert sofort nach dem Zusammengießen der Teile 1 + 2 (Braunfärbung). Benutzung einmalig für mehrere Aufnahmen.		

Entwickler haben Cook und Ward [14.7] auf der Basis von Brenzkatechin angegeben (Tabelle 14.3b). Während der Entwicklung sollte die Temperatur des Bades auf 0,5 °C stabil gehalten werden. Eine Erwärmung, zum Beispiel auf 35 °C, beschleunigt den Entwicklungsprozeß, verkürzt jedoch die Lebensdauer des Entwicklers. Schlechte Resultate nach dem Entwickeln liegen oft an zu alten Entwicklern oder zu langen Entwicklungszeiten, die das Rauschen vergrößern.

Die Nutzungsdauer des Entwicklers kann deutlich verlängert werden, wenn das Bad mit einer Glasplatte abgedeckt und mit Schutzgas überschichtet wird. Die Verwendbarkeit von Brenzkatechinentwicklern läßt sich so von einem Tag auf mehr als eine Woche ausdehnen. Neben den erwähnten Rezepten sind im Handel zahlreiche Entwickler von Agfa-Gevaert, Ilford, Kodak und anderen Firmen erhältlich. Alle Rezepturen enthalten Chemikalien zur Reduktion der Silberionen (zum Beispiel Metol), zum Einstellen einer alkalischen Lösung, zum Binden des Broms (zum Beispiel Na_2CO_3), zur Verringerung der Entwicklungsgeschwindigkeit (zum Beispiel KBr) und zur Konservierung (z. B. Ascorbinsäure, Natriumsulfid).

Bleichbäder

Der Markt bietet verschiedene Bleichbäder an, und auch in der Literatur werden diverse Rezepturen beschrieben. Nach unseren Erfahrungen erzielt eine Behandlung mit dem rehalogenisierenden PBQ-Bad (p-Benzochinon) einen hohen Beugungswirkungsgrad (Tabelle 14.4a). Bedauerlicherweise ist PBQ stark giftig, so daß nur unter dem Abzug gearbeitet werden darf. Bei der Zubereitung des Bades nach Tabelle 14.4a werden zunächst 2g PBQ in 20ml Wasser unter Rühren gelöst; danach wird 10 Minuten gewartet. Während dieser Zeit kann der Rest der Rezeptur vorbereitet werden. Erst anschließend wird die PBQ-Lösung über einen Filter hinzugefügt.

Die 2g PBQ gehen nicht vollständig in Lösung, so daß ein erheblicher giftiger Filterrückstand übrig bleibt. Die gelöste Menge p-Benzochinon reicht aber vollständig für das Bleichbad aus. In diesem Zusammenhang sei darauf hingewiesen, daß ein größerer Behälter für die Entsorgung der chemischen Abfälle vorhanden sein muß.

Der belichtete Film wird im PBQ-Bad etwa 1 bis 4 Minuten gebleicht. Liegt die benötigte Zeit über 7 Minuten, ist das Bad verbraucht. Hält man das PBQ-Bleichbad beim Arbeiten und Aufbewahren ständig unter Schutzgas (z.B. CO_2), kann die Gebrauchsdauer der Lösung von wenigen Stunden, je nach Zahl der behandelten Hologramme, auf etwa 2 Wochen verlängert werden.

Weitere weniger giftige rehalogenisierende Bleichbäder auf der Basis von Kaliumdichromat und EDTA werden in Tabelle 14.4a beschrieben. In Tabelle 14.4b ist ein Rezept für ein Umkehr- oder lösendes Bleichbad angegeben. Dieses Bad ist nicht gesundheitsschädlich; es eignet sich insbesondere für Transmissionhologramme, auf die eine Filmschrumpfung praktisch keine Auswirkungen hat.

Bei Phasenhologrammen dunkelt unbelichtetes AgBr langsam nach. Deshalb muß die Schicht durch Wässerung (15min) desensibilisiert werden. Hariharan schlägt vor, im Bleichbad, nach Tabelle 14.4, KBr (4g) durch das weniger lichtempfindliche KJ (2g) zu ersetzen. Das Bad darf nur einmal benutzt werden. Alternativ kann dem letzten Wasserbad etwas KJ zugesetzt werden. In Tabelle 14.5 sind die

Tabelle 14.4. Rezepturen für Bleichbäder

a) Rehalogenisierend:		
Kaliumbromid	30g	
Schwefelsäure	2ml	1 l dest. Wasser
Parabenzochinon (PBQ)	2g	giftig !
oder		
Kaliumdichromat	7g	
Kaliumbromid	4g	1 l dest. Wasser
Schwefelsäure	2ml	
oder [14.10]		
$Fe_2(SO_4)_3$	30g	
Di-Natriumsalz des EDTA	30g	1 l dest. Wasser
Kaliumbromid (KBr)	30g	
Schwefelsäure (H_2SO_4, conc.)	10ml	
b) Lösend:		
Kaliumdichromat	5g	1 l dest. Wasser
Schwefelsäure	5ml	

Tabelle 14.5. Zusammenfassung der Schritte zur Entwicklung und Bleichung von Phasenhologrammen

1. Entwickeln:	Optische Dichte je nach Hologrammtyp, z.B. D = 2 für Weißlicht-Reflexionshologramme
2. Wässern:	2 min
3. Bleichen:	Vollständige Transparenz abwarten. Licht kann eingeschaltet werden. Bad dunkel abdecken; dies verhindert ein frühes, den Beugungswirkungsgrad nicht beeinflussendes Nachdunkeln
4. Wässern:	2 min in fließendem Wasser, 13 min in stehendem Wasser. Die Schicht wird desensibilisiert. Bad abdekken, sonst wird Schicht grau
5. Wässern:	1 min mit wenigen Tropfen Fotoflo. Einige Körner KI können hinzugefügt werden
6. Trocknen:	Erst im trockenen Zustand erscheint das Hologramm

wichtigsten Schritte für Entwicklung, Bleichung und Desensibilisierung zusammengefaßt.

Belichtung, Entwicklung und Bleichen von Hologrammen erfordern viel Erfahrung, die man nur durch Experimentieren erwerben kann. Die Übersicht dieses Abschnittes soll dazu beitragen, die wichtigsten Schritte zur Herstellung von Hologrammen zu verstehen.

14.3 Dichromatgelatine

Dichromatgelatine besitzt hervorragende Eigenschaften als Speichermedium für Volumenhologramme: große Unterschiede im Brechungsindex der aufgezeichneten Gitter, hohes Auflösungsvermögen sowie geringe Absorption und Streuung. Der Beugungswirkungsgrad kommt nahe an die theoretische Grenze von 100 % heran, allerdings liegt die Empfindlichkeit mit über 10 mJ/cm^2 etwa 1000fach höher als bei holographischen AgBr-Filmen.

Wirkungsweise

Bereits seit über 150 Jahren ist bekannt, daß blaues oder ultraviolettes Licht Gelatineschichten, in die eine geringe Menge von Dichromat eingelagert ist, härten und wasserunlöslich machen kann. Durch photochemische Prozesse werden im Dichromat, z.B. Ammoniumdichromat $(NH_4)_2Cr_2O_7$, Chromionen Cr^{3+} produziert, die zu lokalisierten Bindungen zwischen Kohlenstoff-Sauerstoff-Gruppen benachbarter Gelatineketten führen. Hinreichend belichtete Stellen in der Schicht werden hart und wasserunlöslich, während sich unbelichtetes Material mit warmem Wasser auswaschen läßt. Diese Eigenschaften der Schichten führten zu ihrer Verwendung als Photoresist-Material, das Oberflächenstrukturen bildet.

Zur Erzeugung von Phasenhologrammen bedient sich die Technik unter Verwendung von Dichromatgelantine anderer Methoden. Die Gelatineschicht wird vor der Belichtung chemisch vorgehärtet, damit sie wasserunlöslich wird. Nach der holographischen Aufnahme wird nur das unbelichtete Dichromat in einem Wasserbad herausgewaschen. Danach wird der Film mit Isopropanol schnell entwässert, wodurch sowohl ein Volumen- als auch ein Oberflächenhologramm entsteht. Von Bedeutung sind hauptsächlich die Volumeneffekte durch die Unterschiede der Brechzahlen.

Die genaue Wirkungsweise dieses Vorganges ist noch nicht vollständig geklärt, so daß hier nur Vermutungen geäußert werden können [14.2], [14.8]. Bei der Wässerung schwillt die Gelatineschicht stark inhomogen an, da die Wasseraufnahme mit der Härte korreliert. Belichtete Stellen sind härter als unbelichtete und können weniger Wasser aufsaugen. Bei der schnellen Trocknung schrumpfen die Schichten, dabei treten starke lokale mechanische Spannungen auf, die einen Transport von Gelatinematerial bewirken. Wie bei einem Schwamm können leere Räume entstehen, die aber wesentlich kleiner als die Lichtwellenlänge sein müssen. Die Umverteilung des Materials führt zu einer lokalen Veränderung der Brechzahl und erzeugt ein Volumen-Phasengitter. Möglicherweise werden auch Gelatineketten zerrissen. Andere Modelle weisen auf Änderungen der Brechzahl in gehärteten Bereichen durch Komplexe mit Cr^{3+}-Verbindungen, Gelatine und Isopropanol hin. Auch die Oberflächenstrukturen lassen sich durch die mechanischen Spannungen in der Schicht beim schnellen Trocknen erklären.

Herstellung der Filme

Holographische Filme aus Dichromatgelatine sind gegenwärtig im Handel nicht erhältlich, so daß sie im Labor selbst produziert werden müssen. Im folgenden soll die Herstellung derartiger Filme beschrieben werden.

Verfahren 1 [14.8]:
Im ersten Schritt wird eine dünne Gelatineschicht auf eine Folie oder eine Glasscheibe aufgetragen. Dazu gießt man eine Lösung mit 7 Gewichtsprozent Gelatine über den Träger, wobei der Überschuß abfließt. Nach der Trocknung wird die Schicht mit einem Fixierer, der einen Härter enthält (z.B. Kodak Rapid Fixer), in 3 bis 5 min gehärtet und anschließend gewaschen. Der enstehende Film ist etwa 3 µm dick. Durch Variation der Gelatinekonzentration und durch mehrfache Beschichtung sind Schichten zwischen 1 und 20 µm herstellbar. Im allgemeinen werden Dicken um 12 bis 15 µm verwendet, weil eine schnelle Dehydrierung stärkerer Schichten nicht sehr wirkungsvoll ist.

Einfacher ist die Verwendung der Gelatineschicht von Photoplatten, z. B. Kodak 649F mit 15 µm Dicke. Das Silberhalogenid läßt sich mittels Fixierer (ohne Härter) entfernen [14.2]. Nach der Wässerung empfiehlt sich ein nochmaliges Fixierbad mit einem Härter (3,25 %) über 10 min. Nach gründlichem Waschen wird sensibilisiert.

Dazu werden die Schichten für 5 min in eine wässrige Lösung mit 5 % Dichromat $(NH_4)_2Cr_2O_7$ getaucht, in die etwas Netzmittel gemischt sein kann. Man läßt die Filme abtropfen und langsam bei 25 bis 30 °C im Dunkeln oder bei rotem Licht trocknen. Da die Bildung von Cr^{3+}-Ionen (aus Cr^{6+}) auch ohne Licht erfolgt, müssen die Schichten innerhalb von 4 bis 24 Stunden nach der Trocknung verarbeitet werden. Bei Kühlung auf 10 °C verlängert sich die Gebrauchszeit auf mehrere Tage bis Monate. Für die Belichtung mit einem Argonlaser (488 nm) ist eine Energiedichte von etwa 10 mJ/cm² erforderlich.

Verfahren 2:
Herstellung der Gelatineschicht und Sensibilisierung können auch in einem Schritt erfolgen. Dazu wird Gelatine (5 bis 20%) in warmem Wasser durch Erhitzen bis auf etwa 50 °C gelöst. Bei Rotlicht wird unter Rühren eine vorbereitete 9%ige Dichromatlösung (3 ml je

Gramm Gelatine) hinzugegeben. Die Lösung muß in einer braunen Flasche für etwa drei Wochen bei 10 ^{0}C im Kühlschrank aufbewahrt werden. Zur weiteren Verarbeitung wird die sensibilisierte Gelatine erwärmt und mit einer Spritzflasche an einem Ende des Trägers linienförmig aufgetragen. Um eine definierte Schichtdicke um 7 μm zu erzielen, wird mit einem geeigneten Instrument einmal über die Oberfläche gestrichen. Zur Trocknung wird die Platte in einer völlig staubfreien Umgebung genau waagerecht gelegt. Nach einer Stunde ist die Platte gebrauchsfertig; optimale Eigenschaften besitzt sie nach 4 bis 6 Stunden. Die Belichtung erfolgt mit einer Energiedichte zwischen 25 und 250 mJ/cm^2.

Eigenschaften

Die spektrale Empfindlichkeit holographischer Dichromatfilme ist nicht genau bekannt; jedoch ist anzunehmen, daß sie den nicht gehärteten Dichromat-Photoresist-Schichten entspricht. Demnach sollte die maximale Empfindlichkeit bei 355 nm liegen; sie fällt langsam ab und erreicht bei etwa 580 nm den Wert Null. Das Verhältnis der Empfindlichkeit für die beiden Wellenlängen des Argonlases von 488 und 514 nm liegt bei 5:1. Leider erreicht der He-Cd-Laser (442 nm) eine Kohärenzlänge von nur 2 cm; die Sensibilität liegt etwa 10mal höher als beim Argonlaser (488 nm). Gegen das Licht des He-Ne-Lasers sind die Schichten vollständig unempfindlich; allerdings kann durch Sensibilisierung mit Farbstoffen, z. B. Methylen-Blau oder -Grün, die Empfindlichkeit bis ins Rote ausgedehnt werden [14.1, 14.2, 14.8]. Sie ist aber um den Faktor 50 bis 100 geringer als bei 488 nm.

Das Verhalten von Dichromatschichten hängt stark vom Prozeß der Härtung ab; weiche Schichten sind lichtempfindlicher. Jedoch können bei zu schwacher Härtung größere Poren entstehen, wodurch die Schicht milchig trüb wird, was zu Rauschen führt. Die Auflösung liegt bei über 10000 Linien/mm; die erreichbaren Unterschiede in der Brechzahl sind mit 0,08 groß.

Belichtung und Entwicklung

Während der holographischen Aufnahme wird der Film mit circa 25 mJ/cm^2 belichtet. Zur Beeinflussung der Härte legt man den Film danach jeweils für 5 min eine 0,5%ige Dichromatlösung und anschliessend in einen Härter (Kodak Fixierer mit 3,25% Härter oder ein anderes Reduziermittel, z.B. $N_2S_2O_5$). Diese ersten Schritte können unter Umständen auch entfallen. Gewaschen wird 10 min bei 20 bis 30 ^0C; nun erst folgt die eigentliche Entwicklung durch eine schnelle zweistufige Dehydrierung, bei der die Schichten jeweils für 3 min in Bäder mit 50% Isopropanol/50% Wasser bzw. 100% Isopropanol eingetaucht werden. Eine Erhöhung der Temperatur steigert die Empfindlichkeit, aber leider auch das Rauschen. Die vollständige Trocknung ist nach 1 bis 2 Stunden im Vakuum erreicht. Die fertigen Hologrammschichten sind sehr sensibel gegen Feuchtigkeit; sie werden deshalb mit Epoxy auf eine Glasplatte geklebt.

14.4 Thermoplastische Filme

In den sogenannten 'holographischen Sofortbildkameras' werden photoleitende Schichten in Verbindung mit thermoplastischen Schichten verwendet. Die Entwicklung nach der Belichtung erfolgt elektronisch, ohne die Schicht aus ihrer ursprünglichen Postition zu entfernen, so daß eine Echtzeitholographie für interferometrische Zwecke möglich ist.

Aufbau der Schichten

Nach Bild 14.6a ist auf ein Substrat aus Glas oder Folie eine dünne leitende Schicht aufgetragen, an der bei der Aufnahme und Entwicklung eine negative Spannung oder Erdpotential liegt. Darüber befindet sich ein photoleitendes Material von etwa 1 µm Dicke, das sich im Dunkeln wie ein Isolator verhält. Als letzte Schicht wird ein isolierender thermoplastischer Kunststoff 0,7 µm dick aufgetragen, der das Speichermedium bildet und sich bei einer Temperatur von etwa 70 ^0C verflüssigt. Diese oberste Schicht wird bei der Aufnahme und Entwicklung mit Hilfe einer Koronaentladung mit positiven Ionen besprüht; für den Ladevorgang wird eine Anordnung nach Bild 14.6a automatisch über die Oberfläche geführt. Alle Schichten, einschließlich des Trägers, sind lichtdurchlässig. Bei manchen Filmen wird nur eine Schicht verwendet, die gleichzeitig Photoleiter und Thermoplast ist.

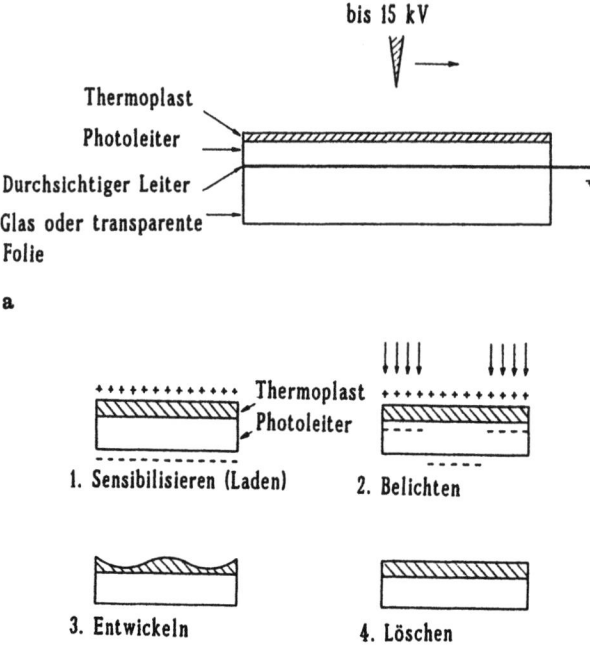

Bild 14.6. Thermoplastische Schichten für die Holographie
a) Aufbau der Schicht und Darstellung des Ladevorganges
b) Funktion der Schicht beim Sensibilisieren, Belichten, Entwickeln und Löschen

Im allgemeinen bieten die Hersteller holographischer Sofortbildkameras auch thermoplastische Schichten an. Einige Kameras arbeiten mit löschbaren, andere mit nicht-löschbaren Schichten; der Unterschied wird weiter unten beschrieben. Angaben zur Herstellung im eigenen Labor finden sich in Referenz [14.2].

Belichtung:
Vor der holographischen Aufnahme wird die oberste Filmschicht, d. h. das thermoplastische Material, positiv aufgeladen. An der unteren leitenden Schicht auf dem Träger sammeln sich durch Influenz negative Ladungen, d. h. Elektronen (Bild 14.6b). Danach erfolgt die Belichtung, wobei beispielsweise für den He-Ne-Laser etwa 10 bis 100 µJ/cm² erforderlich sind. An den hellen Stellen des holographischen Interferenzmusters wird der dazwischen liegende Photoleiter leitend, so daß die Elektronen bis an die Grenzfläche zur thermoplastischen Schicht fließen können. Damit werden die positiven Ladungen kom-

pensiert (Bild 14.6b). Es entsteht eine Ladungsverteilung, die der holographischen Information entspricht. Durch einen zweiten Ladevorgang können weitere positive Ladungen auf die belichteten Stellen gebracht werden.

Entwicklung:
Durch Erwärmen des thermoplastischen Materials, dem Speicher-medium des Hologramms, wird das Ladungsbild in ein Oberflächenrelief umgewandelt. Durch einen Strom in der leitenden Schicht des Trägers oder einer getrennten Heizschicht werden Temperaturen zwischen 60 bis 100 °C erreicht. Das Material wird weich, und die elektrostatischen Kräfte drücken Material aus den stark geladenen Regionen. Damit wird die Schicht an den belichteten Stellen dünn und an den unbelichteten dick (Bild 14.6b). So ensteht ein dünnes Phasenhologramm.

Löschen:
Bei manchen Schichten kann die Information einige 100mal gelöscht werden, indem im entladenen Zustand nochmals erwärmt wird. Das weiche Material wird dann durch die Oberflächenspannung wieder geglättet (Bild 14.6f). Bei löschbaren Schichten dient eine Glasplatte als Träger, während bei nicht-löschbaren durchsichtige Folien Verwendung finden.

Optische Eigenschaften

Sofortbildkameras für die Holographie arbeiten im allgemeinen mit Schichten von einer Fläche um 10 cm^2, die für interferometrische Zwecke ausreicht. Die Modulationsübertragungsfunktion hängt von der Schichtdicke und der Belichtung ab; sie erreicht ein Maximum bei einer Raumfrequenz von etwa 1000 Linien/mm bei 10 µJ/cm^2. In Bild 14.7 ist der Beugungswirkungsgrad einer Schicht in Abhängigkeit von der Raumfrequenz dargestellt, die durch den Winkel Θ zwischen der Referenz- und Objektwelle bestimmt wird. Der optimale Beugungswirkungsgrad um 10 % tritt für Transmissionshologramme bei $\Theta \approx 30^0$ auf. Der Abfall des Wirkungsgrades bei niedrigen Raumfrequenzen wirkt sich positiv auf die Störungen durch die nichtlinearen Eigenschaften dünner Phasenhologramme aus. Ein Problem bei thermoplastischen Filmen bildet das Rauschen, das wie ein weißlicher Schleier aussieht und daher als 'Frost' bezeichnet wird.

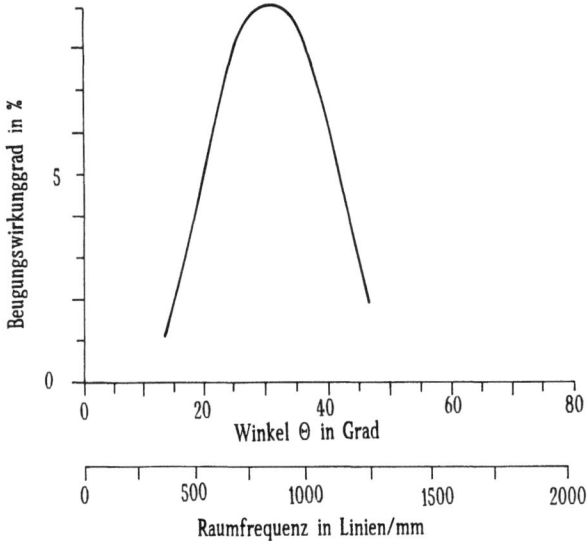

Bild 14.7. Beugungswirkungsgrad eines thermoplastischen holographischen Films in Abhängigkeit von der Raumfrequenz und dem Winkel Θ zwischen Referenz- und Objektwelle (He-Ne-Laser)

14.5 Photolack

Photolacke, auch 'Photoresist' genannt, werden hauptsächlich bei der Herstellung holographisch-optischer Elemente benutzt, z. B. Gitter oder Prägehologramme. In der Produktionstechnik intergrierter Halbleiterschaltungen sind sie schon lange bekannt. Sie werden auf einen Träger aufgebracht und anschließend belichtet. Positive Lacke sind an belichteten Stellen in Entwicklern löslich, negative unlöslich. Damit lassen sich holograpische Oberflächenstrukturen erzeugen. Photolacke sind relativ unempfindlich und benötigen für die Belichtung über 100 mJ/cm^2. Sie dienen zur Herstellung von Prägestempeln für die Vervielfältigung von Hologrammen.

Nur wenige Photolacke besitzen eine ausreichende Auflösung für die Holographie. Bekannt ist der positive Lack 'Shipley AZ-1350', dessen Modulationsübertragungsfunktion bis zu einer Raumfrequenz von 1500 Linien/mm konstant bleibt; häufig werden auch die Typen S1400-27 und S1400-30 eingesetzt. Der Lack wird auf einen rotierenden Glasträger gebracht, wobei Schichten zwischen 1 bis 2 μm entstehen. Diese werden für 15 min bei 75 °C erwärmt, damit das Lösungsmittel vollständig verdampft. Die Schicht erweist sich insbesondere im Violetten und UV als empfindlich, so daß für die Belichtung der Argonlaser bei 488 oder 458 nm oder besser der He-Cd-Laser bei 442 nm geeignet sind. Die nominale Empfindlichkeit bei 458 nm liegt bei 250 mJ/cm^2, so daß lange Belichtungszeiten und folglich sehr stabile Anlagen erforderlich sind. Nach der Belichtung werden, beispielsweise mit dem Entwickler AZ-303, die belichteten Stellen abgetragen. In gewissen Grenzen ist die Ätzrate proportional zur Belichtung: ein dünnes Phasenhologramm entsteht. Meist werden diese Hologramme weiter verarbeitet, um beispielsweise verspiegelte Gitter, andere holographisch optische Elemente oder Prägehologramme anzufertigen.

14.6 Andere Speichermedien

Photopolymere

Photopolymere sind organische Substanzen, die unter dem Einfluß von Licht polymerisieren, d. h. lange Molekülketten oder andere Verbindungen bilden. Durch das Licht und eine nachfolgende chemische Behandlung ändert sich der Brechungsindex. Es können dicke Schichten für Phasenhologramme hergestellt werden, die einen hohen Beugungswirkungsgrad bis 85% und gute Winkelselektivität besitzen.

Die Schichten sind auch gegenüber roter Strahlung empfindlich. Die Hologramme werden direkt nach der Belichtung sichtbar; zur Erhöhung der Modulation des Brechungsindexes dient ein anschließendes chemisches Bad im Dunkeln, wodurch Monomere in den Bereich der Polymerisierung diffundieren. Danach wird das Hologramm noch einmal gleichmäßig beleuchtet.

Polaroid hat ein photopolymeres Material auf der Basis eines Venylmonomers auf den Markt gebracht, das eine Empfindlichkeit von 5 mJ/cm^2 für Transmissions- und 30 mJ/cm^2 für Reflexionshologramme aufweist. Die entsprechenden Beugungswirkungsgrade liegen bei 60 bzw. 85%, das Signal-Rauschverhältnis beträgt 90:1. Nach der Belichtung wird der Film in einem Bad behandelt. Zur Erzeugung von Display-Hologrammen sind die Eigenschaften von Photopolymeren besser als die von Dichromatgelatine, so daß sie sich vermutlich in Zukunft stärker durchsetzen werden.

Photochrome Materialien

Photochrome Materialien verändern ihre Farbe, wenn sie der Einwirkung von Licht ausgesetzt werden [14.1]. Bisher verlieren organische Photochrome mit der Zeit die Information, so daß anorganische Speichermedien, insbesondere dotierte Kristalle, vorgezogen werden. Sie besitzen keine Körnung und daher ein hohes Auflösungsvermögen. Aufgrund der großen Dicke können mehrere Volumen-Hologramme übereinander gespeichert werden. Nach der Aufnahme ist keine Entwicklung notwendig, und die Hologramme können wieder gelöscht werden, jedoch ist durch den geringen Beugungswirkungsgrad von etwa 2% die Anwendung beschränkt.

Eine um den Faktor 10 höhere Empfindlichkeit (etwa 10 mJ/cm^2) zeigen photodichroitische Kristalle, z. B. dotierte Alkalihalogenide. Die holographische Aufnahme erfolgt mit linear polarisertem Licht; für die Speicherung, das Auslesen der Information und das Löschen ist nur ein Laser erforderlich, wobei die beiden senkrechten Richtungen der Polarisation ausgenutzt werden.

Photorefraktive Kristalle

Einige elektrooptische Kristalle verändern ihre Brechzahl (etwa um den Faktor $5 \cdot 10^{-5}$), wenn sie Licht ausgesetzt werden. Diese Veränderung ist durch Wärme oder Licht reversibel. Dadurch ist es möglich, eine löschbare dreidimensionale holographische Speicherung von Informationen zu erzielen (Abschnitt 17.2). Wegen der Bragg-Bedingung können in einem Kristall zahlreiche Hologramme übereinander aufgenommen und wiedergegeben werden. Probleme bereitet gegenwärtig noch das nichtlöschbare Auslesen der Information. Die wichtigsten Kristalle sind in Tabelle 14.6 aufgeführt, sehr häufig wird Lithiumniobat ($LiNbO_2$) verwendet, bei dem ein thermisches Fixieren bei Temperaturen zwischen 200 bis 300 °C möglich ist. Leider ist die zur Belichtung notwendige Leistungsdichte relativ hoch (0,3 J/cm^2 bei 1 % Beugungswirkungsgrad), eine höhere Empfindlichkeit zeigen BSO und KTN [14.9].

Tabelle 14.6 Eigenschaften verschiedener photorefraktiver Kristalle [14.9]. Die Energiedichte bezieht sich auf einen Beugungswirkungsgrad von 1 %. Bei manchen photoleitenden Kristallen ist ein äußeres elektrische Feld erforderlich

Kristall	Wellenl. nm	Energied. mJ/cm^2	el. Feld kV/cm	Bemerkungen
LiNbO$_3$:Fe	488	300		
	351	200	15	
LiTaO$_3$:Fe	351	11	15	
BaTiO$_3$	458	1 - 10	10	
Sr$_x$Ba$_{1-x}$Nb$_2$O$_6$:Ce	488	1,5		geringe Speicherzeit
Bi$_{12}$SiO$_{20}$ (BSO)	514	0,3		
KTa$_{1-x}$Nb$_x$O$_3$ (KTN)	350	0,05 - 0,1	10	ger. Kristallqualität

C Anwendungen der Holographie

15 Holographische Interferometrie

Die holographische Interferometrie wird in der Technik eingesetzt, um Deformationen an Objekten zu messen. Mit der Entwicklung der Laser und der Holographie hat diese Methode gegenüber den bekannten Verfahren der Spannungsoptik oder der Moiré-Methode an Bedeutung gewonnen. Der Vorteil gegenüber der Spannungsoptik besteht auch darin, daß kleine Deformationen (< 1 µm) diffus reflektierender Körper bestimmt werden können. So spielt die holographische Interferometrie bei der zerstörungsfreien Werkstoffprüfung eine zunehmende Rolle. Statische und dynamische, holographische Verfahren werden in der Fahrzeugindustrie eingesetzt, um Spannungen, Dehnungen, Verschiebungen und Schwingungen qualitativ oder quantitativ zu bestimmen [15.1].

In diesem Kapitel werden die wichtigsten grundlegenden Techniken der holographischen Interferometrie vorgestellt und ein knapper Einblick in die quantitative Analyse dreidimensionaler Interferogramme gegeben. Für ein vertieftes Verständnis der quantitativen Analyse wird auf die Fachliteratur im Anhang verwiesen [15.2].

15.1 Doppelbelichtungsinterferometrie

Prinzip

Bei einem Doppelbelichtungsinterferogramm werden in einer Photoschicht zwei holographische Aufnahmen des Objekts gespeichert: eine erste im ungestörten Zustand und eine zweite von dem leicht deformierten Gegenstand. Bei der Rekonstruktion werden beide Objektwellen "ausgelesen", und sie interferieren miteinander. Dies erzeugt deutlich sichtbare Interferenzstreifen, die das ganze Objekt überziehen. Der Abstand zweier heller Streifen entspricht einer Phasenverschiebung von 2π bzw. λ. Die Dichte der Streifen zeigt die räumliche Verteilung der Deformation.

Handelt es sich um eine sehr große Deformation von über 100 µm, dann ist der Abstand der Interferenzstreifen so dicht, daß eine Auswertung kaum möglich ist. Gespeichert werden in diesem Falle zwei voneinander unabhängige Bilder. Die untere Grenze der noch erkennbaren Störung liegt bei Bruchteilen einer Wellenlänge, bei der Verwendung von He-Ne-Lasern also deutlich unter 0,1 µm.

Theorie

Die Objektwelle ist durch Gleichung 2.4 gegeben:

$$\mathbf{o}(x,y) = o(x,y) \exp(-i\Phi_o) ; \qquad (2.4)$$

die leicht deformierte Objektwelle sei

$$\mathbf{o'}(x,y) = o(x,y) \exp(-i\Phi_1). \qquad (2.4')$$

Die Deformation wirkt nur auf die Phase Φ. Die Amplitudentransmission $t(x,y)$ wird durch Gleichung 2.11a mit jeweils halber Belichtungszeit ($\tau/2$) für die beiden Aufnahmen beschrieben. Die Addition beider Gleichungen ergibt:

$$t(x,y) = C_1 + C_2[(\mathbf{o}+\mathbf{o'})\mathbf{r}^* + (\mathbf{o}+\mathbf{o'})^*\mathbf{r}] \quad \text{mit} \qquad (2.11a')$$

$$C_1 = t_0 + C_2(2r^2 + o^2 + o'^2) \quad \text{und} \quad C_2 = \beta\tau/2$$

Von Gleichung 2.11a' wird nur der Teil $t_i(x,y)$ der Amplitudentransmission betrachtet, der für die Interferometrie wichtig ist:

$$t_i(x,y) = C_2(\mathbf{o}+\mathbf{o'})\mathbf{r}^*. \qquad (15.1)$$

Wird mit der Referenzwelle $r(x,y)$ rekonstruiert, ergibt sich

$$\mathbf{u}_i(x,y) = C_2 r^2 (\mathbf{o}+\mathbf{o'}). \qquad (15.2)$$

Die beobachtete Intensität $I_i = |u_i(x,y)|^2$ beträgt

$$I_i(x,y) = C\ (o+o')(o+o')^*, \quad \text{mit} \tag{15.3}$$

$$C = C_2^2\ r^4. \tag{15.4}$$

Aus Gleichung 15.3 ergibt sich für die Intensität des Interferenzmusters:

$$I_i(x,y) = C\ (o^2+o'^2) + C\ (o'o^* + o^{'*}o) \tag{15.5}$$

$$= 2C\ o^2 + 2C\ o^2 (\exp\ [i(\Phi_0-\Phi_1)] + \exp\ [-i(\Phi_0-\Phi_1)]) \tag{15.6}$$

$$= C^*[1 + \cos(\Phi_0 - \Phi_1)]$$

$$I_i(x,y) = 2\ C^* \cos^2[(\Phi_0 - \Phi_1)/2]\quad \text{und} \tag{15.7}$$

$$C^* = 2\,o^2\,C.$$

Im Bereich des rekonstruierten Bildes ist die Intensität nach Gleichung 15.7 mit $\cos^2(\delta/2)$, $\delta = \Phi_0 - \Phi_1$, moduliert. Die Helligkeit des Bildes wird 0, wenn der Phasenunterschied der beiden Objektwellen ein ungerades Vielfaches von π ist:

$$I_i = 0\quad \text{für}\ \delta = (2m+1)\pi,\ m = 0,1,2,\ldots\ .$$

Sie wird maximal, wenn δ ein gerades Vielfaches von π beträgt:

$$I_i = 2\ C^*\quad \text{für}\ \delta = 2m\pi,\ m = 0,1,2,\ldots\ .$$

Das Bild des Gegenstandes ist von dunklen und hellen Interferenzstreifen überdeckt, deren Abstand einem Phasenunterschied von 2π bzw. λ zwischen der ungestörten und der gestörten Objektwelle entspricht.

Praktische Durchführung

Zur Durchführung einer Doppelbelichtungsaufnahme sind alle Aufbauten, die in den Kapiteln 9 und 10 erwähnt wurden, verwendbar. Man kann sowohl Reflexions- wie Transmissionsanordnungen einsetzen. Bei Reflexionshologrammen ist der Entwicklungsprozess oft mit einer Schrumpfung der Emulsion und einer entsprechenden Verschiebung der Rekonstruktionswellenlänge verbunden, die aber hier beide Aufnahmen in gleicher Weise beeinflußt. Störend wirkt sich bei der Doppelbelichtung eine Bewegung des Objekts oder der holographischen Bauelemente zwischen beiden Aufnahmen aus, die einen unerwünschten Interferenzeffekt hervorruft. Mehrdeutig ist die Beurteilung des Interferogramms hinsichtlich der Richtung der zu bestimmenden Verschiebung des Gegenstandes.

Sandwich-Methode

Abramson hat mit der Sandwich-Methode [15.3 bis 15.6] einen Weg vorgeschlagen, dieses Problem bei nicht zu komplizierten Objekten zu lösen.
Der wesentliche Punkt ist, daß die beiden Aufnahmen der Doppelbelichtung nicht nur nacheinander durchgeführt werden, wie oben beschrieben, sondern auch auf getrennten Platten am gleichen Ort. Zur Untersuchung des Interferenzeffektes werden beide Platten als Sandwich rekonstruiert.
Da beide Platten bei der gemeinsamen Rekonstruktion nicht genau am Aufnahmeort stehen können, werden von vornherein für jede Aufnahme, mit und ohne Deformation, zwei Platten als Sandwich belichtet. So läßt sich erreichen, daß bei der Rekonstruktion zweier Platten aus zwei verschiedenen Aufnahmen dennoch Geometrie und Lichtweg für beide mit der Aufnahmesituation übereinstimmt.

Die Methode kann erweitert werden, indem verschiedene Plattenpaare bei unterschiedlicher Deformation des Gegenstandes belichtet werden. Damit lassen sich Zwischenwerte der Objektveränderung studieren durch Kombination von Platten geringerer und stärkerer Deformation des Gegenstandes bei der Aufnahme. Dadurch lassen sich Hinweise gewinnen, ob der Prozeß der Deformation linear oder nicht linear ist.

In einfachen Fällen gelingt es auch, die Richtung der geometrischen Veränderung des Gegenstandes zu bestimmen. Wie in der Literatur im einzelnen ausgeführt, werden die beiden Platten bei der Rekonstruktion geneigt, bis auf dem Objekt die Interferenzstreifen verschwinden. Die Neigung der Platten entspricht dann der Richtung der Deformation.

15.2 Echtzeitinterferometrie

Wesentlich größere Flexibilität in der Beobachtung von Interferenzeffekten bietet die Echtzeitinterferometrie. Man beobachtet die interferometrischen Erscheinungen während des Entstehens und kann die Wirkungen von Veränderungen der Versuchsbedingungen beim Testen eines Objekts sofort erkennen.

Prinzip

Der beleuchtete Gegenstand wird durch ein Hologramm betrachtet, das von dem ungestörten Gegenstand vor Versuchsbeginn angefertigt und wieder an die Stelle bei der Aufnahme gesetzt wurde. Unser Auge trifft folglich sowohl die rekonstruierte Objektwelle o als auch die gestreute Objektwelle o'. Bild 15.1 zeigt rechts von der Hologrammplatte den gedachten Verlauf der Objektwellen o und o'. Der Unterschied ist hier stark übertrieben. Auf der linken Seite existiert nur die Objektwelle o', das vom deformierten Gegenstand gestreute Licht.

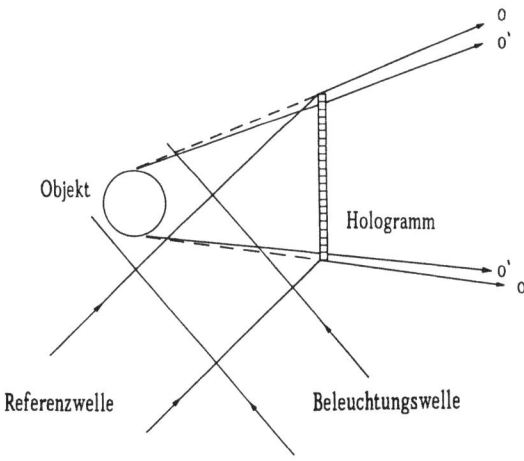

Bild 15.1. Echtzeit-Holographie. Die ungestörte Objektwelle o wird von der Rekonstruktionswelle r aus dem Hologramm ausgelesen. Diese wird überlagert von der Objektwelle o', die direkt vom deformierten Gegenstand gestreut wird

Phasenunterschied zwischen o und o'

Die Hologrammplatte wird bei der Rekonstruktion mit der Summe der Wellen

$$C(x,y) = r(x,y) + o'(x,y) \tag{15.8}$$

beleuchtet.

Die Beleuchtung des Hologramms mit der Welle $r(x,y)$ führt zur Rekonstruktion der Objektwelle $o(x,y)$, die mit der gestreuten Welle $o'(x,y)$ interferiert. Bei der Herleitung der Intensität des Interferenzbildes muß beachtet werden, daß zwischen den beiden Wellen o und o' auch ohne Deformation ein fester, durch das Experiment vorgegebener Phasenunterschied von π besteht. Bei der Berechnung der Amplitudentransmission t, die nach der Entwicklung einer belichteten photographischen Platte vorhanden ist, wird angenommen, daß t linear mit der Intensität abnimmt:

$$t = t_o - \beta\tau I. \tag{15.9}$$

Gleichung 15.9 ist bis auf das Vorzeichen mit Gleichung 2.10 identisch. Dort ist das Vorzeichen implizit in β enthalten. Dieses negative Vorzeichen kann in der Objektwelle als zusätzlicher Phasenterm der Größe π berücksichtigt werden, da $\exp(i\pi) = -1$ ist.

Intensität des Interferogramms

Die Überlagerung der ungestörten Objektwelle o mit der Referenzwelle r führt auf der Photoplatte zu einer Amplitudentransmission, die schon in Gleichung 2.11a berechnet wurde. Unter Beachtung der Gleichung 15.9 ergibt sich

$$t = (t_o - \beta\tau[r^2 + o_o^2]) - \beta\tau[r^*(x,y)o(x,y) + r(x,y)o^*(x,y)]. \tag{15.10}$$

Hier soll nur der allein relevante dritte Ausdruck weiter untersucht werden, der Anteil des virtuellen Bildes t_v:

$$t_v = -\beta\tau r^*(x,y)o(x,y). \tag{15.11}$$

Bei der Rekonstruktion des holographischen Bildes mit der Referenzwelle wird mit Gleichung 15.11 die virtuelle Welle $\mathbf{u}_V$:

$$\mathbf{u}_V = -\beta\tau r^2 o_0(x,y)\ \exp\ (i\Phi(x,y)). \tag{15.12}$$

Mit $-1 = \exp(i\pi)$ wird

$$\mathbf{u}_V = +\beta\tau r^2 o_0(x,y)\ \exp\ (i[\Phi(x,y)+\pi]). \tag{15.13}$$

Die rekonstruierte Objektwelle überlagert sich mit der Objektwelle des deformierten Gegenstandes $\mathbf{o}'$. Die Deformation des Objekts entspricht einer Phasenänderung $\delta(x,y)$:

$$\mathbf{o}'(x,y) = o(x,y)\ \exp\ [i(\Phi(x,y) + \delta(x,y))]. \tag{15.14}$$

Die beobachtete Intensität der Stufen im Echtzeitinterferogramm I_e entspricht:

$$I_e = (\mathbf{u}_V + \mathbf{o}')\ (\mathbf{u}_V + \mathbf{o}')^*. \tag{15.15}$$

Setzt man für die Amplituden vereinfachend

$$A = \beta\tau r^2 o(x,y)\ \text{und}\ B = o(x,y)$$

ergibt sich mit den Gleichungen 15.13 und 15.14:

$$I_e = A^2 + B^2 + AB\ \exp\ (i[\delta-\pi]) + AB\ \exp\ (-i[\delta-\pi]).$$

Nach geringfügigen mathematischen Umformungen entsteht:

$$I_e = (A - B)^2 + 2\ AB\ (1 - \cos\delta)$$

$$= (A - B)^2 + 4\ AB\ \sin^2(\delta/2). \tag{15.17}$$

Die Intensität ist eine periodische Funktion mit der gleichen Periode $\delta = 2\pi$ wie bei der Doppelbelichtungstechnik.

Die Intensität des Bildes wird minimal, wenn δ ein gerades Vielfaches von 2π beträgt:

$$I_e = (A-B)^2\ \text{für}\ \delta = 2m\pi,\ m = 0,1,2,\dots\ . \tag{15.18}$$

Die Intensität ist maximal, wenn δ ein ungerades Vielfaches von 2π annimmt:

$$I_e = (A+B)^2 \quad \text{für } \delta = (2m + 1)\pi, \; m = 0,1,2,\dots \quad (15.19)$$

Kontrast

Ein Vergleich der interferometrischen Ergebnisse für Doppelbelichtung und für Echtzeitholographie macht deutlich, daß der Kontrast K für Doppelbelichtung im allgemeinen höher ist.

Nach Gleichung 2.37 gilt für die Doppelbelichtungsinterferometrie ein optischer Kontrast K:

$$K = 1.$$

Für die Echtzeitinterferometrie folgt aus den Gleichungen 15.18 und 15.19:

$$K = (2AB/(A^2 + B^2)). \quad (15.20)$$

Für $A = B$ wird der Kontrast $K = 1$. Meist ist aber die Amplitude der gestreuten Welle (B) viel größer als die durch den Beugungswirkungsgrad bestimmte Amplitude des ungestörten Gegenstandes (A):

$$A < B.$$

Damit ergibt sich für K bei Vernachlässigung von A^2 im Nenner in Gleichung 5.20

$$K \approx (2A/B) \ll 1.$$

Um den Kontrast bei der Echtzeitinterferometrie zu erhöhen, sollte man die Welle des gestreuten Lichtes (B) abschwächen.

Praktische Durchführung

Das Problem bei einem Transmissionsaufbau für die Echtzeitinterferometrie besteht darin, daß es schwierig ist, die Folie oder Photoplatte nach dem Entwicklungsprozeß wieder an die gleiche Stelle zu positionieren, an der sie vorher im Plattenhalter stand. Die erforderliche Genauigkeit muß besser als $\lambda/2 = 0,3$ μm für He-Ne-Laser sein. Nur dann überlagern sich rekonstruierende Objektwelle und Objektwelle des beleuchteten, zunächst noch ungestörten Gegenstandes ohne Phasendifferenz. Bei gut justierbaren Plattenhalterungen gelingt die Positionierung auf einige Wellenlängen genau. Dies bedeutet, daß auch ohne Deformation des Gegenstandes auf diesem beim Betrachten durch das Hologramm schon Interferenzstreifen beobachtet werden. Diese Schwierigkeiten lassen sich umgehen, wenn die Photoplatte am Aufnahmeort entwickelt wird [15.7].

Thermoplastfilm

Auf die Naßentwicklung kann ganz verzichtet werden, wenn Thermoplastfilm verwendet wird. Die Entwicklung besteht lediglich in einer Wärmebehandlung, die am Aufnahmeort durchgeführt wird, ohne die Lage des Films zu verändern (Abschnittt 14.4).

15.3 Grundgleichung der Hologramminterferometrie

Für die Auswertung von Interferogrammen ist es notwendig, den theoretischen Zusammenhang zwischen der Phasenänderung der gestreuten Lichtwelle und der geometrischen Verschiebung zu kennen [15.2, 15.8]. Zur Herleitung dieser oft als 'Grundgleichung der Hologramminterferometrie' bezeichneten Beziehung wird die in Bild 15.2 dargestellte, stark vereinfachte Situation angenommen.

In der Praxis ist die Translation d eines Objektpunktes P in die neue Lage P' klein gegen die Abstände zur Lichtquelle bzw. zum Hologramm. Aus der Abbildung ergibt sich eine geometrische Differenz für die Lichtwege zum Hologramm über Punkt P':

$$\Delta s = d (\cos \varphi + \cos \varphi'). \qquad (15.21)$$

Daraus folgt eine Phasendifferenz δ von:

$$\delta = d(\cos \varphi + \cos \varphi')2\pi/\lambda. \qquad (15.22)$$

Dieses Resultat läßt sich einfacher schreiben mit den Wellenvektoren $\vec{k}_1$ und $\vec{k}_2$ ($k_1 = k_2 = 2\pi/\lambda$), die in Richtung des einfallenden und re-

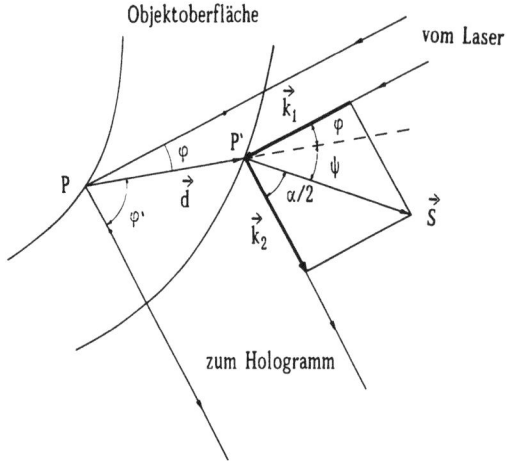

Bild 15.2. Skizze zur Herleitung der Grundgleichung der holographischen Interferometrie. Dargestellt ist ein Ausschnitt des ungestörten Gegenstandes mit dem Objektpunkt P und dessen Lage P' nach einer Verschiebung um d

flektierten Strahls zeigen, und dem Verschiebungsvektor $\vec{d}$, der vom Objektpunkt P des ungestörten Gegenstandes zum verschobenen Punkt P' weist. Es gilt für die Phasenverschiebung δ:

$$\delta = (\vec{k}_2 - \vec{k}_1) \, \vec{d}. \tag{15.23}$$

Gleichung 15.23 wird als Grundgleichung der holographischen Interferometrie bezeichnet. Alle quantitativen Auswertungsmethoden zur Bestimmung des Verschiebungsvektors $\vec{d}$ gehen von dieser Gleichung aus. (Das negative Vorzeichen in der Klammer von Gleichung 15.23 kann man vermeiden, wenn man $\vec{k}_1$ und $\vec{k}_2$ vom Objektpunkt P aus orientiert [15.2]). Für die Differenz der Wellenvektoren wird der Sensitivitätsvektor $\vec{S}$ definiert:

$$\vec{S} = \vec{k}_2 - \vec{k}_1. \tag{15.24a}$$

Der Vektor $\vec{S}$ liegt in der Richtung der Winkelhalbierenden (α/2) zwischen Einstrahlung und Beobachtung. In dieser Richtung ist die Änderung des Interferenzfeldes am größten. Deswegen heißt der Vektor $\vec{S}$ Sensitivitätsvektor. Die Länge von $\vec{S}$ hängt nach Bild 15.2 vom Winkel α zwischen $\vec{k}_1$ und $\vec{k}_2$ ab.

$$S = (4\pi/\lambda) \cos (\alpha/2) \tag{15.24b}$$

Für die Doppelbelichtungstechnik wurde anhand von Gleichung 15.7 vorgeführt, daß die Intensität mit einer Periode von 2π moduliert ist. Legt man in einen von der Veränderung des Objekts nicht beeinflußten Punkt die Streifenordnung N = 0 und zählt die hellen Streifen bis zum Objektpunkt P, gilt $\delta = N\,2\pi$. Anders ausgedrückt: Wird der Gegenstand kontinuierlich zunehmend an einer Seite deformiert, so wachsen ständig neue Interferenzstreifen hervor, die mit N gezählt werden. Mit Gleichung 15.23 ergibt sich:

$$N\,2\pi = \vec{S}\,\vec{d} = S\,d\,\cos\psi \quad \text{oder}$$

$$d = N\lambda\,/\,(2\,\cos\psi\,\cos(\alpha/2)). \tag{15.25}$$

Dabei bezeichnet ψ den Winkel zwischen dem Verschiebungsvektor $\vec{d}$ und dem Sensitivitätsvektor $\vec{S}$.

Die verschiedenen, in der Literatur [15.2] diskutierten Auswertungsmethoden befassen sich mit zwei Problemen, die die Lösung der einfachen Gleichung (15.25) erschweren. Einmal ist es oft nicht möglich, die Streifenordnung N einwandfrei zu bestimmen, weil die Ordnung N = 0 nicht eindeutig festgelegt werden kann, zum anderen sind im allgemeinen Fall $\vec{S}$ und $\vec{d}$ Vektoren mit drei räumlichen Komponenten. Dieses Problem läßt sich z.B. durch die Aufnahme und Auswertung von drei Hologrammen lösen, die in verschiedenen Positionen beobachtet werden.[15.2], [15.8].

Aus Gleichung 15.25 geht hervor, daß für $\psi = 0$, d.h. wenn der Verschiebungsvektor in Richtung des Sensitivitätsvektors zeigt, die Änderung der Streifenordnung am größten ist. Liegen außerdem noch die Beobachtungsrichtung und die Beleuchtungsrichtung antiparallel ($\alpha = 0$), dann gilt:

$$d = \pm\,(N\,\lambda/2).$$

Das Vorzeichen, d.h. der Richtungssinn der Verschiebung, kann aus den Daten nicht ohne weiteres abgeleitet werden.

15.4 Das Holodiagramm

Mit der Entwicklung des Holodiagramms hat Abramson [15.9] ein Verfahren eingeführt, das die Auswertung von Interferogrammen er-

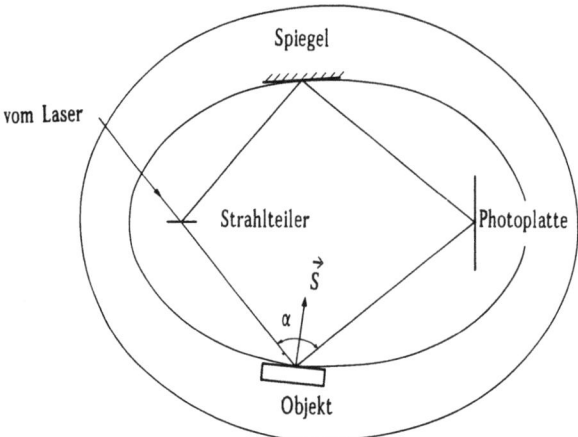

Bild 15.3. Das Holodiagramm nach Abramson [15.3]. Strahlteiler und Photoplatte stehen in den Brennpunkten der Ellipse. Der Wegunterschied von Referenzwelle und Objektwelle vom Strahlteiler aus gemessen ist konstant, sofern Spiegel und Objekt nur auf der Ellipse verschoben werden (Definition der Ellipse)

leichtert. Es besteht, wie Bild 15.3 zeigt, aus einer Anordnung von Ellipsen, in die der holographische Aufbau integriert wird. In den Brennpunkten stehen der Strahlteiler und die Photofolie. (Bei manchen Anordnungen befindet sich auch die Punktlichtquelle in einem der Brennpunkte).

Nach Definition ist die Summe der Abstände von den beiden Brennpunkten auf einer Ellipse eine Konstante. Damit kann man das Objekt in Bild 15.3 auf der Ellipse verschieben, ohne den Wegunterschied zwischen Referenz- und Objektwelle, vom Strahlteiler aus gemessen, zu verändern. Der Sensitivitätsvektor steht senkrecht auf der Ellipse. Verschiebt man das Objekt in Richtung des Vektors $\vec{S}$, folgt aus Gleichung 15.25 mit $\psi = 0$:

$$d = N\lambda / 2\cos(\alpha/2)] \quad \text{oder} \quad (15.26)$$

$$d = NC \, \lambda/2.$$

Dabei ist $C = 1/\cos(\alpha/2)$. Liegt der Gegenstand rechts vom Hologramm, kann $\alpha = 0°$ werden. Daraus resultiert: $C = 1$ und $d = N\lambda/2$.

Für alle anderen Lagen ist die Verschiebung d größer als $N\lambda/2$, wobei N die Zahl der erzeugten Interferenzstreifen ist.

Eine Verschiebung des Gegenstandes auf der Ellipse in Bild 15.3 führt zu keiner Wegänderung und ist deswegen nicht mit einer Änderung im Interferenzstreifensystem verbunden. Dieser Effekt wird genutzt, um auf Tischen geringer Stabilität brauchbare Hologramme herzustellen.

Das Holodiagramm läßt sich nutzbringend auch bei anderen holographischen Problemen verwenden. Konstruiert man zwei Ellipsen mit gleichen Brennpunkten (Bild 15.3), so daß die Summe der Abstände von den Brennpunkten zu einem Punkt der äußeren Ellipse um die Kohärenzlänge größer ist, dann markiert der Raum zwischen den Ellipsen den Bereich, den der Gegenstand ausfüllen kann, ohne daß die Kohärenzlänge überschritten wird.

15.5 Zeitmittelinterferometrie

Theorie

Die Zeitmittelinterferometrie wird angewendet, um die Schwingungsamplitude über ein mit der Frequenz $f = \omega/2\pi$ oszillierendes Objekt zu bestimmen. Die Belichtungszeit τ ist dabei immer sehr viel größer als die Schwingungsdauer $2\pi/\omega$. Der Verschiebungsvektor läßt sich darstellen als:

$$\vec{d} = \vec{d}(r) \sin(\omega t).$$

Zur Vereinfachung betrachten wir eine Schwingung in z-Richtung, die in Bild 15.4 für einen zweidimensionalen Fall dargestellt wird. Für harmonische Schwingungen gilt:

$$\vec{d} = \vec{d}(z) \sin(\omega t).$$

Die zugeordnete Phasenverschiebung δ beträgt:

$$\delta = \vec{S}\vec{d} \sin(\omega t).$$

Für die komplexe Amplitude der Objektwelle ergibt sich:

$$\mathbf{o}(z,t) = o(z) \exp[i(-\Phi + \vec{S}\vec{d} \sin\omega t)]. \qquad (15.27a)$$

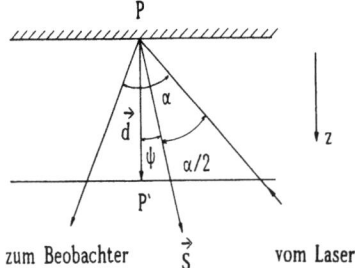

Bild 15.4. Zeitmittelinterferometrie für ein zweidimensionales Beispiel. Eine Sinusschwingung führt zu einer periodischen Verschiebung des Objektpunktes P in die neue Lage P'. $\vec{S}$: Sensitivitätsvektor, $\vec{d}$: Verschiebungsvektor

Die rekonstruierte Welle **u**(z) ist das zeitliche Mittel vieler in der Belichtungszeit τ nach Gleichung 15.27 registrierter Einzelwellen:

$$\mathbf{u}(z) = (1/T) \int_0^T o(z,t) dt \quad \text{oder}$$

$$\mathbf{u}(z) = o(z) \exp(-i\Phi) \, (1/T) \int_0^T \exp[i\vec{S}\vec{d}\sin(\omega t)] dt. \qquad (15.27b)$$

Man bezeichnet

$$M = (1/T) \int_0^T \exp[i\vec{S}\vec{d}\sin(\omega t)] \, dt \qquad (15.28)$$

als 'charakteristische Funktion' oder 'Modulationsfunktion'. Der Integrand läßt sich in eine Potenzreihe nach Besselfunktionen entwickeln. Da die Belichtungszeit sehr lang ist, trägt nur die Besselfunktion J_0 zum Integral bei:

$$M = J_0(\vec{S}\vec{d}).$$

Damit wird aus Gleichung 15.27b:

$$\mathbf{u}(z) = o(z) \exp(-i\Phi) \, J_0(\vec{S}\vec{d}).$$

Für die beobachtete Intensität $I \sim |\mathbf{u}|^2$ ergibt sich:

$$I(z) = I_0 \, J_0^2(\vec{S}\vec{d}). \qquad (15.29)$$

Bild 15.5 gibt den Verlauf von J_0^2 an; die Intensitätsmaxima nehmen demnach mit wachsender Ordnung N sehr rasch ab. Die Bestimmung

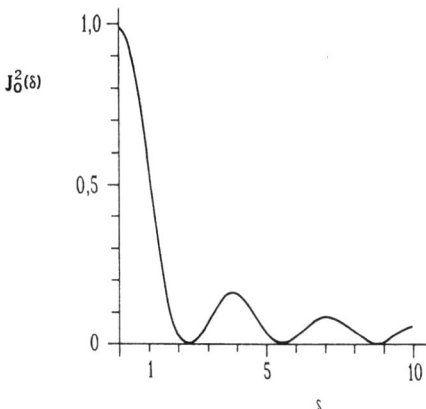

Bild 15.5. Das Quadrat der Besselfunktion $J_0(\delta)$. Aus der Abbildung lassen sich die (nicht-äquidistanten) Werte von $\delta = \vec{S}\vec{d}$ für die Maxima und Minima ablesen

von δ ($= \vec{S}\vec{d}$) aus der Ordnung N ist etwas komplizierter als bei den zuvor erwähnten Interferenztechniken, weil J_0^2 eine zwar oszillierende, aber nicht periodische Funktion ist. Wenn die Streifenordnung N nicht eine halbzahlige oder ganzzahlige Größe ist, ergeben sich etwas umständliche Interpolationsverfahren [15.2]. Orte nullter Ordnung, d. h. Schwingungsknoten, findet man dagegen bei diesem Verfahren sehr einfach, da sie (Bild 15.5) mit voller Intensität ($J_0^2 = 1$) rekonstruiert werden.

Praktische Durchführung

Ein oft durchgeführtes Experiment ist die Registrierung der Schwingungen eines Lautsprechers. Zur Realisierung der dargestellten Verhältnisse wird dieser nur mit einer Frequenz betrieben, da der theoretischen Analyse eine harmonische Schwingung zu Grunde lag. Am besten verwendet man einen Frequenzgenerator, um Interferogramme bei unterschiedlichen Frequenzen zu erzeugen. Der Frequenzgenerator wird zur Vermeidung störender Vibrationen neben dem Holographietisch positioniert. Es muß darauf geachtet werden, daß die Vibrationen des Gegenstandes sich nicht auf den gesamten Aufbau auswirken.

Zur Verbesserung des Kontrastes ist ein sogenanntes 'stroboskopisches Verfahren' vorgeschlagen worden, bei dem - abgestimmt mit der Oszillation des Objekts - gezielt immer nur zwei Schwingungszustände registriert werden. Damit resultieren Verhältnisse, die bei der Doppelbelichtung vorgestellt wurden, und der Kontrast wird für alle Ordnungen maximal [15.10], [15.11].

15.6 Speckle-Interferometrie

Das von einem kohärent beleuchteten Gegenstand gestreute Licht zeigt eine körnige Struktur, die als 'Granulation' oder 'Speckles' bezeichnet wird. Die Ursache liegt in der Rauhigkeit der Oberfläche, die wie ein statistisches Reflexions-Beugungsgitter wirkt. Bei vielen holographischen Anwendungen ist diese Struktur störend. Andererseits kann man sie aber als das Interferenzfeld der statistisch verteilten Rauhigkeit der Objektoberfläche auffassen. Damit enthält diese statistische Verteilung heller und dunkler Punkte Informationen über die Oberflächenbeschaffenheit des Objekts.

Die Granulation läßt sich für interferometrische Untersuchungen von Deformationen ausnutzen. Bei der **Speckle-Photographie** wird zwar eine kohärente Lichtquelle benötigt, es kommt aber keine Referenzwelle zum Einsatz. Der Gegenstand wird mit einer Laserwelle beleuchtet und das gestreute Licht auf einem feinkörnigen Film mit einer Linse abgebildet. Da das Granulationsmuster vergleichsweise grob ist, muß holographisches Filmmaterial nicht verwendet werden. Eine zweite Aufnahme des leicht deformierten Gegenstandes wird danach der ersten überlagert. Die beiden, für das Auge ununterscheidbaren, statistischen Verteilungen der Speckles überlagern sich auf dem Film und bilden Interferenzstreifen, aus denen man auf den Betrag der Verschiebung des Objekts schließen kann. Die Empfindlichkeit des Verfahrens ist durch die Größe der Speckles gegeben und um etwa eine Größenordnung geringer als die anderen, die in diesem Kapitel beschrieben werden [15.2].

In der **Speckle-Interferometrie** wird wie in anderen interferometrischen Anordnungen eine Objektwelle und eine Referenzwelle ausgebildet. Eine einfache experimentelle Anordnung besteht aus einem Michelson-Interferometer (Bild 8.10), bei dem ein Spiegel durch die diffus reflektierende Oberfläche des Objekts ersetzt ist. Wird die Oberfläche mit einer Linse auf einen Schirm abgebildet, der in Bild 8.10 an der Stelle des Detektors steht, ist das Bild mit Speckles überzogen, die durch die Überlagerung der Objekt- und Referenzwelle entstanden sind. Jede kleine Veränderung der Position der streuenden Oberfläche in Strahlrichtung, führt zu einer Veränderung des beobachteten Specklefeldes. Bei langsamen Bewegungen wird man ein Flimmern im Bild beobachten. Bei einer schwingenden Membran löschen sich die Speckles in den bewegten Bereichen aus, während die Knotenlinien weiterhin Speckles zeigen. Für Anwendungen und weitere Entwicklungen auf dem Gebiet der Speckleinterferometrie wird auf die Literatur [15.8] verwiesen.

16 Holographisch-Optische Elemente

Zum Verständnis von Hologrammen wird immer wieder darauf hingewiesen, daß sie die Wirkung einer Fresnel'schen Zonenplatte haben und als komplizierte Gitter aufgefaßt werden können. Aus der ersten Eigenschaft folgt die Fähigkeit, Bilder zu rekonstruieren, was mit der Abbildung durch Linsen vergleichbar ist. Der zweite Aspekt erklärt die starke chromatische Aberration bei der Rekonstruktion.

Diese beiden Charkteristika bilden die Grundlage für die Anfertigung optischer Bauelemente auf holographischem Wege. Die Vorteile gegenüber konventionellen optischen Elementen (z.B. Glaslinsen) liegen in der geringen Dicke der Elemente und in der Möglichkeit optische Bauelemente zu entwickeln, die auf konventionellem Wege nicht herstellbar sind.

16.1 Linsen, Spiegel und Gitter

Linsen und Spiegel

Die Herstellung holographischer Linsen und Spiegel erfordert keine zusätzlichen Kenntnisse der Holographie und ihrer Anwendungsbereiche [16.1]. Bild 16.1 zeigt die Wirkung einer Zerstreuungslinse. Achsenparallele Strahlen werden beim Durchgang durch die Linse gebrochen. Die divergent austretenden Strahlen scheinen von dem virtuellen Brennpunkt F her zu kommen.

Die gleiche Wirkung wird mit einem Transmissionshologramm erzielt, das aus einer sphärischen Objektwelle und einer ebenen Referenzwelle gebildet wurde. Bei Beleuchtung mit einer ebenen Welle entsteht die divergente Objektwelle, scheinbar ausgehend von F. Beim Einsatz einer konjugierten Referenzwelle (in Bild 16.1 gestri-

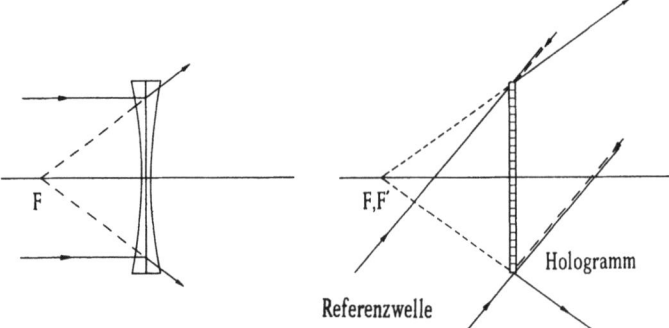

Bild 16.1 Vergleich einer Zertreuungslinse mit einem Transmissionshologramm, das aus einer ebenen Referenzwelle und einer Kugelwelle gebildet wurde. Bei Rekonstruktion mit der Referenzwelle zeigt das Hologramm die Wirkung einer Zerstreuungslinse; mit der konjugierten Referenzwelle ergibt sich eine Sammellinse

chelt gezeichnet), wird das reelle Bild rekonstruiert, d.h. die Strahlen werden im reellen Brennpunkt F' konzentriert. Wie jede Zonenplatte repräsentiert die holographische Linse also sowohl die Eigenschaften einer Zertreuungs- als auch einer Sammellinse (Bild 2.7).

Die Zusammenhänge lassen sich auf die Abbildung durch Hohlspiegel übertragen. Bild 16.2 enthält den Strahlenverlauf für einen Konkavspiegel. Wiederum vereinigt das Hologramm Eigenschaften, die in der Optik nur von zwei verschiedenen Bauelementen realisiert werden können. Die Rekonstruktion mit der Referenzwelle ergibt die divergente Originalwelle, die zur Herstellung des Reflexionshologramms benutzt wurde. Das Hologramm wirkt wie ein Wölbspiegel. Wird mit der konjugierten Referenzwelle (in Bild 16.2 gestrichelt gezeichnet) gearbeitet, entsteht die konjugierte Objektwelle. Dieses ist eine konvergente Welle mit dem reellen Brennpunkt F. Das Hologramm besitzt nun die Eigenschaft eines Hohlspiegels. Das Reflexionshologramm ist sowohl Konkav- als auch Konvexspiegel.

Brennweite

Die holographisch hergestellten Linsen und Spiegel gehorchen der bekannten Abbildungsgleichung

$$1/g + 1/b = 1/f; \qquad (7.18)$$

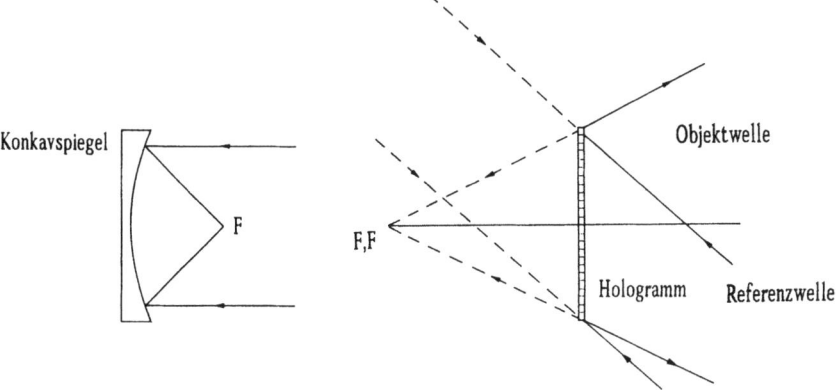

Bild 16.2 Vergleich eines Konkavspiegels mit einem Reflexionshologramm, das aus einer ebenen Referenzwelle und einer Kugelwelle gebildet wurde. Bei Rekonstruktion mit der Referenzwelle wirkt das HOE als Wölbspiegel, bei Rekonstruktion mit dem konjugierten Referenzwelle als Hohlspiegel.

dabei geben g die Gegenstandsweite und b die Bildweite an. Aus Gleichung 2.25 wird deutlich, daß die Abbildung durch eine holographische Linse mit einer starken chromatischen Aberration verbunden ist. Für $z_o = f$ und $k^2\lambda^2 \ll 2z_o k\lambda$ folgt:

$$f = r_k^2/(2k\lambda). \tag{16.1}$$

Die Brennweite hängt demzufolge stark von der Wellenlänge ab.

Zur Herstellung von Linsen und Hohlspiegeln wird Gleichung 7.18 herangezogen. In der Formel bezeichnet g den Abstand der Referenzlichtquelle, b den der Objektlichtquelle zum Hologramm bei der Aufnahme. f gibt den Abstand des virtuellen Brennpunktes an. Den reellen Fokus erhält man, wenn mit der Referenzwelle aus der entgegengesetzten Richtung rekonstruiert wird. Dieses ist nicht die konjugierte Welle, da die Krümmung nicht geändert wird. Zur Berechnung der Brennweite f' wird in Gleichung 7.18 der Abstand g negativ gerechnet:

$$1/b - 1/g = 1/f'. \tag{16.2}$$

Die beiden Brennweiten sind also verschieden. Der in Bild 16.1 und Bild 16.2 dargestellte einfache Fall ergibt sich aus Gleichung 16.2 für $r = \infty$.

Bild 16.3 zeigt einen Aufbau zur Herstellung einer holographischen Linse. Zur Vereinfachung in der Praxis wurde hier g = 2b gewählt. Dann folgt aus Gleichung 16.2 für die Brennweite f' = g. In Bild 16.3 wird ein 50%-Strahlteiler verwendet, der Referenzstrahl fällt unter einem Winkel von 45° ein.

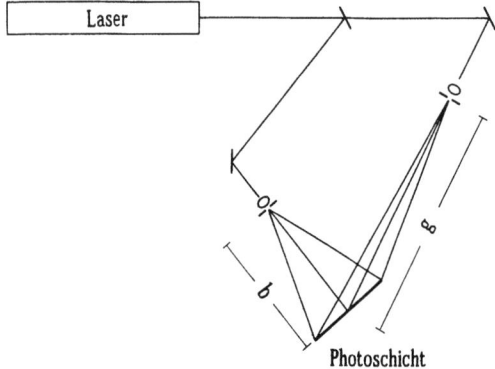

Bild 16.3. Aufbau zur Herstellung einer holographischen Linse. Für die Anfertigung des Transmissionshologramms werden zwei Kugelwellen überlagert. Der Abstand g ist doppelt so groß wie der Abstand b. Nach Gleichung 16.2 ist f' = g

Zur Erzeugung eines holographischen Spiegels benutzt man einen Reflexionsaufbau. Bei der Auswahl von Entfernungen und optischen Elementen verfährt man wie beim Aufbau für eine Linse. Als Referenzwelle läßt sich eine ebene Welle verwenden, oder die Parameter können mit Hilfe der Gleichung 16.2 ausgerechnet werden. Der in Bild 16.4 vorgeführte Aufbau setzt für die Referenzwelle wie in Bild 16.3 einen Winkel von 45° ein. Die Länge g ist doppelt so groß wie der Abstand b. Dann folgt f' = g.

Bild 16.5 stellt den aus der geometrischen Optik für Linsen und Spiegel bekannten Zusammenhang zwischen f', g und b nach Gleichung 16.2 dar. Dabei sind g und b die Abstände der Referenz- und Objektlichtquelle. Für g/b = 2 ergibt sich auch f'/b = 2. Je größer

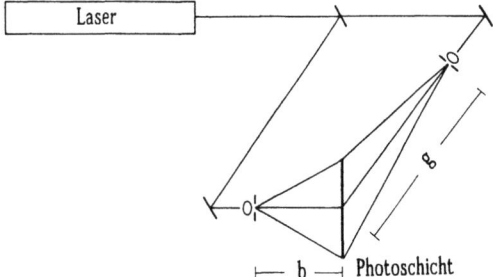

Bild 16.4. Aufbau zur Herstellung eines holographischen Spiegels. Die Bezeichnungen entsprechen denen von Bild 16.3. Dieses HOE stellt ein Reflexionshologramm dar.

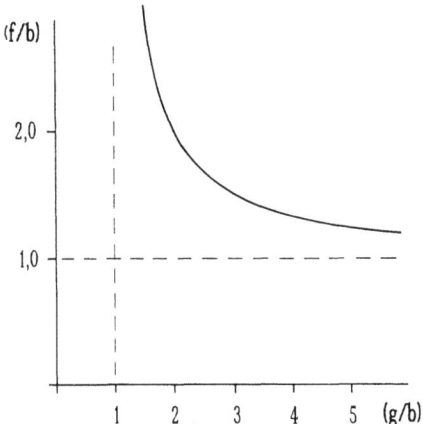

Bild 16.5. Graphische Darstellung der Gleichung 16.2. Der Zusammenhang zwischen den normierten Größen f/b und g/b kann die Planungen von HOE's erleichtern

g wird, verglichen mit b, desto näher kommt f' dem Wert von b. Für g = b entsteht im Falle eines Spiegels ein Planspiegel.

Gitter

Die Herstellung eines einfachen Gitters ist in Abschnitt 8.5 beschrieben; mit dem dort beschriebenen Aufbau lassen sich Gitterkonstanten von einigen µm leicht herstellen. Für Gitter mit Raumfrequenzen von 1000/mm und mehr wird ein Transmissionsaufbau benutzt (Kapitel 10). Die beiden verwendeten Wellen sind eben. (Die Bezeichnung 'Referenz'- und 'Objektwelle' erübrigt sich) Die Gitterkonstante ist umso kleiner je größer der Winkel zwischen den ebenen Wellen ist. Für besondere Anwendungen lassen sich die Eigenschaften von Linsen und Gittern durch Wahl von Kugel- und ebenen Wellen mischen.

Ein so hergestelltes Sinusgitter sollte nur eine Ordnung rekonstruieren. Meist sieht der Betrachter jedoch mehr als eine Ordnung. Wie in Kapitel 6 ausführlich diskutiert, sind reine Volumen-Sinusgitter eher die Ausnahme. Insbesondere im Übergangsbereich von dünnen zu Volumengittern ist daher nicht nur eine Gitterordnung zu erwarten. Sehr häufig wird das Ergebnis auch durch den Entwicklungsprozeß beeinflußt, da bei hohem Kontrast auch Nichtlinearitäten der Schwärzungskurve beachtet werden müssen. Das im Film gespeicherte Gitter ist dann nicht mehr ein reines Sinusgitter sondern eine Mischung zwischen Strich- und Sinusgitter. Durch geringeren Kontrast lassen sich höhere Beugungsordnungen, die durch die Schwärzungskurve entstehen, unterdrücken.

Strahlteiler

Der Beugungswirkungsgrad von Hologrammen liegt immer deutlich unter 100%. Neben den ersten Beugungsordnungen, die dem virtuellen

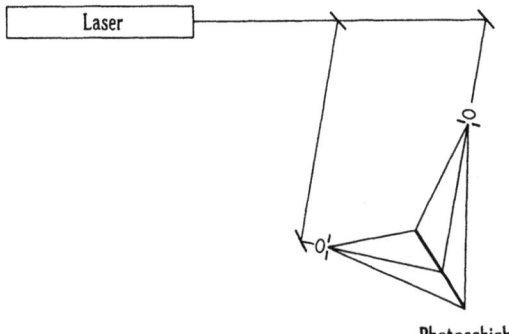

Photoschicht

Bild 16.6. Aufbau zur Erzeugung eines Strahlteilers. Das Reflexionshologramm wird mit zwei Kugelwellen hergestellt, die senkrecht zueinander stehen. Ist g = b, entsteht ein Planspiegel, der als Strahlteiler dient, weil sein Beugungswirkungsgrad kleiner als 1 ist.

und reellen Bild entsprechen, existiert immer auch eine intensive 0. Ordnung. Deswegen kann man Hologramme auch als Strahlteiler auffassen. Zur Herstellung eines Strahlteilers eignet sich z.B. der in Bild 16.6 angegebene Aufbau. In diesem Bild stehen die beiden Kugelwellen senkrecht aufeinander. Der Winkel der Referenzwelle wird so gewählt, daß die direkt reflektierte Welle die Strahlteilung nicht stört. Erfolgt die Rekonstruktion nicht unter dem Bragg-Winkel, wird die Strahlteilung zugunsten der transmittierten Welle verschoben. Auch die Intensitätsverteilung läßt sich mithin beeinflussen. Ein solcher Strahlteiler ist allerdings weit außerhalb des Bragg-Winkels nicht einsetzbar, weil dann der Beugungswirkungsgrad 0 wird.

16.2 Computerhologramme

Komplexe HOE's

Neben diesen einfachen Holographisch-Optischen-Elementen (HOE), die mehr oder weniger dem eigenen Bedarf im Labor dienen, bietet die Holographie auch die Möglichkeit, komplizierte HOE's herzustellen, die sich mit einfachen Mitteln im Bereich der Glasoptik nicht fertigen lassen. Technische Anwendungen liegen im Bereich der Optoelektronik in der Produktion von Strahlteilern mit mehr als zwei Aufteilungen oder von Linsen mit mehr als einer Brennweite [16.1].

Eine ganz anderes Verfahren HOE's herzustellen, bietet der Einsatz von Computern [16.2]. Computer-generierte Hologramme (CGH) bieten die Möglichkeit, ohne die Verwendung eines Lasers ein HOE zu berechnen und auszudrucken, das mit photographischen Mitteln in ein Hologramm umgewandelt werden kann. Diffraktive-Optische-Elemente (DOE) finden zunehmend Einsatz in der Lasertechnik. Das eigentliche Experimentieren mit den freien Parametern geschieht am Computer.

Gerechnete HOE's

Es würde den Rahmen dieses Buches sprengen, eine ausführliche Darstellung der Theorie und der Herstellung von Computerhologrammen (CGH) zu geben. Im Zuge der Verbesserung heutiger Computer, was Speicherplatz und Rechengeschwindigkeit angeht, hat die Bedeutung dieses Zweiges der Holographie ständig zugenommen und stellt heute eine eigene Disziplin dar [16.4]. Mit dem Computer ist es darüber hinaus möglich, Hologramme von Objekten herzustellen, die nicht existieren oder deren experimentelle Darstellung größere Probleme hervorrufen würde. So finden CGH's bei komplizierten technischen Aufgaben Anwendung. Im Abschnitt 18.4 wird darauf noch einmal hingewiesen.

Zur Herstellung eines CGH muß in einem ersten Schritt die komplexe Amplitude der Objektwelle in der Hologrammebene berechnet werden. Dieses ist die Fouriertransformierte der Amplitude im Objektraum. Die Objektwelle wird punktweise berechnet, und es ist wichtig, daß die Zahl dieser Objektpunkte ausreichend groß ist. Eine gute Abbildung bekommt man mit einem Feld von 1000 x 1000 Punkten. Die Rechenzeit für die diskrete Fouriertransformation ist infolge der vielen komplexen Multiplikationen in zwei Dimensionen extrem hoch. Für das angegebene Feld sind es 10^{12} Operationen. Die Entwicklung der Computerholographie ist deswegen durch die Suche nach Methoden gekennzeichnet, die Rechenzeit zu verkürzen. Ein Mittel dazu ist die schnelle Fouriertransformation (FFT).

Der zweite Schritt besteht in der Darstellung der Intensität bzw. der entsprechenden Transmission einer Photoplatte, die sich für jeden Hologrammpunkt nach der Addition einer Referenzwelle ergibt. Verwendet wird z.B. eine Graustufenskala oder eine Einteilung der einzelnen Hologrammpunkte (Pixel) in durchlässige und undurchlässige Anteile (binäre Hologramme). In einem letzten Schritt wird das Ergebnis auf einem Plotter ausgedruckt, abphotographiert und verkleinert, um ein Hologramm zu erzeugen, das mit Laserlicht rekonstruiert werden kann.

17 Holographie und Informatik

Die optische Verarbeitung und Speicherung von Information wird durch die Holographie wesentlich bereichert. Wichtige Anwendungsgebiete sind Methoden der analogen Zeichenerkennung und holographischen Speicherung.

17.1 Zeichenerkennung

Assoziative Speicherung

Die Grundgleichung 2.2 der Holographie für die Intensitätsverteilung I bei der Aufnahme eines Hologrammes

$$I = |r|^2 + |o|^2 + ro^* + r^*o$$

bleibt unverändert beim Vertauschen von Objekt- und Referenzwelle o und r. Bei Beleuchtung des Hologramms mit der Objektwelle o entsteht die Referenzwelle r, ebenso wie o durch r erzeugt wird. Eine Welle oder Information produziert also die andere: dies ist die Eigenschaft assoziativer Speicher.

Zeichenerkennung

Das Prinzip der holographischen Zeichenerkennung kann aus den Eigenschaften der assoziativen Speicherung verstanden werden. Nach Bild 17.1 wird ein Fourier-Hologramm eines transparenten ebenen Objektes hergestellt und nach der Entwicklung an seine ursprüngliche Stelle gebracht. Beleuchtet man das Objekt, fällt die Objektwelle auf das Hologramm. Dadurch wird die Referenzwelle rekonstruiert

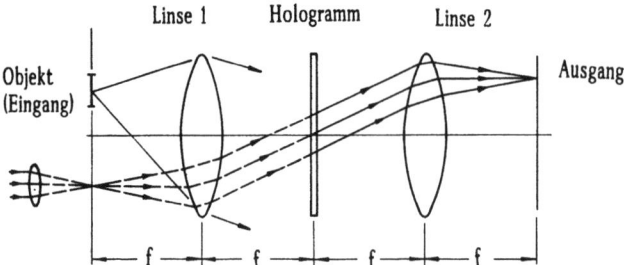

Bild 17.1. Holographische Anordnung zur Zeichenerkennung

und durch die Linse 2 in der Brennebene punktförmig abgebildet. Stimmt also die Information einer Welle mit dem Hologramm überein, entsteht als Signal am Ausgang ein beugungsbegrenzter Lichtpunkt. Verschiebt man das Objekt in der Brennebene, wandert der Punkt dementsprechend in der Brennebene der zweiten Linse.

Das System in Bild 17.1 kann zur automatischen Zeichenerkennung eingesetzt werden. In die gemeinsame Brennebene der Linsen wird das Hologramm mit der zu suchenden Information gebracht, z. B. ein Fingerabdruck oder ein Buchstabe. In der Brennebene der Linse 1 wird ein Objekt mit einem Laser beleuchtet, so daß die Objektwelle auf das Hologramm fällt. Helligkeit und Lage von Lichtpunkten in der Ausgangsebene geben den Grad der Ähnlichkeit und den Ort der gesuchten Information auf dem Objekt wieder. Man nennt das Prinzip der Zeichenerkennung auch 'Ortsfrequenzfilterung', da das Frequenzspektrum der Objektwelle mit den Hologramm verglichen wird.

Bildverarbeitung

Bei der Abbildung durch optische Systeme enstehen Bildfehler, die durch das beschriebene Verfahren der Zeichenerkennung nachträglich kompensiert werden können. Es wird ein Lichtpunkt mit dem System abgebildet und das enstehende Bild photographiert. Vom Photo wird ein Fourier-Hologramm hergestellt, das in die Anordnung nach Bild 17.1 eingesetzt wird. Die mit Linsenfehlern behafteten Bilder werden als Objekt benutzt und mit einem Laser beleuchtet. In der Ausgangsebene ensteht ein korrigiertes Bild. Man kann die Funktion wie folgt verstehen: jeder (fehlerhafte) Bildpunkt wird mit seinem (auch fehlerhaften) Hologramm verglichen. Bei Gleichheit entsteht ein Punkt in der Ausgangsebene, der als fehlerloser Bildpunkt anzusehen ist.

Andere Verfahren der analogen Informationsverarbeitung, wie Codierung, Multiplexing oder Transformationen, haben gegenwärtig nur spezielle Bedeutung [17.1].

17.2 Neurocomputer

Neben digitalen Rechnern werden auch analoge Systeme, z. B. Neurocomputer, untersucht, bei denen holographische Verfahren zur Anwendung kommen. In diesen Systemen wird nicht gerechnet, sondern Information verglichen und erkannt.

Erkennen von Information

Die Prinzipien der Zeichenerkennung können für dreidimensionale Speichermedien erweitert werden. Ein Beispiel zeigt Bild 17.2: in einem lichtempfindlichen Kristall werden zahlreiche Hologramme mit jeweils leicht verkippten Referenzwellen übereinander gespeichert. Das System dient dazu, den Inhalt des Speichers mit unbekannter oder unvollständiger Information zu vergleichen, die als Lichtwelle auf das Holgramm gestrahlt wird. Stimmt die Lichtwelle in seiner Struktur mit einem der gespeicherten Hologramme überein, wird die entsprechende Referenzwelle rekonstruiert. Sie fällt auf einen pha-

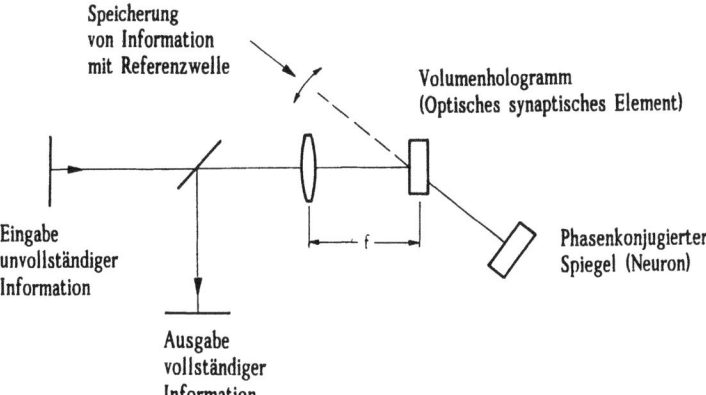

Bild 17.2. Holographisches System zur Erkennung und Korrektur von Information. Optischer assoziativer Speicher, optisches neuronales Netzwerk

senkonjugierten Spiegel, der die einfallende Welle in sich selbst reflektiert. Dadurch wird das entsprechende Hologramm ausgelesen. Der Vorgang verläuft analog, wenn die eingegebene Information nur teilweise mit einem gespeicherten Hologramm übereinstimmt. Unvollständige oder fehlerhafte Information wird ergänzt und korrigiert.

Phasenkonjugierte Spiegel basieren auf Prinzipien der nichtlinearen Optik; sie reflektieren nur oberhalb einer Intensitätsschwelle. Ist die Ähnlichkeit zwischen der eingestrahlten und gespeicherten Information zu gering, wird die entsprechend schwach rekonstruierte Referenzwelle nicht vom Spiegel reflektiert. Der phasenkonjugierte Spiegel wirkt als Neuron, das ein logisches Element mit mehreren anlogen Eingängen aber nur einem Ausgang darstellt. Die Funktion des Hologramms kann als die eines 'synaptischen Elements' bezeichnet werden, das Informationen parallel miteinander verknüpft.

Phasenkonjugierte Spiegel

Der phasenkonjugierte Spiegel besitzt zwei wichtige Eigenschaften: eine einfallende Welle wird unabhängig vom Einfallswinkel um 180^0 gespiegelt, und die Phasenfläche der reflektierten Welle verhält sich wie das konjugierte Bild bei Hologrammen. Derartige Spiegel werden durch Einstrahlung von kohärentem Licht in photorefraktiven oder ähnlichen Materialien als Echtzeit-Hologramme erzeugt. Die einfallende Welle stellt die Objektwelle dar, das Hologramm entsteht durch Interferenz mit einer ebenen Referenzwelle. Gleichzeitig wird eine weitere ebene Welle eingestrahlt, die entgegengesetzt zur Referenzwelle läuft und das Hologramm ausliest. Es entsteht ein pseudoskopisches Bild, das durch die gespiegelte phasenkonjugierte Welle gegeben wird. Neben der Anwendung im Neurocomputer stellt ein phasenkonjugierter Spiegel einen idealen Laserspiegel dar, da er nicht justiert werden muß und Inhomogenitäten des Lasermediums kompensiert.

17.3 Digitale holographische Speicher

Die Bedeutung optischer Speicher liegt in der hohen Speicherdichte, schnellen Zugriffszeit und berührungslosen Abtastung. Holographische Speicher bringen zusätzlich einige Vorteile: die Information eines Bits ist über eine größere Fläche verteilt, kleinere Defekte im Speichermedium löschen nicht einzelne Bits, sondern verringern nur das Signal-Rauschverhältnis, die Information ist parallel auslesbar. In Volumenhologrammen kann die Information in dreidimensionalen Medien mit Dichten bis zu 1 GByte/cm^3 gespeichert werden [17.2, 17.3].

Stapelorganisierte Speicher

Im folgenden wird ein zukünftiger 100-MByte-Speicher beschrieben; gegenwärtige Prototypen sind von diesem Ziel noch einen Faktor 10 entfernt. Die Information einer Datenseite mit etwa 1 MBit wird auf einer Datenmaske dargestellt. Die Maske entspricht einem matrixförmigen räumlichen Lichtmodulator, der ein zweidimensionales transparentes Objekt bildet (Bild 17.3). Er kann aus einer Flüssigkristall-Schicht oder einem elektrooptischen Material bestehen, wie CdS oder Blei-Lanthan-Zirkonat-Titanat-Keramik.

Die Datenmaske wird mit einem Laser (Nd-YAG, frequenzverdoppelt) beleuchtet. Sie erzeugt eine Objektwelle, die durch eine Linse auf das Speichermedium mit einem Durchmesser von etwa 1 mm gebündelt wird. Durch Schalten der Richtung des beleuchtenden Laserstrahls können etwa 10 000 Positionen auf dem Speichermedium aus-

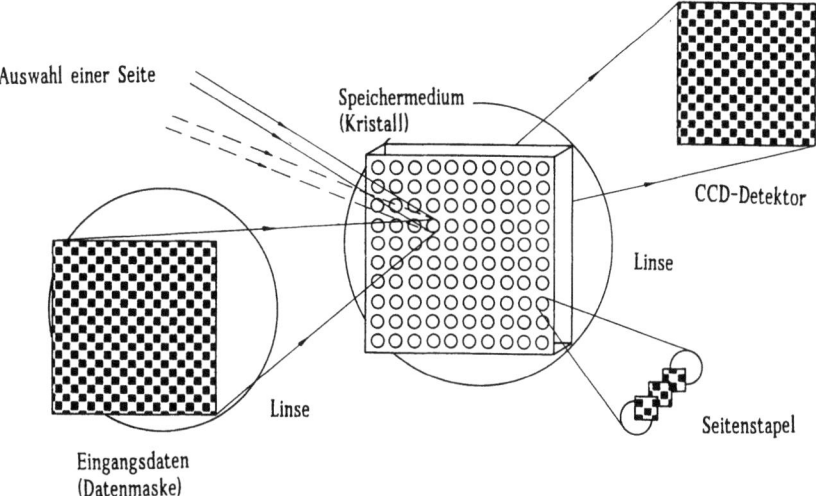

Bild 17.3. Prinzip eines digitalen holographischen Speichers

gewählt werden. Jede Position entspricht einem Datenstapel. Die Referenzwelle wird durch einen Strahlablenker auf die gleiche Position gerichtet, so daß sie mit der Objektwelle zur Überlagerung kommt.

Das Speichermedium besteht aus einem photorefraktiven Kristall der Größe 10 x 10 x 0,5 cm^3, dessen Brechzahl von der Belichtung abhängt (Abschnitt 14.6). Es entsteht im Material ein Volumen-Phasenhologramm. Auf einer Postition des Speichermediums (Datenstapel) können bis zu 100 Hologramme übereinander geschrieben werden, der Referenzstrahl wird vor jedem Speichervorgang um etwa 0,25^0 geschwenkt (Bild 17.3). Bei der Rekonstruktion von Volumen-Hologrammen ist die Bragg-Bedingung einzuhalten. Dadurch werden die einzelnen Bilder der Hologramme auch getrennt rekonstruiert.

Zum Auslesen der Information aus dem holographischen Speicher wird der angewählte Stapel mit der Rekonstruktionswelle beleuchtet, die der Referenzwelle gleicht. Durch Schwenken des Einfallswinkels wird die gewünschte Seite angewählt. Es entsteht ein Bild der Datenmaske, das auf einem CCD-Detektor abgebildet wird. Die Information kann seriell oder parallel weiter verarbeitet werden. Das Löschen der Information wird durch eine homogene Beleuchtung oder Erwärmung erreicht, Probleme bereitet das nichtlöschbare Auslesen.

18 Holographie und Kommunikation

Neben den technischen Anwendungen der Holographie, wie der zerstörungsfreien Werkstoffprüfung und holographisch-optischen Elementen, sind zwei weitere wichtige und expansive Bereiche die Verwendung der Holographie in der Kunst und auf dem Gebiet der Kommunikation. Die sehr rasche Entwicklung und international weit verbreitete Anwendung der Holographie im Bereich der Kommunikation macht es unmöglich, an dieser Stelle einen umfassenden Überblick zu geben.

18.1 Holographie in Kunst und Graphik

Form und Farbe sind zwei wesentliche Ausdrucksmittel der Kunst. Deshalb kann es nicht verwundern, daß die Holographie schon frühzeitig das Interesse der Künstler weckte. Mit der Standardisierung holographischer Verfahren, die in diesem Buch vorgestellt wurden, ist das notwendige technische 'Know how' für jeden Interessierten beherrrschbar. Farben und Darstellung von Formen mit den Mitteln der Holographie wurden damit einem Kreis zugänglich, den mehr die künstlerische Komposition und weniger die naturwissenschaftlichen Grundlagen interessieren. Zudem existieren viele Holographielabors, die die Technik als Dienstleistung zur Verfügung stellen.

Form- und Farbgebung haben durch die Holographie neue Impulse erfahren. Es ist möglich, dreidimensionale Bilder zu erstellen, ohne auf Effekte verzichten zu müssen, die aus der Malerei bekannt sind, etwa die Verteilung von Licht und Schatten. Hinzu kommen neue Möglichkeiten und mehr Vielfalt in der Wahl der Perspektiven. Hinzugekommen ist aber auch eine neue Verwendung von Farbe. Ein Bild kann gleichzeitig in verschiedenen Farbverteilungen entworfen werden. Dieses Buch stellt in den vorangegangenen Kapiteln verschiedene Techniken vor, wie Farben in einem holographischen Bild realisiert werden können.

Zur Kritik am Medium Holographie

Der Holographie haftet die Kritik an, ein mehr technisches Medium zu sein, daß eher für technische Anwendungen geeignet ist und dessen künstlerischer Wert sekundär - wenn überhaupt vorhanden - ist. Natürlich muß hier auf die komplexen physikalischen und chemischen Arbeitsmethoden hingewiesen werden, deren Kenntnis vorausgesetzt werden muß, um Farben und Formen in der gewünschten Weise im holographischen Kunstwerk zu realisieren. Technische Kenntnisse sind aber bei vielen künstlerischen Medien unabdingbar, sei es Kupferstich, Malerei oder Bildhauerei, um nur einige zu nennen.

Marc Piemontese weist in diesem Zusammenhang mit Recht auf Charles Baudelaire hin, der zu seiner Zeit meinte, die Photographie bringe 'die Industrie in die Kunst' [18.1]. Tatsächlich waren Kunst und Technik nie ein Gegensatz; so ist ja gerade die Photographie ein anerkanntes, künstlerisches Medium geworden. Margaret Benyon, eine der bekanntesten englischen, holographischen Künstlerinnen bemerkt eine zunehmende Zurückhaltung der klassischen Kunstszene bezüglich der Holographie. So wird in England die Holographie zu den 'neuen Techniken' gerechnet, in einer Linie mit Video, Film, Fernsehen und Computern. Daran wird, wie sie feststellt, deutlich, wie distanziert das künstlerische Establishment der Holographie gegenübersteht. Die Holographie gehört sicher zu diesen neuen Techniken und erschließt damit anderen Medien neue Dimensionen. Ein Beispiel dafür ist die Installation 'H.O.E.-TV' von V. Orazem und T. Lück aus dem Jahre 1991 [18.2]. In dieser Arbeit wird unter dem Titel 'Radikale Holographie' versucht, zu dem künstlerisch Essentiellen in der Holographie vorzudringen. Die Hologramme werden auf ihre optischen Grundelemente (HOE) reduziert. Als Lichtquelle dient eine Fernsehröhre.

Kunst und Holographie an Beispielen

Die Frage, ob die Holographie ein künstlerisches Medium ist, muß noch offen bleiben. Die Wirkung im Bereich der Kunst läßt sich am besten an Beispielen aufzeigen.

In dieser noch jungen Sparte der Bildenden Kunst ist eine eindeutige Stilrichtung nicht erkennbar. Vielleicht ist die Vielfalt auch Ausdruck der neuen Möglichkeiten. Die Ausstellungen von D. Jung (Kunsthochschule für Medien, Köln), zeigen einen Weg. Abstrakte Formen und ein virtuoses Spiel mit Farben zeichnen seine Kunstwerke aus. Er verwendet konsequent die Möglichkeiten, die die Holographie bietet, z.B. im Wechselspiel der Farben, die mit der Bewegung des Betrachters in verschiedenen Bereichen des Bildes variantenreich Teile des Spektrums durchlaufen.

Margaret Benyon [18.3] hat viel auf dem Gebiet der Portrait-Holographie gearbeitet. Sie verwendet dabei auch andere graphische Techniken, die mit der Holographie vereinigt werden. Durch die Mischung zweidimensionaler und dreidimensionaler Elemente wird eine besondere Spannung in ihren Kunstwerken erzeugt.

Ein großer Kreis von Künstlern beschäftigt sich mit Installationen. Hier wird die Grenze von der Kunst zum Kitsch sehr oft überschritten. Es ist künstlerisch wenig überzeugend, wenn die Holographie lediglich als abbildendes dreidimensionales Verfahren genutzt wird. Genausowenig ist eine Photographie per se ein Kunstwerk. Auf dem künstlerischen Feld der Installationen sind die Diskussionen kontrovers und die Meinungen sehr verschieden. Besonders wichtige Beiträge leisten Doris Vila und Dan Schweizer aus New York und Alexander aus Kalifornien. Immer wieder gibt es auch Versuche sehr großer Installationen bis in den Bereich architektonischer Entwürfe. Die 'Quelle mit sterbenden Blättern' von P.M. Boone ist eine holographische Installation von 3m x 3m, die 1991 auf der Technischen Messe Flandern gezeigt wurde. Das größte Installationsprojekt wurde von Paula Dawson (Australien) auf dem 'Internationalen Symposium on Display Holographie' in Lake Forest bei Chicago vorgestellt [18.4]. Die Installation 'You are here' soll an einem Küstenstreifen in Australien angebracht werden und bei Mondlicht rekonstruiert werden. Die Betrachter der nächsten Millionen Jahre, so Dawson, sollen dann aus dem Vergleich von Wirklichkeit und Hologramm die kurz- und langfristigen Veränderungen der Landschaft ausmachen können.

Zunehmend wird auch 'Architektur und Holographie' ein Thema. Ein Beispiel dafür ist 'Transponder', eine Arbeit von D.E. Tyler [18.5] am Wissenschaftszentrum der Universität von Nebraska. Die Beispiele, die im deutschen Raum durch V.Orazem, Hochschule für Bildende Kunst, Braunschweig und durch Ralf und Bettina Rosowski ergänzt werden müßten - letztere auf Grund der kontrovers diskutierten Bildmontagen - sollen einen, wenn auch nicht umfassenden Einblick in die Vielfalt künstlerischer Betätigung auf dem Feld der Holographie vermitteln.

Die Kunst wird nicht umhin kommen, sich mit der Sparte Holographie ernsthafter auseinanderzusetzen, als dies bisher geschehen ist. Das käme beiden Seiten zugute. Ein positives Beispiel ist die von der Hamburger Kunsthalle mit G. Fielmann 1985 organisierte Holographieausstellung "Mehr Licht". Die Verbindung von Technik und Kunst in der Holographie wird durch die seit 1982 am Lake Forest College veranstalteten Symposien hergestellt und weiterentwickelt. Eine Veranstaltung, die die Künstler verschiedener klassischer Bereiche der Kunst mit dem neuen Medium Holographie zusammenführt, steht noch aus.

Durch den direkten und erfolgreichen Einsatz in der Werbung ist die Zusammenarbeit von Graphik und Holographie dort schon viel selbstverständlicher als im Bereich der Bildenden Kunst. Graphische Arbeiten finden direkte Anwendung in der Industrie und reichen bis zum Design von Gegenständen des täglichen Gebrauchs.

18.2 Holographischer Film

3D-Filmtechniken

Die konventionellen Methoden zur Produktion dreidimensionaler Filme bedienen sich anaglyphischer Verfahren oder arbeiten mit polarisiertem Licht. Beide Verfahren setzen eine Brille mit unterschiedlich gefärbten Gläsern oder Polarisationsfiltern ein und sind Weiterentwicklungen alter stereographischer Techniken: jedem Auge wird eine andere Perspektive der gefilmten Szene angeboten. Das menschliche Gehirn produziert aus den beiden zweidimensionalen Informationen ein dreidimensionales Bild.

Seit mehr als 20 Jahren wird versucht, auch dreidimensionale holographische Filme herzustellen. Der Vorteil besteht in einer echt dreidimensionalen Wiedergabe ohne weitere Hilfsmittel. Die Herstellung ist rein technisch ohne weiteres machbar. Der an der Projektionsoptik vorbeigeführte Film besteht aus einer Folge von Fourier-Hologrammen. Für diese ändert sich bei Bewegung der Hologramme der Bildort nicht (Abschnitt 4.5). Zwei grundsätzliche Probleme erschweren jedoch die Vorführung eines holographischen Films. Zum einen ist die Wiedergabe von Hologrammen auf einen engen Winkelbereich beschränkt. Dies läuft dem Anspruch zuwider, Filmvorführungen immer einer größeren Betrachtergruppe darzubieten. Zweitens ist es ohne Verlust der Dreidimensionalität nicht möglich, den holographischen Film auf eine Leinwand zu projizieren.

Stand der Technik

Die ersten Versuche eines holographischen Films gehen auf E. Leith und J. Upatnieks [18.6] zurück. Diese Experimente verwendeten noch 360^0-Multiplex—Hologramme. A.D. Jacobson et al. [18.7] produzierten einen etwa eine Minute langen Film, den aber nur ein Betrachter jeweils anschauen konnte. Komar [18.8] befaßte sich deswegen in seinen Arbeiten vor allem mit dem Problem der Projektion von Hologrammen. Er konstruierte einen holographischen Schirm, der als HOE wie eine Überlagerung elliptischer Spiegel mit verschiedenen Exzentrizitäten wirkt. Mit diesem HOE als Projektionsfläche wird das reelle Bild des holographischen Films, das im gemeinsamen Brennpunkt der elliptischen Spiegel steht, in die räumlich getrennten anderen Brennpunkte abgebildet. Auch bei diesem Verfahren bleibt die Zahl der Betrachter klein. Eine befriedigende Lösung für dieses Problem existiert bisher nicht. Deshalb werden die bisher bekannten 3D-Verfahren in der Filmtechnik in naher Zukunft nicht durch holographische ersetzt werden können.

Unbearbeitet ist bisher auch die Frage holographischer Farbfilme. Zwar bestehen keine prinzipiellen Schwierigkeiten, aber alle bekannten Echtfarben-Verfahren sind sehr aufwendig.

Solange die Objekte und Szenen, die im Film wiedergegeben werden sollen, im Labormaßstab vorliegen, sind zur Aufnahme die in diesem Buch beschriebenen Techniken anwendbar. Schwierig wird es, wenn ein großer Bereich, eine Landschaft oder eine Straßenszene, aufgenommen werden soll. Eine Ausleuchtung mit Laserlicht ist offensichtlich nicht möglich. Diese Frage spielt auch beim holographischen Fernsehen eine Rolle und wird im nächsten Abschnitt behandelt.

18.3 Holographisches Fernsehen

Prinzip

Die Lösung des Problems, Szenen, die sich wegen ihrer Größe nicht mehr kohärent ausleuchten lassen, holographisch darzustellen, liegt im Einbeziehen stereographischer Techniken. Von der Szene werden zunächst auf bekannte Weise zweidimensionale Filme gleichzeitig aus verschiedenen Perspektiven aufgenommen. Aus diesem nahezu konventionellen Stereofilm wird eine Serie von Hologrammen erzeugt. Ein Beispiel dieser Art wurde von S.L. Smith [18.9] publiziert.

Die aus dem Stereofilm hergestellten Hologramme können direkt auf die photoempfindliche Schicht einer Fernsehkamera (ohne Objektiv) projiziert werden. Eine Fernsehkamera ist in der Lage, optische Informationen in elektrische Impulse zu verwandeln; das Auflösungsvermögen, auch von bisher realisierten zweidimensionalen CCD-Diodenanordnungen, muß noch um etwa eine Zehnerpotenz verbessert werden, um als Empfänger in holographischen Anordnungen zu dienen. Die elektronischen Bildsignale werden mit Methoden der Fernsehtechnik gespeichert und später übertragen, um an einem besonderen Fernsehempfänger wiedergegeben zu werden (Bild 18.1).

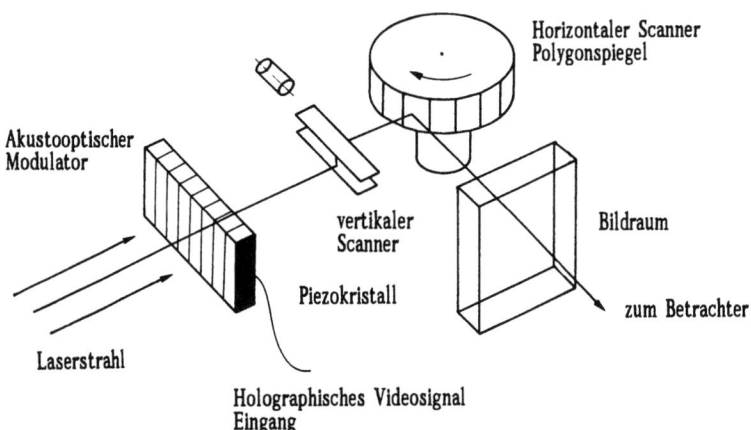

Bild 18.1. Schematischer Aufbau eines holographischen Videosystems. Eine Zeile wird als bewegtes Phasenhologramm im akusto-optischen Modulator dargestellt und durch einen Laserstrahl abgetastet. Scanner und Polygonspiegel dienen zur Zusammensetzung des Bildes. Linsen vor und hinter dem Polygonspiegel sind nicht dargestellt

Pixeldichte von Hologrammen

Die Datenmenge, die ein Hologramm darstellt, kann für ein 10 cm x 12.5 cm Hologramm bei einer vertikalen Pixeldichte von 1600 mm^{-1} und einer horizontalen von 800 mm^{-1} zu 5·10^{10} Pixel berechnet werden [18.10]. Die übliche Bildübertragungsrate liegt bei 30 Bildern pro Sekunde. Diesen Informationsfluß kann die augenblicklich zur Verfügung stehende Technik nicht handhaben. Die Datenmengen, die in der bestehenden elektronischen Bildübertragung bearbeitet werden können, sind mindestens um einen Faktor 10^5 kleiner [8.11].

In dem oben erwähnten Artikel [18.10] sind Möglichkeiten der Reduzierung von holographischen Daten angegeben. Es ist aus der Regenbogenholographie bekannt, daß man auf die vertikale Parallaxe verzichten kann, ohne daß der Betrachter eine Einbuße an Dreidimensionalität empfindet. Außerdem wird die Informationsdichte in einer horizontalen Linie dem Auflösungsvermögen des Auges angepaßt.

Holographisches Videosystem

Benton hat ein holographisches Videosystem zur Wiedergabe von Bildern von Hologrammen vorgestellt [18.10]. Mit den zuvor genannten Methoden werden die Daten für ein 24 x 36 mm^2 großes Hologramm mit einem Gesichtswinkel von 12^0 auf 192 Linien mit je 32000 Pixel reduziert. Um die Schirmgröße zu verkleinern, wird die Wiedergabe ähnlich sequentiell durchgeführt wie bei einem Fernsehbild. Das Hologramm wird Zeile für Zeile dargestellt. Dazu dient ein akusto-optischer Modulator, in den über ein piezoelektrisches Element das Hologramm einer Zeile als Phasengitter einschrieben wird. Die Hologrammzeile läuft mit Schallgeschwindigkeit durch den länglichen Laserstrahl (Bild 18.1). Dabei entsteht das holographische Bild einer Zeile.

Aus den bewegten Bildern der holographischen Zeilen wird durch einen vertikalen Scanner und einen Drehspiegel ein dreidimensionales Bild erzeugt. Die Drehzahl des Spiegels ist auf die Schallgeschwindigkeit im akusto-optischen Modulator abgestimmt. Mit diesem Experiment konnte gezeigt werden, daß sich Hologramme mit den Mitteln der elektronischen Medien darstellen lassen, derzeit allerdings noch unter Verzicht auf einen Teil der Information und beschränkt auf sehr kleine Vorlagen.

Es liegen auch Versuche vor, mit Hilfe von CCD-Kameras Hologramme aufzunehmen und mit Anzeigeelementen aus Flüssigkristallen (LCD) wiederzugeben. Diese werden zur Bildwiedergabe mit einem Laser beleuchtet [18.12]. Noch sind die Ergebnisse infolge des geringen Auflösungsvermögens der zur Verfügung stehenden Bauelemente nicht zufriedenstellend. Sollte die Entwicklung zu CCD- und LCD-Bauelementen führen, die ein Auflösungsvermögen von 1000 bis 3000 Linien pro Millimeter aufweisen, könnte es auch eine Zukunft für das holographische Fernsehen geben.

18.4 Holographisches Display

Ein holographisches Display ist ein holographisches Anzeigeelement, ein kompliziertes holographisch-optisches Element, das meist die Aufgaben mehrerer optischer Bauelemente in sich vereint.

Head-Up-Display

Ein Beispiel ist das sogenannte 'Head-Up-Display' (HUD). Dieses in Flugzeugen oder Autos vorgesehene Element soll die Steuerfunktionen des Fahr- oder Flugzeuges anzeigen, ohne daß der Pilot die Armaturen durch Senken oder Wenden des Kopfes betrachten muß. Er kann den Kopf immer hoch halten ('Head up') und gleichzeitig die Verkehrslage beobachten. Bei der Sichtlandung eines Flugzeuges muß der Pilot sowohl die Landebahn als auch die wichtigsten Instrumente im Blick haben. Ein konventionelles HUD arbeitet mit einem halbdurchlässigen Spiegel in Augenhöhe vor dem Kanzelfenster, auf den die Anzeigen projiziert werden. Problematisch ist dabei, daß der Spiegel notwendigerweise als Strahlteiler arbeitet und die Transmission auf die Hälfte reduziert wird.

Ein holographisches HUD nutzt die Wellenlängenselektivität von Reflexionshologrammen aus. Die Anzeigen werden von dem holographischen Spiegel, der an der gleichen Stelle wie der konventionelle angebracht ist, mit hohem Beugungswirkungsgrad in einem engen Wellenlängenbereich reflektiert; der Spiegel ist für alle anderen Farben praktisch vollständig durchlässig. Hergestellt werden diese Hologramme in Dichromatschichten, weil mit diesem Material ein Beugungswirkungsgrad von nahezu 100% erreicht wird. Das Reflexionsvermögen ist so hoch, daß es im allgemeinen ausreicht, alle Instrumentanzeigen auf einen Fernsehschirm über dem Kopf des Piloten anzuzeigen. Das emitierte Licht des Leuchtschirms wird über das HUD mit ausreichender Helligkeit und ohne zusätzliche Optik dem Piloten zugänglich gemacht.

Ähnliche Displays sind auch für Autos in der Entwicklung. Diese papierflachen HOE's könnten an der Windschutzscheibe angebracht werden, ohne die Durchsicht merklich zu stören. Die holographische Technik bietet dem Konstrukteur, gegen jede Erfahrung in der geometrischen Optik, die Möglichkeit, die Richtung des einfallenden und des reflektierten Strahls nach Belieben zu wählen.

Strichcodelesegeräte

In die Gruppe spezieller Anwendungen gehören auch die holographischen Scanner, die in Warenhäusern eingesetzt werden, um die Strichcodes auf den Waren an den Registrierkassen zu lesen. Bisher

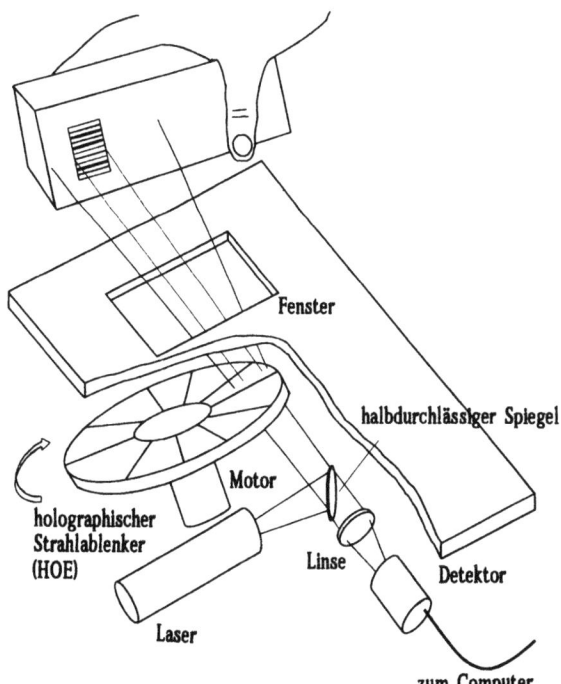

Bild 18.2. Prinzip eines holographischen Strichcodelesegerätes

wurden Systeme mit rotierenden Polygonspiegeln zur Ablenkung des Laserstrahls realisiert. Eine andere Lösung ist durch den Einsatz holographisch-optischer Elemente möglich. Eine rotierende Scheibe (Scanner) mit rotationssymmetrisch angeordneten holographischen Linsen verschiedener Brennweiten und Ablenkwinkeln (HOE) wird von einem Laser niedriger Leistung durchstrahlt (Bild 18.2). Einer der durch die zahlreichen HOE's erzeugten Strahlen wird beim Vorbeiführen der Ware vor einem Sichtfenster im Kassentisch auf den Strichcode fokussiert. Das Bild des Codes wird durch die HOE's auf einen Detektor abgebildet, der an einen Rechner angeschlossen ist. Über die Datenbank im Computer wird die Ware gefunden und der Betrag an der Kasse angezeigt. Wichtig ist, daß die sich drehende Scheibe mit einer ausreichenden Zahl von HOE's bestückt ist, die eine genügende Variabilität des Abstandes beim Vorbeiführen der Ware gestattet. Etwa 20 verschiedene HOE's werden heute eingesetzt. Vielfach handelt es sich um Computerhologramme.

18.5 Prägehologramme

Durch den Einsatz von Prägetechniken ist eine Massenproduktion von Hologrammen möglich. Dabei entsteht als Oberflächenprofil in einer mit Aluminium bedampften Kunststoffschicht ein Phasenhologramm. Die Produktion von Prägehologrammen beinhaltet mehrere Schritte: Erzeugung eines Oberflächenhologramms in einer Photolack-Schicht (Photoresist), Herstellung eines Prägestempels und die Prägung in einer speziellen Folie.

Photoresist

Das Objekt wird in einen holographischen Aufbau eingebracht, und das zu vervielfältigende Hologramm wird zunächst in einer Photoresist-Schicht gespeichert (Abschnitt 14.5). Die belichteten Stellen werden mit einem Entwickler abgetragen, so daß die Interferenzstreifen als Oberflächenprofil aufgezeichnet werden. Bei geringer Stückzahl kann die gehärtete Schicht direkt zum Prägen von Hologrammkopien benutzt werden.

Prägestempel

Zur Vervielfältigung in größeren Stückzahlen kann aus dem Photoresisthologramm ein Prägestempel hergestellt werden [18.13, 18.14]. Dazu wird die entwickelte Photoplatte auf der Emulsionsseite mit einem Silber-Spray behandelt. In einem galvanischen Bad wird darauf elektrolytisch Nickel abgeschieden und so ein erster Abdruck hergestellt. Nach einigen Zwischenschritten entsteht ein Prägestempel.

Prägefolien

Zur Prägung der Holgramme wurden spezielle Schichten entwickelt. Die Basis besteht aus einer 25-µm-Polyesterfolie, deren Oberfläche durch eine Beschichtung geglättet wurde. Auf diesem Träger ist zwischen transparentem thermoplastischem Material eine aluminisierte Schicht aufgebracht. Bei der Prägung wird durch Druck und Wärme das Oberflächenprofil des Nickelstempels auf die Schicht übertragen. Mit diesem Verfahren lassen sich in Massenproduktion tausende gleichartiger Hologramme herstellen.

Literaturverzeichnis

Kapitel 1

1.1 Koppelmann, G.: Sonderheft Holographie, Praxis der Naturwissenschaften. Heft 1/35, 1986

1.2 Bergmann, L.: Lehrbuch der Experimentalphysik / Bergmann, Schäfer, Band III, Optik, Berlin: De Gruyter 1987

Kapitel 2

2.1 Hariharan, P.: Optical Holography, Principles, Techniques and Applications, Cambridge: University Press 1984

2.2 Ostrowski, J.I.: Holographie -Grundlagen, Experimente und Anwendungen, Leipzig: Teubner 1987

2.3 Miler, M.: Optische Holographie, Theoretische und experimentelle Grundlagen und Anwendung, München: Karl Thiemig 1978

Kapitel 5

5.1 Collier, R.J.; Burckhardt, C.B.; Lin, L.H.: Holography, Orlando: Academic Press 1971

5.2 Ostrowski, J.I.: siehe 2.2

5.3 Miler, M.: siehe 2.3

5.4 Bergmann, L.: siehe 1.2

5.5 Kohlrausch, F.: Praktische Physik I, Stuttgart: Teubner 1985

Kapitel 6

6.1 Ostrowski, J.: Holographie - Grundlagen. Experimente und Anwendungen, Leipzig: Teubner-Verlag 1987

6.2 Hariharan, P. : Optical Holography, New York: Cambridge University Press 1987

6.3 Kogelnik, H. : Coupled wave theory for thick hologram gratings. Bell Syst.Techn.J. 48 (1969) 2909 -2947

6.4 Smith, H.M.: Holographic Recording Materials, Berlin: Springer Verlag 1977

6.5 Denisyuk, Y.N. : Photographic reconstruction of the optical properties of an object in its own scattered radiation field. Soviet Physics Doklady 7 (1962) 543-545

6.6 Kogelnik, H. : Reconstructing response and efficiency of hologram gratings. Proc. of the Symp. on modern Physics (1967) 605-617

6.7 Haferkorn, H. : Bewertung optischer Systeme, Berlin: Deutscher Verlag der Wissenschaften, 1981

6.8 Klein, W.R.; Cook, B.D.: Unified approach to ultrasonic light diffraction. IEEE SU 14 (1967) 123-134

6.9 Francon, M.: Holography, New York: Academic Press 1974

Kapitel 7

7.1 Eichler, J; Eichler, H.-J.: Laser, Grundlagen, Systeme, Anwendungen, Berlin: Springer 1991

7.2 Hariharan, P.: siehe 2.1

7.3 Koechner, W.: Solid-State Laser Engineering, Berlin: Springer 1988

7.4 Walcher, W.: Praktikum der Physik, Stuttgart: Teubner 1990

Kapitel 8

8.1 Mallwitz, D.: Laser Arbeitsunterlagen, Spindler u. Hoyer GmbH

Kapitel 10

10.1 Unterseher, F.; Hansen, J.; Schlesinger, B.: Holography Handbook, Berkeley: Ross Books 1982

10.2 Phillips, N.J.: The making of successful holograms. Proc. Intern. Symp. Display Holography Vol. 3 (1985) 27

Kapitel 11

11.1 Myers, B.: Making master holograms: an introduction. Holosphere 17 (1990) 27

11.2 Bjelkhagen, H.: Denisyuk-Reflection holography: Recording and copying technique. Proc. of the Int. Symp. on Display Holography Vol. 3 (1985) 45

11.3 Benton, S.A,: Wave-front aberrations: Their effects in white light transmission holography. Proc. of the Int. Symp. on Display Holograpy Vol. 3 (1985) 167

11.4 Hariharan, P.: Optical Holography, New York: Cambridge Univ. Press 1987

11.5 Benton, S.A.: The mathematical optics of white light transmission holograms. Proc. of the Int. Symp. on Display Holography Vol. 2 (1982) 5

11.6 Mc Grew, S.: A graphical method for calculating pseudocolor hologram recording geometries. Proc. of the Int. Symp. on Display Holography Vol. 3 (1985) 171

Kapitel 12

12.1 Benton, S.A.; Mingace H.S.; Walter, W.R.: One-step white-light transmission holography. SPIE 215 Recent advances in Holography (1980) 156

12.2 Chen, H.; Yu, F.T.S.: One-step rainbow hologram. Optics Letters 2 (1978) 85

12.3 Benton,S.A.; Mingace, H.S.: Silhouette Holograms without vertical paralax. Appl. Opt 9 (1970) 2812 L

12.4 Private Mitteilung von D. Schweizer. Danach ist auch nach Benton der Erfinder des Schattenwurf-Regenbogenhologramms Dan Schweizer

12.5 Lysogorski, Ch.: One-step rainbow - a simple approach to motion in holography. Proc. of the Intern. Symp. on Display Holography Vol. 3 (1985) 231

12.6 Watson, J.: Color holography with soviet emulsions. Holosphere 16 No.4 (1989) 20

12.7 Jeong, T.H.; Wesly, E.: True color holography on DuPont photopolymer material. Holosphere 16 No.4 (1989) 22

12.8 Hariharan, P.: Optical Holography, New York: Cambridge Univ. Press 1987

12.9 Hariharan, P. Colour holography. Progress in Optics 20 (1983) 265

12.10 Boj, P.G.; Pardo, M.; Quintana, J.A.: Display of ordinary transmission holograms with a white light source. Appl. Opt. 25 (1986) 4146

Kapitel 13

13.1 Collier, R.J.; Burckhardt, C.B.; Lin, L.H.: Optical Holography, Orlando: Academic Press 1971

13.2 Hariharan, P.: Optical Holography - Principles, Techniques and Applications, Cambridge: Cambridge University Press 1987

13.3 Francon, H.: Holography, New York: Academic Press 1974

Kapitel 14

14.1 Smith, H.M.: Holographic Recording Materials, Topics in Applied Physics 20, Berlin, New-York: Springer-Verlag 1977

14.2 Hariharan, P.: Optical Holography, Cambridge: University Press 1987

14.3 Ackermann, G.; Eichler, J.; Schneeweiß-Wolter, C.: Belichtung, Entwicklung und Bleichen von holographischen Schichten. Laser und Optoelektronik 21 (4) (1889) 56

14.4 Hariharan, P.; Chidley, C. M.: Rehalogenating bleaches for photographic phase holograms: the influence of halide type and concentration on diffraction efficiency and scattering. Appl. Opt. 26 (1987) 3895

14.5 Saxby, G.: Manual of practical holography, Oxford: Focal Press 1991

14.6 Hariharan, P.; Chidley, C. M.: Photographic phase holograms: the influence of developer composition an scattering and diffraction efficiency. Appl. Opt. 26 (1987) 1230

14.7 Cooke D. J.; Ward A. A.: Reflection-hologram processing for high efficiency in silver-halide emulsions. Appl. Opt. 23 (1984) 934

14.8 Collier, R.; Burckhardt, C.; Lin, L.: Optical Holography, Orlando: Academic Press 1971

14.9 Krätzig, E., Rupp, R.: Holographic storage properties of electrooptic crystals. SPIE 673 (1986) 483

14.10 Kaufman, J. A.: Update of pseudo-color reflection techniques. Proc. of the Intl. Symposium on Display Holography Vol. 3 (1988) 367

Kapitel 15

15.1 Laser-Meßtechnik. VDI Berichte 617, Düsseldorf: VDI Verlag 1986

15.2 Wernicke, G.; Osten, W.: Holographische Interferometrie, Leipzig: Fachbuchverlag 1982

15.3 Abramson, N.: Sandwich Hologram Interferometry: A New Dimension in Holographic Comparison. Appl. Optics 13 (1974) 2019

15.4 Abramson, N.: Sandwich Hologram Interferometry. 2: Some Practical Calculations. Appl. Optics 14 (1975) 981

15.5 Abramson, N.: Sandwich Hologram Interferometry. 4: Holographic studies of two milling machines. Appl.Optics 16 (1977) 2521

15.6 Abramson, N.: Sandwich Hologram Interferometry. 5: Measurement of in Plane displacement and comparison for rigid body motion. Appl. Optics 18 (1979) 2870

15.7 Hariharan, P.; Ramprasad, B.S.: Rapid in situ processing for real time holographic interferometry. J. of Phys. E: Scientific Instrum. 6 (1973) 699

15.8 Hariharan, P.: Optical Interferometry, New York: Academic Press 1985

15.9 Abramson, N.: The Holo-Diagram: A Practical Device for Making and Evaluating Holograms. Appl. Optics 8 (1969) 1235

15.10 Ardibold, E.; Ennos, A.E.: Observation of Surface Vibration Modes by Stroboscopic Hologram Interferometry. Nature 217 (1968) 942

15.11 Mayer, G.M.: Vibration Phase Measurements of Rotation-Strobe Holography. Journal of Appl. Physics 40 (1969) 2863

Kapitel 16

16.1 Saxby, G.: Practical Holography, London: Prentice Hall 1988

16.2 Zarschizky, H.; Karstensen, H.; Klement, E.: Entwicklung und Fertigung holographischer optischer Elemente. Siemens Zeitschrift Special FuE (1990) 25

16.3 Schreier, D.: Synthetische Holographie, Leipzig: Fachbuchverlag 1984

Kapitel 17

17.1 Hariharan, P.: Optical Holography, Cambridge: University Press 1987

17.2 Parish, T.: Kristall statt Platte. c't 1 (1991) 55

17.3 Collier, R., Burckhardt, C., Lin, L.: Optical Holography, Orlando: Academic Press 1971

Kapitel 18

18.1 Piemontese, M.: Perspectives and renewal in 'Art and Technology'. Proc. of the Intern. Symposium on Display Holography, SPIE 1600 (1991) 166

18.2 Orazem, V.; Mück,T.: Holography as a material for light - Radical Holography-. Proc. of the Intern. Symposium on Display Holography, SPIE, (1991) 160

18.3 Benyon, M.: Art concepts in holography: works from the Male Cosmetics Series. Proc. of the Intern. Symposium on Display Holography, SPIE 1600 (1991) 136

18.4 Dawson, P.: 'You Are Here' Landscape Installation. Proc. of the Intern. Symposium of Display Holography, SPIE 1600 (1991) 149

18.5 Tyler, D.E.: Experience with architectural holography. Proc. of the Intern. Symposium on Display Holography Vol 2. (1982) 389

18.6 Leith, E.; Upatnieks, J.: Wavefront reconstruction with continous-tone objects. Journal of the Optical Society of America 53 (1963) 1377

18.7 Jacobson. A.D.; Evtulov, V.: Motion picture holography. Applied Physics Letters 14 (1969) 120

18.8 Komar.V.G.: Progress on the holographic movie process in the USSR. Three Dimensional Imaging, Proc. of the SPIE 120 (1977) 127

18.9 Smith, S.L.: Proc. of the Intern. Symposium on Display Holography, SPIE 1600 (1991) 1

18.10 Benton, S.A.: Elements of Holographic Video Imaging. Proc. of the Intern. Symposium on Display Holography, SPIE 1600 (1991) 82

18.11 Kaspar, J.E.: Feller, S.A.: The complete book of holograms, New York: John Wiley and Sons 1987

18.12 Dalsgaar, E.: CCD-LCD Holographic Camera. Proc. of the Intern. Symposium on Display Holography, SPIE 1600 (1991) 119

18.13 Waitts, R.: From Photo Resist to Finished Roll Leaf Product. Proc. of the Intern. Symp. on Display Holography Vol. 3 (1988) 543

18.14 McNulty, J.P.: Photoresist Post-Production. Proc. of the Intern. Symp. on Display Holography Vol.3 (1988) 511

Sachverzeichnis

Abbildungsgleichung, holographische	51	Bild, virtuelles	15, 43
Abbildungsgleichung, Linsen	97	Bildebenenhologramm	41, 163
Abbildungsgleichung, Regenbogenhologramm	167	Bildfehler	162
		Bildverarbeitung	248
Abberation, chromatische	167	Bildwiedergabe, Versuche	144
Absorptionskoeffzient	71	Bleichbad, Versuche	135
Aerosole	37	Bleichung, AgBr-Filme	197
Amplitude	25	Bleichung, Verfahren	200
Amplitudenhologramm	64	Bragg-Winkel	70
Amplitudentransmission	14	Brechzahl	71
Analysator	115	Brennweite	118
Argonlaser	89	Brenzkatechin-Entwickler	204
Auflösung, Hologramme	185	Brewster-Winkel	101, 115
Auflösungsvermögen	61	Brewster-Winkel, Versuch	116
Aufnahme	9, 13		
Aufzeichnungsmedium	181	Computerhologramme	245
Bandbreite, spektrale	55		
Bauelemente, Holographie	81	D-Sorbitol	179
Belichtung, Definition	182	Dan-Schweizer-Hologramm	172
Belichtung, Phasenhologr.	198	Deformation, Messung	221
Belichtung, AgBr-Filme	197	Denisjuk-Hologramm	38
Belichtungszeit	14	Dichroitische Filter	100
Bestrahlung	14	Dichromatgelatine	207
Beugung	7	Dichte, optische	135, 183
Beugung, Gitter	123	Diffraktive-opt. Elemente	245
Beugung, Spalt	121	Diffusor	60
Beugungsgitter	7, 14, 21	Diffusor, Shadowgram	171
Beugungsordnung	7, 15	Display, holographisches	260
Beugungswirkungsgrad	65, 185	Divergenz, Laser	85
Bild, konjugiertes	16	Divergenz, Versuch	124
Bild, orthoskopisches	16, 43	DOE, Diffr.-opt. Elemente	245
Bild, pseudoskopisches	16, 43	Doppelbelichtungsinterf.	221
Bild, reelles	43	Dunkelkammer	134

Echtfarbenhologramm	177	Glan-Thompson-Prisma	102
Echtzeitinterferometrie	225	Granulation	126
EDTA-Bleichbad	203	Graphik, Holographie	253
Einstrahl-Aufbauten	140	Güteschaltung	93
Einstrahl-Holographie	137		
Energiedichte	14	H1-Hologramm	42, 157
Entspiegelung	105	H2-Hologramm	42, 160
Entwickler, Rezepturen	204	Halbleiterlaser	109
Entwicklung, AgBr-Filme	197	Halo	15, 189
Entwicklung, Versuch	134	He-Cd-Laser	89
Etalon	87	He-Ne-Laser	89
Eulersche Beziehung	13, 26	Head-up-Display	260
		HOE, Hol.-opt. Elemente	239
Falschfarben, Preswelling	202	Holodiagramm	231
Farbhologramm	176	Hologramm, 360-Grad	175
Farbholographie	178	Hologramm, achrom.	166,180
Faser, optische	109	Hologramm, dick, dünn	53
Fehlfarben	176	Hologramm, doppelseitiges	46
Feldstärke, elektrische	25	Hologramminterferometrie	229
Fernrohr	99	Hologr.-Opt. Elemente	239
Fernsehen, holographisches	258	Huygenssches Prinzip	7
Festkörperlaser	92	Hydrochinon-Entwickler	204
Filmmaterial	192		
Filter, optisches	125	Image-Hologramm	31
Finesse	88	Image-plane-Hologramm	41
Fokussierung	96	In-line-Hologramm	32
Fourier-Hologramm	48	Index-matching	122, 138
Fourier-Hologr., linsenlos	36	Index-matching, Flüssigk.	203
Fouriertransformation	50	Informatik, Holographie	247
Fraunhofer-Hologramm	36	Intensität	9
Frequenz	25	Interferenz	7, 25
Fresnel-Linse	21	Interferenz, Glasplatte	122
Fresnelzone	98	Interferenz, Streifen	27
		Interferenzterm	28
Gabor-Hologramm	32	Interferometer	81
Galilei-Fernrohr	99	Interferometer, Versuch	128
Gaußstrahl	85	Interferometrie, hologr.	221
Geisterbilder	198	Interferomtrie, Gleichung	229
Geometrische Optik	97	Ionenlaser	89
Geradeaus-Holographie	32	Isolierung, Schwingungen	106
Gitter	7 ,14		
Gitter, Aufzeichnung	183	Kaliumdichromat, Bleichb.	206
Gitter, bewegtes	19	Kaliumdichromat, Farbe	179
Gitter, Herstellung	130	Kepler-Fernrohr	99
Gitter, holographisches	239	Kino, holographishes	256
Glan-Taylor-Prisma	102	Kodak D-19, Entwickler	204

Kohärenz	81	Nd-Laser	94
Kohärenz, zeitliche	82	Neodymlaser	94
Kohärenz, örtliche	81	Neurocomputer	249
Kohärenzgrad	30	Neuron	249
Kohärenzlänge	83	Newtonsche Ringe	122
Kohärenzlänge, Messung	129	Nichtlinearität, Aufzeichn.	189
Kohärenzzeit	83		
komplexe Funktion	9, 26	Objekt, Masterhologramm	157
Konstrastübertragungsf.	185	Objektwelle	3, 9
Kontaktkopie	160	Objektwelle, konjugierte	7, 16
Kontrast	29	Off-axis-Hologramm	34
Kopplungskonstante	72	Optische Dichte, Belichtung	198
Kreisfrequenz	25	Orthoskopie	16
Kryptonlaser	89	Ortsfrequenzfilter	248
Kunst, holographische	253		
		p-Benzochinon, Bleichbad	205
Lambda/2-Plättchen	103	PBQ-Bleichbad	205
Lambda/4-Plättchen	103	Phase	13, 25
Laser, Holographie	81	Phasenhologramm	66, 73
Laserspiegel	106	Phasenkonjugation	250
Leith-Upatnieks-Hologramm	34	Phasenkurven	181
Leuchtdichte	57	Photorefraktive Kristalle	191
Lichtquelle	55	Photographie	3
Lichtwelle	25	Photolack	214
Linse	95	Photoleiter	211
Linsen, holographische	239	Photopolymer	191, 215
Linsen, Justieren	119	Photoresist	191
Lithiumniobat, Speicher	216	Photochrom-Schichten	191
		Pockelszelle	93
Masterhologramm	42, 157	Polarisation	29, 100
Maxima, Interferenz	28	Polarisationsebene, Drehung	116
Mehr-Laser-Verfahren	176	Polarisationsprisma	101
Mehrfachbelichtungen	173	Polarisator	115
Metallspiegel	105	Polygonspiegel	258
Metol-Entwickler	204	Portrait-Holographie	255
Michelson-Interferom.	83, 128	Postswelling	203
Minima, Interferenz	28	Preswelling	202
Moden, Laser	84	Prägehologramm	262
Moden, longitudinale	86	Prägehologramm, Material	214
Modulation, Schwärzungsk.	183	Pseudoskopie	16
Modulationsparameter	198	Pupille	57
Monomode-Betrieb	86	Pyrogallol-Entwickler	204
Monomode-Faser	109		
Multiplex-Hologramm	174	Q-Parameter	76

Raumfilter	95	Spiegel, dielektrische	105
Raumfilter, Justieren	120	Spiegel, holographische	239
Raumfrequenz	12, 19	Split-beam-Holographie	149
Rauschen, in Schichten	187	Stabilität	130
Real-time-Interferometrie	225	Stereogramm	175
Realteil	26	Stereoskopie	175
Referenzwelle	5	Strahlaufweitung	99
Reflexion	100	Strahlprofil	85
Reflexionshologramm	38, 53	Strahlradius	85
Reflexionshologramm, Aufbau	137	Strahlteiler	100
		Strahlteiler, holographische	244
Reflexionshologramm, Einstrahlaufbau	139	Streifenhologramm	175
		Streulicht, Vermeidung	151
Reflexionshologramm, Zweistrahlaufbau	154	Strichcodeleser	261
		Stroboskopie	235
Reflexionshologramm, zweistufig	42	TEM-Mode	85
Regenbogenhologramm	44	Thermoplast-Filme	211
Regenbogenhologr., Aufbau	164	Time-average-Interferomtrie	233
Rehalogenisierung	200	Tisch, holographischer	108
Rekonstruktion	6, 144	Transmission, Amplitude	14
		Transmissionshologramm	35, 53
Rekonstruktion, Regenbogenhologramm	166	Transmissionshol., Aufbau	142
Resonator	86	Transmissionshologramm, Einstrahlaufbau	142
Rubinlaser	92		
		Transmissionshologramm, Zweistrahlaufbau	149
Sandwich-Methode	224		
Schattenwurfhologramm	171	Transmissionshologramm, zweistufig	42
Schichten, holographische	181		
Schrumpfen, Bleichen	201	Transmissionskurven	181
Schutzgas, Entwicklung	204	Transparenz, Modulation	183
Schwärzungskurve	182	Triäthanolamin, Falschfarben	179
Sensitivitätsvektor	230		
Shadowgram	171	Umkehr-Prozeß, Bleichung	200
Shipley, Photolack	214	Umkehrung, Wiedergabewelle	18
Silberbromidfilm, Transp.	196		
Silberbromidfilme, Empf.	193	Vergrößerung, holographische	53
Silberhalogenid-Schichten	191	Videosystem, hologr.	258
Single-beam-Holographie	137	Volumenhologramm	68
Spalt, Regenbogenhologr.	164		
Speckle-Interferomtrie	236	Weißlicht-Hologramm	39
Speckles, im Bild	60	Weißlicht-Reflexionshologr. Aufbau	160
Speckle-Photographie	236		
Speicher, holographische	250	Weißlicht-Transmissionshol.	163
Speichermedium	191	Weißlichthologr., einfaches	133
Speicherung, assoziative	247	Wellen, gekoppelte	69

Wellengleichung	70	Zeichenerkennung	247
Wellenlänge, Verschiebung	146	Zeitmittelinterferometrie	233
Wellenvektor	70	Zonenplatte	21
Wellenzahl	26	Zweistrahl-Holographie	149
Wiedergabe	6, 11	Zweistufige Verfahren	157
Wiedergabewelle	15		
Wiener Spektrum	189		
Winkelvergrößerung	54		
Wollaston-Prisma	101, 102		

Springer-Verlag und Umwelt

Als internationaler wissenschaftlicher Verlag sind wir uns unserer besonderen Verpflichtung der Umwelt gegenüber bewußt und beziehen umweltorientierte Grundsätze in Unternehmensentscheidungen mit ein.

Von unseren Geschäftspartnern (Druckereien, Papierfabriken, Verpackungsherstellern usw.) verlangen wir, daß sie sowohl beim Herstellungsprozeß selbst als auch beim Einsatz der zur Verwendung kommenden Materialien ökologische Gesichtspunkte berücksichtigen.

Das für dieses Buch verwendete Papier ist aus chlorfrei bzw. chlorarm hergestelltem Zellstoff gefertigt und im ph-Wert neutral.

MIX
Papier aus verantwortungsvollen Quellen
Paper from responsible sources
FSC® C105338

If you have any concerns about our products,
you can contact us on
ProductSafety@springernature.com

In case Publisher is established outside the EU,
the EU authorized representative is:
**Springer Nature Customer Service Center GmbH
Europaplatz 3, 69115 Heidelberg, Germany**

Printed by Libri Plureos GmbH
in Hamburg, Germany